地すべり山くずれの実際

地形地質から土砂災害まで

地すべり山くずれの実際

地形地質から土砂災害まで

高谷精二◉著
seiji takaya

鹿島出版会

まえがき

土砂災害という言葉がテレビのニュースで聞かれるようになって久しい。大雨のニュースを伝えたアナウンサーは、続いて「早めの避難」を勧め、逃げる間のなかった人は「二階の山とは反対側に避難したらよい」と具体的なアドバイスまで行っている。土砂災害は、1965(昭和 40)年以前は山地災害と呼ばれ、それは山地で稀に起こる現象で、都会に住む人にはあまり関係のないことであった。しかし現在、土砂災害は都会の人にまで知らなければならない現象となった。

山地災害という言い方が土砂災害に変わったのは、昭和 40 年代の高度経済成長の頃からである。この頃日本は、農村から都会に出てきた人のために住宅を必要とした。このため都市周辺では、丘陵地を削り宅地を造り、道路を造るため山地を切り開いた。このための土木機械の発達は、小山や丘陵地を削り取り宅地とすることは容易となっていた。

山が丘となり平地となる変化は、自然が行った場合、風化と浸食によるが、それには数万年から数百万年をかけた人の歴史を越えた現象である。しかし、人が行う地形の改変は短期間である。このような自然の急激な改変にはリアクションがあることは予想されていたが、具体的にどのようなリアクションがあるかを深く考えることはなく、また、あったとしても科学技術でカバーできると考えていた。

しかし自然からのリアクションは確実に起こり、都市に発生する地すべり、崖くずれ、高速道路の法面崩壊など、かつて山中で起こっていた現象が我々の身近に起こっている。我々は、「自然の節理を知らなくてはならない」という言葉を知っているが、日常生活に向き合う場合、とりあえず自然の摂理よりも目前の利益や自分の安全性を優先する思考になる。

私は、1967(昭和 42)年に北海道大学農学部で砂防を専攻する大学院生として研究を始めた。ここで、当時農学部の助教授であった東三郎先生から「青山常に運歩す」という言葉を教えられた。これは「山は動いている」ということを意味しているが、自然が変化しているという言葉は、「万物は流転する」というデカルトの言葉を大学の教養課程で習っていた。しかし、またこれと対峙する武田信玄の言葉「動かざること山のごとし」との矛盾は、山地災害を研究対象とした研究室に所属していた院生への大きな命題であった。

私は宮崎県で職を得て研究生活を送ってきたが、宮崎県は地すべり・山くずれについての多くの実例があり、それは野外の実験として教科書には書かれていない多くの現象を知ることができた。また、この地は熱帯ほどではないが、気温は適度に高く、岩石の風化は早く進行する。これは風化現象の研究をするのに好都合であった。よく知られているように、宮崎県は台風の通過地点に当たり災害も多いが、災害現場が近いことにより、災害後の変化を詳細に知ることができた。ある沢を歩いた数日後に土石流があり、前後の映像から詳細の地形の変化を知ることができるという経験もあった。このことは、宮崎での活動は災害研究の中心にいることを確信させるものであった。

私は大学での勤務のほかに、宮崎応用地質研究会の会員として活動してきたが、研究会の談話会や現地の見学会から大きな刺激をもらった。本会顧問の足立富男先生からは、世界と日本、九州と宮崎に関する地質の基本的な考え方を教えていただいた。また鈴木恵三会員からは、技術者としての豊富な経験と、土質と地質に関するの知識に基づいた示唆に富む教示をいただいた。緒方一会員からは最新の技術について多くの教示をいただいた。このことを記し謝意を表する。

本書の出版に際し、多くの労をとっていただいた鹿島出版会の橋口聖一氏に謝意を表する。

2017 年 11 月

高谷 精二

この滝は、2005 年の天神山(三股町：宮崎県)崩壊時に発生した土石流によって生じました。滝の地質は古第三紀、日南層の硬質頁岩です。滝の上に鎮座する巨岩は土石流によって流出した砂岩です。この砂岩はおそらく今後数百年ここに止まり、沢の変遷を見届けると思います。

(撮影：鈴木恵三)

目　次

シラス地帯の巨大パイピング（都城市：宮崎県）

撹乱した地すべり地中部：槻之河内（日南市・宮崎県）

❷

巨大シンクホール（シラス地帯）

砂岩のリング

砂岩泥岩崖下の崩壊の瞬間と崖錐

谷頭の崩壊（岡野町：宮崎県）

断層のパイピング化（竜ヶ水：鹿児島県）

地すべりによってできた崖（日南市：宮崎県）

地すべりによる堰き止め湖の発生：槻之河内（日南市：宮崎県）

❺

地すべりによる送電線倒壊

土石流による渓床の浸食

土石流段丘

❻

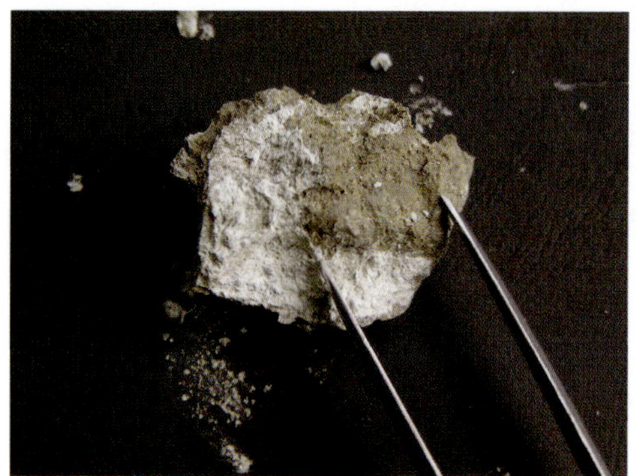

怒田地すべり地のスメクタイトを含有する固結粘土

桃岩地すべり（礼文島）

表層に拡がった根系

崩壊から土石流に変化した天神山（三股町：宮崎県） ←本文 写真 11-6

野々尾崩壊地（宮崎県）

和泉群の砂岩頁岩互層　←本文 写真 6-1

朝陣野崩壊地の湧水（宮崎市：宮崎県）　←本文 写真 9-1

土石流跡の砂礫地に見られるタブの群状発芽
↑本文 写真 11-7

土石流跡の礫の中で生育するモミジの稚樹
↑本文 写真 11-10

第1章　日本における地すべり・山くずれの背景

1.1　地すべりと日本人の歴史

(1)　地すべり地の生産性

日本は山国で、国土の約70%は山である。またアジアの中にあってはモンスーン地域にあり、梅雨の期間には十分な降水量を得ることができるが、時には過剰なこともある。降雨は地表に達した後、山に対し浸食作用を及ぼすが、この浸食作用の一つが地すべりであり、山くずれである。

浸食によってくずれた土砂は川に運ばれ、下流で堆積し平野を造るが、日本の大部分の都市はこのような平野の上に成り立っている。したがって、地すべりや山くずれは、長期的には「平野の親」ということができる。

地すべりや山くずれの動きは、早い所では数十年程度で動き、世代間の言い伝えも残っている。しかし緩慢な所では、数百年のスパンで動き、さらに地質年代に対応する数千年の間隔で動くものもある。数百年、数千年という間隔は、人の歴史からは長いが、地球の年齢からは極めて短期間と考えるべきである。

日本では、地すべり地には古くから人が住み着き農耕を行ってきたが、それは地すべり地の有する特徴に基づいている。地すべり地は、よく知られていることであるが、傾斜が緩く、構成する土壌には粘土分が多く、さらに地下水も豊富である。このことは水田耕作に適し、さらに地すべり地は山間地のため洪水の被害を受けることがない。また土地が粘土質のため、木製の鍬で耕作することができた。このことは、鉄器が貴重な時代においては重要なメリットであった。また周辺の山林からは落葉落枝が得られ、これは化学肥料のない時代には貴重な肥料源であった。

このように地すべり地の水田は良好な農地として利用され、「田ごとの月」として知られている長野県長野市篠ノ井の棚田は、このような地すべり地の棚田に映る月が詠まれたものである。また四国や紀伊半島の山中に水田がある場所は、ほとんどが地すべり地である。高知県の山中、南大王川の両岸に位置する怒田（ぬた）、八畝（ようね）地区は御荷鉾緑色岩で構成された地域で、山間部であるにもかかわらず豊富で良質な米の産地であった。このため、第二次大戦後の食糧難の時代、高知県における重要な米の生産地であった(**写真 1-1**)。

写真 1-1　怒田地区の棚田

地すべり地に多くの人が住んでいたことは、地すべりにより土地の形状が変化したときに、あらためて土地を割り振りする割地制度や、地すべりによって変化した水路の変状を改めるための制度(水損の均分)、また災害による損失を地域で分担しようとする制度(崩災の均分)などの制度ができていたことから、地域の住民は、土地が動くことを前提に住み続け制度を作っていたことがわかる。このようなリスクがあったにもかかわらず人が住み続けていたのは、地すべり地が有している土地の豊かさということができる。

現在の日本では、水田は平野にあることが当たり前であるが、平野の水田が安定的した収穫を得られるようになったのは比較的最近で、明治時代末期から昭和初期に、全国の主要な河川に堤防が築かれてからである。現在、新潟県の米の収量は北海道に次ぎ全国 2 位を占めているが、これは大津分水や射水の排水場の建設など、信濃川の乾田化が進められた結果である。新潟平野の水田は、昭和 30 年代までは農民は泥田の中で胸まで泥の中に浸かったり、船を使う田植えを行うなど、米作りは重労働であった。

一方、山くずれは、山中で起こる怪奇な現象として知られ、山の民はクラ(えぐる)、クエ(くずれる)、ツエ(ついえる)のような名称を付け、その現象を伝えてきた。山くずれは山中で起こる現象であるが、下流で舟運に携わっていた人々は、山くずれによる土砂が数年後には下流に運ばれ、舟運を阻害することを知っていた。このことは為政者の知るところとなり、山くずれの原因となる山の木を切ることの禁止や、植林の奨励が行われた。舟運は明治時代初期まで、日本における大量輸送手段として、鉄道輸送が登場するまでその役目を担っていた。

地すべり・山くずれはいずれも山中で起こる現象であるが、山に住む人々によって地すべりは農地として利用され、山くずれは下流の舟運を阻害する現象として、区別されていた。

(2)　災害対策と研究の黎明

日本の産業革命は明治 30 年代初期に達成されたと考えられているが、この頃、国内には災害が相次ぎ、1900(明治 33)年には関東地方が大規模な洪水災害に見舞われた。このときの内閣は桂太郎内閣であったが、静養中であった桂は災害の報を軽井沢で知り、帰京するのに1週間を要することとなった。この水害に対し行政組織は迅速に対処し、内務省は大規模な治水計画を作成し、これは直ちに予算化され実施された。

一方、農林省においても、内務省の治水計画と同時に、荒廃地復旧工事を目的とした砂防工事計画が進められ、これは「森林治水第一期事業」として明治 44 年から昭和 11 年まで約 26 年間の長期にわたって実施された。内務省の治水計画と、農林省の砂防工事計画は、工事区間に関係する摩擦を生み、これは内務省と農林省の対立関係となった。

明治時代、日本の大学には、教授として多くのお雇い外国人と呼ばれる外国人がいたが、治山や砂防の分野も例外でなく、東京帝国大学ではオーストリア人のアメリゴ・ホフマンが教授を務めていた。赤木正雄は東京帝国大学農学部を大正4年に卒業後、内務省に入省している。内務省は工学部出身者で占められ、土木工学を基礎とした砂防であった。赤木は卒業後、ホフマンの母校に留学し、帰国後、内務省土木局の砂防主任となり、内務省の砂防を掌握したが、このとき、内務省の嘱託であった諸戸北郎を解職した。一方、諸戸は解職されると、内務省とは対立関係にあった農林省山林局に迎えられた。

諸戸北郎は、1912(明治 45)年、ホフマンの出身学校であるオーストリアへ留学したが、帰国後、農林大臣宛に「ヨーロッパ諸国における野渓工事」の復命書を提出し、ここでヨーロッパ諸国の砂防工事の沿革、工事方法、担当政府機関などを詳細に報告した。この報告書は当時、進行し始めていた日本の砂防に大きな影響を与えた。

1915(大正 4)年に、諸戸北郎は留学中から意図していた砂防工学の教科書を出版した(**写真 1-2**)。これは 3 冊から構成され、現在の砂防工学の内容と共に地質学や土壌学も網羅し、現象論としては雪崩、氷河も包括している。これは諸戸が執筆にあたって参考にした本が、ヨーロッパの山岳地方を対象にしているためであった。諸戸は 1920(大正 9)年に砂防協会を設立し雑誌「砂防」を刊行したが、「砂防」は 1944(昭和 19)年、戦時体制の下で休刊になるまで継続された。

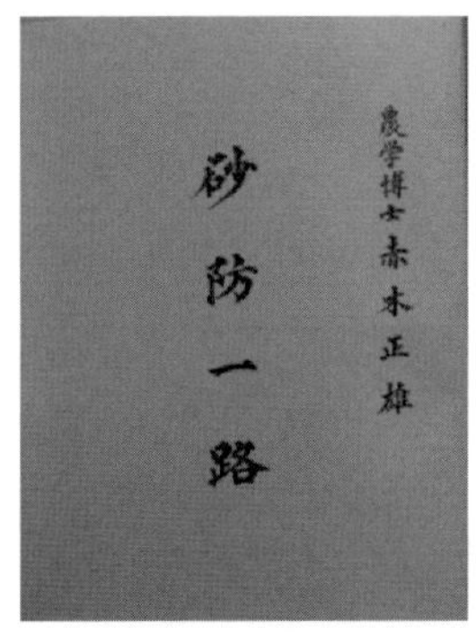

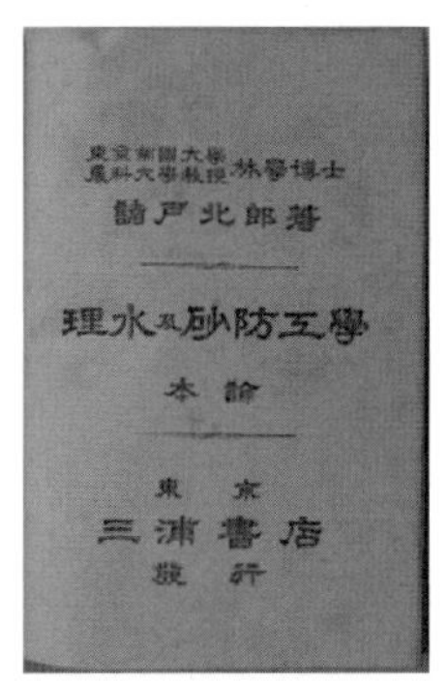

写真 1-2　諸戸および赤木が著した書籍

地すべり山くずれの対策工事は、農林省(現：農林水産省)と内務省(現：国土交通省)によって行われてきたが、一方、鉄道関係者による独自の対応も進められた。

明治になって新橋横浜間に鉄道が敷かれた後、鉄道の大量輸送手段としての有効性が認識され、日本全国への鉄道網の延伸が計られた。明治政府は、日清、日露戦争後に国内での物資輸送の重要性を認識し、急速な鉄道敷設を進めたが、平野の狭い日本では、路線が延伸すると同時に、山地の通過による山地斜面工事に直面するようになった。また、敷設された路線が土砂災害を受ける事例が発生したため、明治政府はこのための研究機関として、1907(明治 40)年に帝国鉄道庁鉄道鉄道調査所を発足させた。初期には全国的な鉄道網や鉄道の機器に関わる研究であったが、鉄道網が広がるに伴い、その沿線で地すべり・山くずれの被害を受けるようになってきたため、山地災害の研究が行われるようになった。その後、鉄道鉄道調査所は、現在の鉄道技術研究所へと引き継がれている。

(3)　アカデミズムと山地災害

地すべりや山くずれ現象が科学として形態を取り始めたのは、明治になって日本に大学制度が採り入れられてからである。明治政府は国力増強のために国内の資源探査を進めたが、探査に従事していた地質学者が山中を渉猟する間に遭遇した特異な現象として、地すべり・山くずれが記録されるようになった。

東京帝国大学教授で古生物学を専門としていた神保小虎は、1901(明治 34)年に「山梨、静岡、石川の三県下の地割れと山崩」を地質学雑誌に発表している。また 1919(大正 8)年には、脇水鉄五郎による「山地の山くずれについて」が地質学会誌に発表された。脇水はこの論文の中で、山地の変動を急激な崩壊(Landslide proper)とゆっくりした崩壊(lannd-creep)の二つに分け、さらに崩壊する物質を岩石と土壌に分類した(**表 1-1**)。脇水の考え方の基本は、山くずれが起こった後の崩土が、継続してくずれる現象を地すべりと考えている。したがって山くずれと地すべりを一連の現象としている。

表 1-1　脇水鉄五郎による地すべりと山くずれの分類

<table>
<tr><td rowspan="2">Landslide proper</td><td>山滑</td><td>土滑
石滑</td></tr>
<tr><td>山崩</td><td>土崩
石崩</td></tr>
<tr><td>Lannd-creep</td><td colspan="2">押出
震引(ないびき)</td></tr>
</table>

(脇水 1912)

脇水は東京帝国大学地質学科を卒業した後、森林土壌学を講じ、のちに風景論を著した多才な人であったが、地すべり・山くずれに関しても広い視野を持ち、分析的な記載をした最初の人といえる。

1934(昭和 9)年に出版された中村慶三郎による著作『山崩』は、山地災害に関する先駆的な業績といえる。中村は山地災害を総称して山崩とし、「地崩」と「地辷」の二つに分類した。地崩は「瞬間的破砕を伴う山崩」と定義し、その現象は「突発的に急激に起こる」としているが、これは現在の山くずれにあたる。これに対し「地辷」は「崩土は激しい破砕を伴わずに永続性のある緩慢な運動をする」としているが、これは現在の地すべりにあたる(**表 1-2**)。

表 1-2　中村慶三郎による山崩の分類

山崩	地崩(瞬間的破砕、急激に起こる。現在の山くずれにあたる)
	地辷(永続性のある緩慢な動き。現在の地すべりに対応する)

(中村 1934)

中村は、地崩と地辷は同じ現象で、「地崩により山がくずれた後、緩慢な動きになる」と考えている。これは脇水鉄五郎の考え方を踏襲したもので、「地すべりには地質的な特徴がある」とする現在の考え方とは違っている。

我が国では、第二次大戦後、大規模な災害が頻発したが、その被害は甚大で、地方の経済規模を超えていたため、建設省(現:国土交通省)砂防課の指導の下、新潟、富山、長野県の技術者によって地すべり対策研究会が組織され、研究が開始された。この会は1964(昭和39)年、地すべり学会へと発展していった。

地すべり学会は学際的で、理学系の地質、地形、地球物理学からの参加があり、工学系では土質工学を専門とする技術者の参加があった。農学からは砂防、治山関係者が参加した。時代はまもなく日本経済の発展期になり、地すべり災害への公共投資も増大し、それに伴い研究も盛んになっていった。特筆する点は、昭和 40 年代には、地すべりの研究に空中写真の導入が図られた結果、空中からの視点を得て、地すべり地の全体像を把握することが可能となったことである。それまでの調査は地形図による地表踏査に限られていたが、空中写真の判読から、それまで知られていなかった多くの現象を見いだした。その最も顕著な点は、地すべり地が馬蹄形であり、地すべり地の中に多くの起伏が見いだされたことであった。

1955(昭和30)年に小出博による『日本の地すべり』が刊行されたが、この中で小出は、地すべりを第三紀層地すべり、破砕帯地すべり、温泉地すべりに 3 分類した。この分類は、それまで地すべりと山くずれの関係について、「山くずれの後のゆっくりした動きが地すべりである」とした中村の考え方ではなく、地すべりと山くずれが異なる現象であることを示したもので、地すべりの研究上では画期的なものである。この考え方は大きな議論を呼び起こし、さらに詳細な地質分類が提案された。一方、地質学の分野からは、「分類基準としては統一されていない」という批判があった。しかし、地すべりの分類としてはわかりやすいために長く使われてきた。

昭和 40 年代には日本経済の発展により、公共事業として進められる地すべりの復旧防災工事は大規模化した。その結果、それまでの土木業界は平野部に関連する土木施設を主な業務としていたが、大規模になった地すべり対策工事に、都市部で使用されていた土木材料、機械が使用されるようになった。この結果、それまで「大手」として知られていた企業が山地災害の分野に参入し始めた。

対策工事の技術が向上するに従い山間部にも大規模な開発が行われるようになったが、それは次の災害の対象となった。

(4)　山地災害の法制化

地すべり・山くずれへの対策が国の事業として行われるようになったのは、第二次世界大戦後である。日本は日華事変から太平洋戦争終了までの期間、国家予算の多くは戦費に向けられていたために、国土保全に目を向けることができなかった。その結果、第二次大戦後、相次いで大規模な地すべりが発生したため、国の補助事業で行うべく「地すべり等防止法」として法律が制定された。このような法律は、その後、崖くずれ、山くずれ、土石流、雪崩等に対しても制定され、防止工事、復旧工事は公共事業として行われている(**表1-3**)。

表1-3　斜面災害と公共工事

斜面災害	公共工事の種類
崖くずれ	急傾斜地崩壊防止工事
地すべり	地すべり防止工事
山くずれ	砂防工事、治山工事
雪崩	雪崩防止工事

地すべり・山くずれの研究の目的は、復旧と防災という点にあるが、対策工事は財政規模の小さかった戦後の数年間、使用される土木材料は旧来の石材、コンクリート、木材など限られていたが、日本経済の発展とともに土木材料の改良が進展し、構造物は大規模となり、使用される土木材料もコンクリートから鋼材へと多様化した。

かつて地すべり地は山間部の良好な農地として利用されていたが、戦後、対策工事の対象となると同時に、山地災害と呼ばれるようになり、山地で起こる災害として工事が行われるようになった。工事はすべて国や都道府県の補助事業として行われた。このことは、地すべり・山くずれが法律に基づいた現象であり、法律に定義されている現象である側面を有している。

(5) 山地災害の都市化

昭和 40 年代以降、もともとは山間部で起こっていた地すべり・山くずれ現象が、都市周辺で起こるようになった。この端緒となったのは 1978(昭和 53)年に発生した宮城県沖地震で、仙台市の宅地では地すべりや法面(のりめん)の被害が発生した。さらに、1985(昭和 60)年に長野市の湯谷団地で起こった地付山地すべりは、発生が昼間であったために、団地の家屋を押しつぶす様子がテレビ中継され、この地すべり発生から「災害の都市化」と言われるようになった。湯谷団地の地すべりの推移は、現在でもインターネットの動画サイトで見ることができる。

また都市周辺での土石流も頻発するようになり、1999(平成 11)年、広島市の観音台で発生した土石流は、団地ができて 10 年目という地域を襲った土石流であった。また、2014(平成 26)年には同じ広島市で土石流の発生があり、74 名が亡くなるという被害があった(**写真 1-3**)。この災害で被災した家屋も、1999 年と同じような新しくできた住宅地であった。

写真 1-3　広島市の土砂災害(2014 年)

このように、都市周辺で山地災害が多発した結果、都市周辺で起こる山地災害の名称は「山地」がなくなり「土砂災害」と名称が変わった。かつては山地に特有の現象であったものが、現在は都市周辺で警戒すべき災害の一つとなっている。

その原因としては、かつては農地や林地であった場所が宅地化されたことや、地域にあった小渓流が、浸透性の乏しいコンクリートの溝と化してしまったという社会形態の変化を考慮するべきである。原因として挙げられる地球温暖化やそれに伴うゲリラ豪雨の増加という自然現象は、災害の原因を不明確にして責任を曖昧にする原因となっている。

災害の都市化と同時に、高速道路での地すべりや法面崩壊の発生も見られるようになった。高速道路は 1961(昭和 36)年の名神高速道路の開通以来、日本の動脈として、初期には日本列島を縦断する目的で縦断道が建設され、その後、横断道へと延伸されてきている。このため山地を通過するときには、多くの盛土、切土が行われ、法面保護工が施工されているが、その規模は土木技術の発達に伴い、高さが 100m にも及ぶ切土法面も珍しくなくなっている。

これらの法面保護工は、環境を配慮することから植生工や林帯の造成を行ったが、半世紀以上を経過し、樹木の生長によって自然斜面化が進み、林帯の下部には厚い腐植層を堆積している。腐植層は植物の成育にとっては好ましいことであるが、豪雨時には多量の水を含むことから、自然斜面と同じような地すべりや山くずれを発生する可能性が増大している。この結果、高速道路において、大規模な地すべりや、盛土の流失が発生するようになっている(**写真 1-4**)。

写真 1-4　高速道路での斜面崩壊(読売新聞提供)

(6)　技術の過信と自然法則の軽視

近年、土砂災害の被害を受ける施設として、高齢者向け施設が対象となることが目立ってきている。1985(昭和 60)年に長野市の郊外で発生した地すべりは、老人ホームを押しつぶし多数の死傷者を出した。さらに 2009(平成 21)年の防府市(山口県)では、沢の出口に建てられていた特別養護老人ホームが土石流の直撃を受け、多くの方が亡くなっている。また2016(平成28)年には、岩泉市(岩手県)でも河川敷に建設された施設が被災した。このような施設が被災すると、多くの人的被害を被り、その原因としては温暖化に伴うゲリラ豪雨の増加という自然現象が挙げられる。

しかし、実際には社会基盤の変化による影響が大きく、第一に山間部への道路開設があり、交通の便が良くなったため、従来は建設用地としては考えられなかった山間部の土地が、土木機械の発達により、安価で環境の良い土地として利用されるようになったことである。高齢者の施設は大きな面積を必要としているが、山間部や河川敷はその目的に合致する。

防府市(山口県)の例では、施設は山間部にある谷の出口に造られていたが、ここは扇状地のため、数十年、数百年に一度の豪雨によって扇状地が形成されている所である。また2016年の岩泉市(岩手県)の被災施設は、河川の小規模な洪水段丘上にあり、近くには流域面積が数haの小渓流があった。

面積が数haの小面積流域が開発される場合、排水路が造られているが、このような排水路は、平水時の雨量を元に設計されているため、豪雨時の流木や転石によって容易に閉塞される。小面積流域の開発には注意を要する(**写真1–5**)。

写真1–5　岩塊によって閉塞された小渓流

また、横浜・川崎のような大都市中でも崖くずれの被害が起こっているが、十分な法面保護工を施工しても、時間の経過により崖の地山の風化が進み、さらに保護工の劣化により経年的に崩壊の危険性は増大していることを認識しておくべきである。

(7)　地すべり地の今後

山地に開かれた水田(棚田)は、日本の農村の原風景として保存すべきことが訴えられ、また水資源の涵養場所としても、その効果に関心が向けられるようになった。しかし農村人口の高齢化と共に後継者が乏しくなっていることから、その多くは水田として維持できず、元の山林へと変化しているのが現実である。

自然現象としての地すべり地は、かつては良好な米を生産する棚田であったが、第二次大戦後は災害場所として工事の対象となった。近年は保存するべき景観として郷愁を誘う話題として取り上げられているが、一方では都市の周辺で起こる自然災害へと変化してきている。

1.2　地すべりと山くずれ

古来、日本では山の中に住んでいた人々は、地すべり地は水田として利用できることを知っていた。一方、筏(いかだ)を作り川を流しながら、木材を都市部へ送っていた人々は、山くずれが起こるとその土砂はいずれ川へ運ばれ、水運を阻害する原因になることを経験的に知っていた。したがって山の民は、地すべりと山くずれは異なるものとして認識していたといえる。

自然現象の研究が行われる場合、最初に事例の集積が行われ、次に事例の中から共通する現象を見いだし、分類が試みられる。地すべり現象については研究が進み、報告された事例から、いくつかの分類基準が提案され分類されてきた。

地すべりは山地斜面に発生し斜面が移動する現象なので、分類基準としての構成要素として、土を基準とした土質による分類や、基盤となる地質を基準とした分類のほかに、動いた結果できる地形に基づく分類、また移動速度や地すべり地の平面的な形などが選ばれてきた。一方、山くずれについては、地すべりのような継続性が認められず、豪雨による一過性のために研究例は少ない。

(1)　地すべりと山くずれの分類

地すべりと山くずれは、山の一部が崩壊するという点からは同じもので、包括的には斜面災害と呼ばれる。斜面には山の斜面のような自然斜面と、人がある目的を持って造った法面(のりめん)と呼ばれる人工斜面があり、これらに生じる災害を分類すると**図 1-1** のようになる。しかしその原因やメカニズムは異なり、山体内部からの力、すなわち内部営力による現象を地すべりと呼び、外部からの力、すなわち浸食という外部営力による崩壊を山くずれと称する。

自然斜面災害は、地すべりと山くずれの二つに分類されている。地すべりには地質的な特徴があり、地質を分類基準としたものが多く提案されてきた。これらのうち現在知られているものは、第三紀層地すべり、破砕帯地すべり、温泉地すべりという分類である(小出 1962)。地すべりの動きは比較的緩慢で、その被害は慢性的という特徴がある。

一方、山くずれは豪雨によって発生し、崩土の速度は速く、その発生について予測は難しい。その原因は、梅雨期や台風の豪雨である。その分類はくずれの深さを基準として、表層崩壊と深層崩壊の二つに分類されている。崩壊の規模と深さは、おおむね比例関係があり、表層崩壊は小規模崩壊、深層崩壊は大規模崩壊とも呼ばれる。

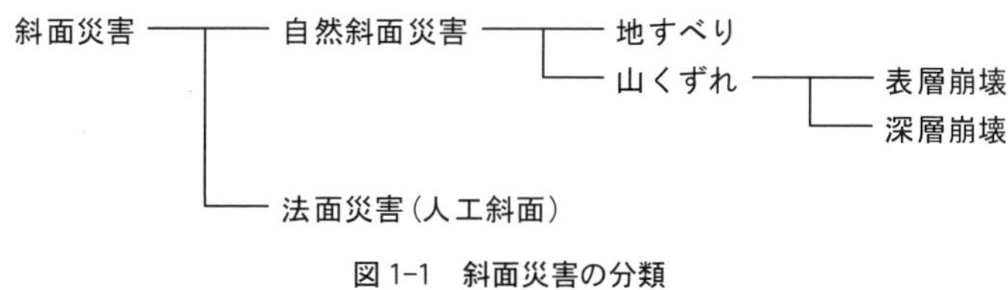

図 1-1　斜面災害の分類

斜面災害のうち、法面災害は、昭和 30 年代以降の高速道路の建設に伴い、法面高さが 100 m に及ぶような大規模な斜面が造成されるようになった。この結果、法面にも自然災害と同じような大規模な斜面災害が起こるようになっている。

(2)　地すべりと山くずれの相違

地すべりと山くずれの相違については、これまでの研究で多くの相違点が挙げられている。地すべりと山くずれの大きな相違点は、その規模である。地すべり地の面積は数 ha から数十 ha にわたるが、山くずれの多くは数百～数千 m^2 程度である。また動きについても、地すべりは継続的または断続的に動き、数百年から数千年間の停止期間を経て移動することがある。このため地すべり地には、地すべり地形と呼ばれる、移動の結果形成された特有の地形が存在する。山くずれにはこのような特徴は見られず、豪雨や地震があれば、どこにでも発生する可能性がある。

山地斜面の土地利用から比較すると、地すべり地は傾斜が緩く、豊富な水もあるという土地条件のため、水田や畑として利用されてきたが、山くずれ地は利用されることはなかった(表 1-4)。

表 1-4　地すべりと山くずれの相違

分類項目	地すべり	山くずれ(崖崩れ)
発生場所	地中より発生	地表面より発生
移動規模	大	小
移動深さ	数 m～十数 m	1～2 m 以内
移動速度	緩慢である	急激である
土塊の形状	原形をとどめる	崩土となる
再発性	あり	なし
地質特性	特定の地質、地質構造の場所に発生する	地質との関連性はない
地形特性	地すべり地形を造る	急斜面に発生する
誘因	地下水	豪雨
土地利用	耕地として利用される	利用されない
前兆現象	樹木の傾斜、地表の亀裂などがある	ほとんどない
代表的な粘土鉱物	スメクタイト	カオリナイト

(3)　地すべりの分類

地すべり現象が研究されるようになったとき、多くの事例が報告され、それらの分類が行われた。分類には分類基準が必要で、基準には現象に共通する事象が選ばれ、いろいろな分類基準と分類項目が提案された。代表的なものとしては、地すべり地の地質、地すべり地の平面形、地すべりの移動様式、地すべりの材料である(表 1-5)。

表 1-5　地すべりの分類として提案された基準と項目

分類基準	分 類 項 目
地　質	第三紀層地すべり、破砕帯地すべり、温泉地すべり、中生層地すべり、古生層地すべり
平面形	円弧すべり、匍行型すべり、基盤すべり
移動様式	山くずれ、石くずれ、粘稠型地すべり、断続的地すべり、継続的地すべり
構成材料	岩石地すべり、土砂地すべり

(4)　日本の分類

(a)　地質による分類

小出博は、地質を基準として①第三紀層地すべり、②破砕帯地すべり、③温泉地すべりという分類を提案した(小出 1962)。これはわかりやすいことから、地すべり関係者から支持された。さらに中村慶三郎(1964)は、中生層型地すべり、古生層型地すべり、変成岩地すべり、火成岩型地すべりを加えた。

しかし、その後調査が進んだ結果、四万十層のような付加体や、花崗岩や安山岩分布地域での地すべり、さらに、長崎県の北松型地すべりのように堆積岩の上に玄武岩が載った複数の岩種が関係するタイプの地すべりが知られるようになり、「小出の分類」の範疇に入らない例が多数見いだされた。このため、新しい分類基準が模索されている。

(b) 移動様式による分類

地すべりや山くずれは、風化した岩石や土が移動する現象なので、初期には移動様式からの分類が考えられた。移動様式からの分類を最初に試みたのは脇水鉄五郎(1912)である。脇水の分類は現在の分類とは異なり、山地の崩壊現象を地すべりと山くずれに分け、地すべりは震引(ないびき)として地すべりに分類されている。

その後、中村慶三郎(1955)は、崩壊性地すべり、普通地すべり、匍行性地すべりに分類した。また高野秀夫(1960)は、地塊型、崩壊型、粘稠型、流動型に分類したが、現在の分類では、地塊型は崖くずれに対応し、崩壊型は山くずれに対応する。粘稠型は地すべりで、流動型は土石流にあたる。

(5) 欧米系の分類

斜面の移動によって起こる変形を包括的にまとめたのはバーンズ(Vernes 1978)であるが、地すべりのような土地に関係する研究分野では、研究者がどのような地域で研究を行ったかという地域性が、研究者の考え方に強く影響を与える。この観点から、バーンズのような欧米系の研究者のフィールドは、高緯度にあり氷河堆積物の影響を強く受けている地域である。したがって、氷河によって運ばれた粘土堆積物の流動化が分類項目として挙げられている。

バーンズは、斜面運動の形態(Slope Movement Types and Processes)を「崩落、転倒、すべり、伸展、流動」の5つの移動形式に分類した(**表 1-6**)。これらの分類の基本となっている現象は、地表面の「形」である。さらに移動形態と移動物質を関係づけるため、移動物質を岩と土に分け、土は粗粒土と細粒土に分けている。

この分類方法は日本の地すべり研究にも大きな影響を与え、特に円弧すべりの模式図は多くの著書、論文に引用されて一般的な考え方になっている。

表1-6　バーンズによる斜面移動形態の分類

移動形式	岩	土		日本での分類
		粗粒土	細粒土	
崩落	落石	崩土崩落	土砂の崩落	崖くずれ
転倒	岩柱の転倒	崩土転倒	土砂の転倒	山くずれ
すべり	円弧/直線	崩土回転	土砂の回転	地すべり
伸展	岩塊の伸展	崩土の伸展	土砂の伸展	土石流
流動	細粒岩の流動	崩土の流動	土砂の流動	土石流

＊この表は1985年に地すべり対策協議会が翻訳したものである(Varnes 1978)。

地すべりの分野では、バーンズの円弧すべりが基本のようになっているが、歴史的に見ると、円弧すべりはフランスのコリンによって1846年に発表されたものである。コリンはブルゴーニュ運河の掘削に伴い発生した地すべりについて、その発生原因を円弧すべりで説明した。コリンが円弧地すべりを発見したのは運河の掘削地で、したがって土質は比較的均質な粘性土であった。

その後、フェレニウスはヨーテボリ港の港湾工事に関連し、1916年に地すべりの摩擦円法による計算方法を発表した。これは地すべり断面をスライスに分割する方法で、現在でもフェレニウス法として、安定計算の一つとして残っている。フェレニウスは土質工学におけるスウェーデン学派の一人である(鈴木2016)。

このように、円弧すべりが考えられたのは、ヨーロッパの土質が均質で粘性土を基盤とする地域であり、日本の地すべり地のような、岩塊や礫が混在する土質とは大きく異なっている。したがってバーンズの円弧すべりは、ヨーロッパの伝統的考え方を、山地の地すべりに適用したものといえる。

バーンズは、円弧すべりのほかに転倒・すべり・拡散を挙げている。

転倒(Topple)は「揺れ倒れる」を意味し、長さ数mから十数mの柱状の岩体が、岩体下部層の風化によって転倒する現象で、日本では落石や山くずれに分類される。外国の例では、イギリスのドーバー海峡に面したドーセット海岸において、砂岩頁岩の互層が柱状に転倒する現象がよく知られている。その原因の多くは、波浪による崖面下部の浸食である。また、北欧に多い石灰岩分布地域での発生もある(Dikau 1996)。

国内では、1961(昭和36)年に長野県の大西山(下伊那郡大鹿村)で発生した大規模な崩壊があったが、崩壊は岩体の半ばが山側に折れ曲がり座屈している。また北海道の観光地、層雲峡では、溶結凝灰岩の柱状節理が崩壊し、通行中の車が直撃され死傷者があったことが報告されている(山岸 1998)。この事故は柱状節理が落下し、柱状岩がバウンドして対岸の国道 39 号線に達している。

すべり(Slide)は日本で知られている地すべりに相当し、Spread も粘性の低い地すべりと考えられる。流動は、粘性が低く茶臼山地すべり(長野県)のように長距離を移動するタイプである。日本では第三紀層地すべりで融雪期に起こる。

拡散(Spread)型の地すべりは、1983 年アメリカ・ユタ州ソートレイク市の郊外で起こったシスル地すべりが挙げられる。ソートレイク市では、この年の豪雪と融雪によりシスル川左岸に粘性型の地すべりが発生し、シスル川に流入して堰止湖を造った。しかし、ここでは堰止湖が越流し下流に土石流が発生することを避けるために、排水用のトンネルが掘削されたが、地すべりの移動土塊を止めるような工事は行っていない(髙谷 1998)。シスル地すべりは長さが約 2 km の大規模な粘性流動型の地すべりであったが、現在は停止している。しかし流れ下った地すべりの痕跡は、現在も Google マップの写真で見ることができる。

北欧・北米で用いられる分類が地形を基本にした五つなのは、国土の広さを反映したものである。地すべりが発生した後、地すべりの可能性のある場所を「避けること」に重点があり、日本のように「復旧・防災」の観点は少ない。

北欧に分布する氷河堆積物は細粒粘土で、乱さない場合は一定の強度を保つが、試験のためにコネ返すと液状となり流動化する特異な挙動を示す。この性質は鋭敏比で表される。日本では、南九州に分布する火山起源の堆積物であるシラス、釜土、灰土などが北欧の氷河堆積物と同様の鋭敏比を示す(澤山 1999)。

(6) 地すべりと Landslide の相違

地すべりや山くずれの研究は、昭和 50 年代まで日本国内で独自に研究されていた。その結果、すべり面の実態や、地すべりの地質的分類などのような、研究上のエポックが作られてきた。しかし昭和 50 年代以降、社会一般の国際化の中で、地すべりの分野でも海外の研究者との交流が盛んとなり、このときに日本の「地すべり」と欧米の「Landslide」との間に意味の相違があることが知られるようになった。

日本人で外国の研究者との議論の経験を持った研究者は、言葉の意味が違っていることに気づき、このため学会ではこれを統一することを試みた。しかし日本では明治以来の研究の歴史があり、また対策工事、防止工事から得た経験や知識の豊富な蓄積があったため統一は難しく、「ランドスライド」とカタカナ書きにするとか「Landslide」として英語表記にするという案もあったが、現在では欧米系の Landslide を広義、日本の従来の定義を狭義として使用することとなった。

ここで日本の地すべりと欧米の Landslide の相違を考察すると、国土に対する考え方の違いが挙げられる。外国は国土が広いため、災害現象が起こるとこれを避けることを基本としているが、日本は国土が狭いので、法律によって地すべり・山くずれが定義されており、この法律に基づき対策工事が行われる。

海外の Landslide について書かれた本では、多くの場合、最初に Landslide による被害額が示され、Landslide がいかに国家経済のマイナスになっているかという社会的背景が述べられた上で、研究の重要性が語られる。しかし日本の場合は、被害や復旧などの経済的社会的重要性は行政組織が担当し、研究者が行うのは現象の自然科学的側面のみである。

日本においては地すべり・山くずれのような浸食現象は、気象、岩質、植生などの自然条件のみではなく、土地利用のような人為的な作用も影響していることを考慮する必要がある。

第２章　岩石の種類と地すべり

地すべりの材料となるものは岩石や土であり、地すべり地を構成する土は、元となる岩石の性質に大きく影響される。このため本書では、地すべりの分類を岩石の基本的分類である堆積岩、火成岩、変成岩に基づいて行った。

2.1　堆積岩地すべり

地球表面の 90％以上は、堆積岩と未固結の堆積物によって覆われている。このような堆積岩は、もともとは川から運ばれた砂や粘土が、深海底に堆積して固化し陸化したものである。堆積した泥や砂は、堆積物の自重により圧力が発生し、砂の粒子間の水は圧力によって排水される。粒子間に残った水は、温度と圧力の上昇に伴って水の溶解度が増し、砂粒子から溶け出したカルシウム、マグネシウム、ナトリウム、ケイ酸などが高濃度となる。砂粒子間の溶液は粒子の結合物質となり粒子を結合させる。

このような堆積岩は、粒径による分類と成因による分類がある。

粒径による分類は、構成する粒子の大きさにより礫岩、砂岩、泥岩などに分類される。砂岩と泥岩の堆積状態は、砂岩と泥岩が交互に堆積しているので「砂岩泥岩互層」と呼ばれる（**写真 2-1**）。

写真 2-1　凸部は砂岩、凹部は泥岩（宮崎層群：宮崎市）

また成因による分類は、次の3種類に大別される。

① 地表の岩石が風化して、水中または陸上で堆積して固化したもの

② 化学成分や生物の遺骸が堆積してできたもの

③ 火山活動による噴出物が堆積固化したもの

(1) 堆積岩の分類

堆積岩の分類は、構成する粒子の粒径によって決められる。このような粒径による分類は土質、地質、土壌の分野と多くの点で共通している。

(a) 粒径による分類

粒径による分類は、国によって異なり、また研究分野によっても異なる。しかし粒子の名称は共通し、礫、砂、シルト、粘土である(農学ではシルトは微砂と呼称される)。

岩石の名称は、このような粒子名に対応し礫岩、砂岩、シルト岩、粘土岩と名付けられている。しかし粘土粒径に対応する岩石は、第三紀に堆積したものは泥岩であるが、中生代のものは頁岩となり、これは岩石の形状からの呼称である。

表 2-1 粒径による分類

0.005　0.075 0.042　2　5　20　75 (mm)

工学	粘土	シルト	細	粗	細	中	粗	コブル
			砂		礫			
	土質材料							岩石材料

0.002　0.02　0.2　2 (mm)

農学	粘土	微砂(シルト)	細	粗	礫
			砂		

0.0039　0.062 0.025　2　4　64　256 (mm)

理学	粘土	シルト	細	中	粗	細	中	大	
			砂			礫			
	粘土岩	シルト岩	砂岩			礫岩			

粒径の決め方には分野によって特徴があり、分野によって粒径が多少異なるのは、利用目的が異なるためで、工学では土木材料、土木建築の基礎として扱われ、特に礫と砂はコンクリートの材料として重要なため、細礫、中礫、粗礫に3分類されている。農業では、土は水や肥料を保持する物質として重要なため、粘土の粒径は小さく設定されている。理学での分類は対数によって決められ、独自の産業分野を想定していない（**表2-1**）。

国際的にはアメリカ（ASTM）、イギリス（BS）、ドイツ（DIN）の各国でも、独自の分類基準を決めている。礫は2 mm以上となっているのは日本と同じであるが、ASTM、BS、DINはシルトが細分化されている点に特徴がある。これは、土質工学が発展した北欧には氷河堆積物が多いため、シルトや粘土などの細粒物質に接する機会が多いためであろう。

(b)　成因による分類

①　砕屑性堆積岩

砕屑性堆積岩は、岩石が風化してできた礫、砂、シルト、粘土が主に海底に運ばれ堆積してできた岩石で、これらは構成する粒子の名称によって分類され、礫岩、砂岩、シルト岩、泥岩と呼ばれる。砂岩を構成する砂粒は石英や長石、雲母、角閃石、輝石、粘土鉱物であるが、石英、長石、雲母が最も多い（**写真2-2**）。

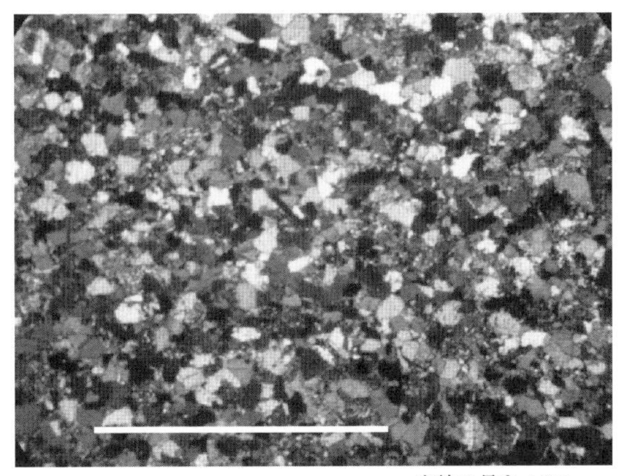

白線の長さ：0.2 mm

写真2-2　砂岩の顕微鏡写真（四万十累層）

砂岩は、風化すると砂粒子を固着している物質が溶出し元の砂粒子に戻る。礫が固まった礫岩は、礫の形により角礫岩、円礫岩に分類される。礫岩は、風化が進み、結合物質が溶出すると元の礫に戻る。

泥岩の実際の粒径を測定するため、泥岩と砂岩を乾湿風化させた後で、粒度分析を行った。実験によれば、砂岩の平均粒径(50％粒径)は0.074μm、泥岩は0.04μmであった(**図 2-1**)。

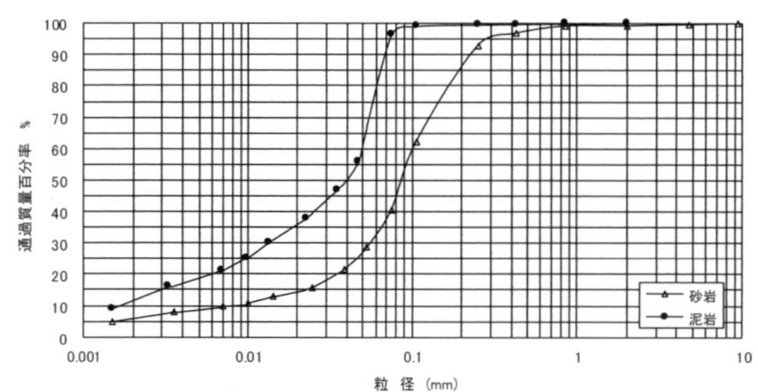

図 2-1 砂岩と泥岩の粒径比較(試料は宮崎層群の砂岩、泥岩)

泥岩のほかにシルト岩という言葉があるが、これは岩石を構成する粒径から付けられる名称である。英語圏ではシルト岩という言葉が使われているが、日本では多くの場合、泥岩と呼ばれる。実際に泥岩とシルト岩を肉眼や触感で分類することは難しい。

② 生物的砕屑岩

生物の遺骸によって作られた岩石で、サンゴ類、フズリナ類、コケムシ類、石灰藻類などが堆積してできた石灰岩が代表的な例である。石灰岩の主成分は炭酸カルシウムで、セメントの原料となり、これは地下資源の乏しい日本において、自給できる数少ない資源である。チャートは放散虫の殻が堆積した岩石で、二酸化ケイ素が主成分である。

③ 化学的堆積岩

海水や湖水に溶けていた物質が沈殿したり、水分の蒸発によりできた岩石である。代表的なものは石こうや岩塩であるが、日本での産出は稀である。

④ 火砕岩

火山噴火によって噴出した火山灰、火山礫、火山弾などが固結してできた岩石である。熔結凝灰岩は、火砕流による堆積物が、熱によって溶け再固結したものである。

火砕流によって火山灰が堆積すると、表面から冷却し、このため内部には熱がこもり再度温度が上昇し溶ける。これが冷却して溶結凝灰岩となる。

この場合、地表部は急速に冷却が進むので非溶結の火山灰が形成され、その下位は弱溶結層となる。さらに下位は、堆積後に溶結した溶結凝灰岩が分布するという層序が形成される(**写真 2-3**)。

写真 2-3　宮崎市清武町の採石場に見られる火山性堆積物
(地表面はフラットで、ミイケ(4600年前)アカホヤ(7300年前)などのテフラが分布し、テフラの下位には非溶結のシラス層が約30 m分布し、最下位の溶結凝灰岩へと続く)

(2)　地すべりと泥岩

泥岩は土木材料としては歓迎されない岩石である。それは泥岩の持つ三つの性質による。その第一は、乾湿風化により急速に粘土化することである。第二は、薄い泥岩層は地震の震動や岩層自体の自重による移動により亀裂が生じ粘土層となり、いずれすべり面となること、第三は、風化により土壌化すると強酸性化することである。

泥岩は、一般に第三紀層の砂岩泥岩互層として存在している灰黒色の岩石である。しかし第四紀の洪積層にも黒色の粘土層の分布が見られ、また中生代の四万十層や和泉砂岩層にも黒色～灰黒色の頁岩が分布している。これらは外観は異なっているが、もともとは海底に堆積した泥が岩石化したもので、起源は同じである。したがって、風化すると強酸性化するものもある。

(a) 泥岩の形成と風化

泥岩の形成因は、海底の大陸斜面に堆積した砂や泥が、数千年から数万年に一度の大地震によって崩壊し海底地すべりとなり、これが深海に堆積し固化したものと説明されている。

泥岩は泥岩単独で存在することはなく、多くの場合、砂岩層とのセットで存在する。このような砂岩層と泥岩層のセットは、砂岩と泥岩の層厚がほぼ等しい場合は砂岩泥岩互層と呼ばれ、砂岩が厚い場合は砂岩「優勢」砂岩泥岩互層と呼ばれ、泥岩が厚い場合は泥岩「優勢」砂岩泥岩層と呼ばれる。

泥岩の粒径は 1/256(0.0396 mm)の粘土粒径と定義されているが、実際の泥岩中には多量の生物起源の物質が含有され、炭化した数 mm の植物片が多量混入していることから、生物岩とも呼べる。数 mm の大きさになると、肉眼でも観察することができる。

泥岩は、河口近辺の汽水域で、海水中の硫酸塩が硫酸還元菌によって還元され硫化物となり、硫化物は有機物の分解によってできた炭酸の作用で硫化水素となる。この硫化水素が土中の鉄化合物と反応し硫化鉄となり、さらに硫化鉄に硫酸還元菌が作用して黄鉄鉱となる。できた黄鉄鉱は、地中の還元的な堆積環境で長期間保存される(図 2-2)。

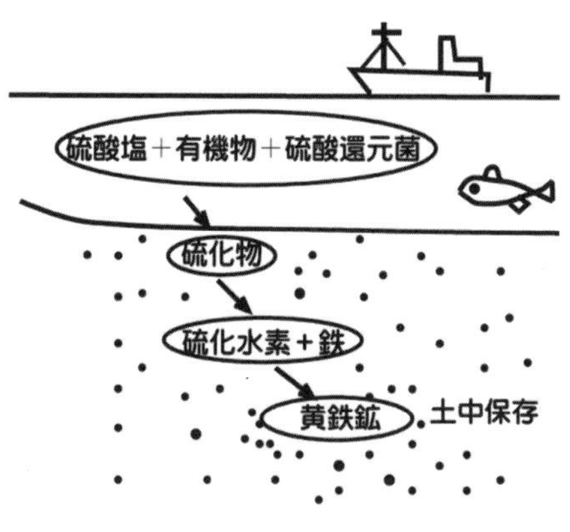

図 2-2 硫化鉄の生成

しかし、黄鉄鉱が地表に露出して酸化的な環境に置かれると硫酸となり、土は強酸性土壌となって岩石の風化を促進する(図 2-3)。

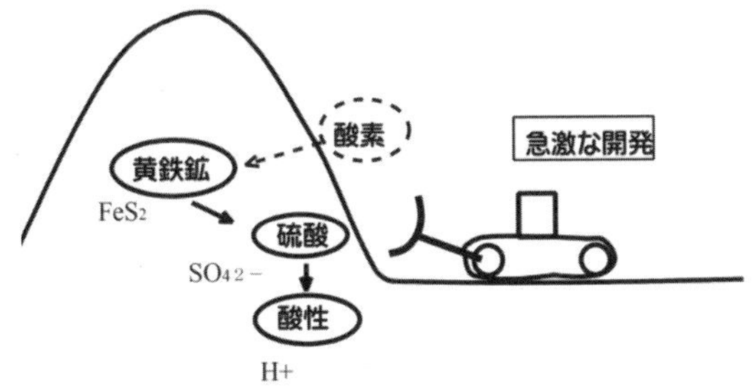

図 2-3　硫化鉄の酸化と土の酸性化

この反応は下記のように表される。

$FeS_2+2H_2O+7O_2 \rightarrow 2FeSO_4+2H_2SO_4$　（黄鉄鉱から硫酸の生成）

$2FeSO_4+H_2SO_4+O \rightarrow Fe_2(SO_4)_3+H_2O$　（硫酸第一鉄）

$FeSO_4+H_2O \rightarrow Fe(OH)_2+H_2SO_4$　（水酸化第一鉄と硫酸の生成）

(b)　泥岩の強酸性化

第四紀洪積層の泥層や新第三紀層の泥岩の法面保護工が、数年を待たず剥離する現象が知られている。洪積層の泥層や新第三紀の泥岩分布地に道路、宅地などを造ったときにできた法面に、保護工のための植生工を施工すると、翌年は緑化するが、1、2 年後には植生がすべて枯死し、表面から剥離する現象が起こる。この現象は、土が強酸性化することによって発生する。

(c)　黄鉄鉱と風化の進行

新潟県の泥岩分布地域で、黄鉄鉱の酸化が風化の指標となることが明らかにされた（千木良 1988）。この調査は、泥岩分布地で 3 本のボーリングコアーより得た試料から、pH、密度、間隙率、鉱物組成などの項目について分析を行った結果、表層から新鮮岩までを、色調と硬さから 3 分帯し、表層部は W1 と称し、パイライト（黄鉄鉱）とクロライトが消滅し、スメクタイトが存在することを示した（**表 2-2**）。さらに風化の進行には、表層部より表層酸化帯、酸化帯、溶解帯、新鮮岩帯に分帯ができることを見いだしている。

風化作用は表層の土壌から地下の岩石まで連続しているにもかかわらず、従来の学問形態が縦割り型で、土壌学での研究対象は表層部数十 cm であり、地質学は新鮮な岩石を対象として、風化岩は「腐り」として研究対象にされていなかった。これに対し千木良は、地表面付近で起こる風化現象が下部へ影響することを述べたもので、土壌学と地質学を繋ぐ学際的な研究といえる。

表 2-2　風化の進行とパイライトの有無

ゾーン	色調黄	パイライト	スメクタイト	クロライト
W1	褐色	なし	あり	なし
W2	暗灰色	あり		
W3	暗灰色	あり		

（千木良 1988）

(d)　すべり面となる泥岩

新第三紀に堆積した泥岩は、粘土化してすべり面となることがある。泥岩は一般に砂岩泥岩の互層として堆積しているが、砂岩と泥岩は岩石としての強度は異なる。このことは、露頭で観察すると、砂岩には層理に対し直角に割れ目が生じるのに対し、泥岩は層理に平行な亀裂で微細である(**写真 2-4**)。

写真 2-4　砂岩の縦方向亀裂と下位の頁岩

このような割れ目の生成は、地震時の振動や斜面全体のクリープによると考えられ、泥岩が形成された後、数百万年間に起こった動きの繰返しにより生じたものである。岩盤への水の浸透は、砂岩の割れ目を通った水は、泥岩では層面に平行に浸透しながら泥岩中の元素を溶出し、粘土化を進める。粘土化した泥岩は、豪雨による水の過剰な浸透や地震動により粘性化し、すべり面となり、岩盤地すべりを誘発する。

岩盤すべりの原因となった粘土は、地すべりの発生後、砂岩表面に付着した黒色の粘土として見ることができる。

(e)　名前を変える泥岩

泥が堆積して固化した岩石を泥岩と呼ぶが、固結の程度によって異なる岩石名が付けられている。未固結の場合は泥、または粘土として、沖積平野の地下に分布している。段丘を構成する泥層は、石ほど硬くないが岩石と言えるほどの硬さはない。新第三紀に堆積した泥層は、固結しているので泥岩と呼ばれ、さらに古く中生代の四万十層や和泉層群では、頁岩と呼称される。古生代の三波川帯では片状になっているため、泥質片岩と呼ばれる(**図 2-4**)。

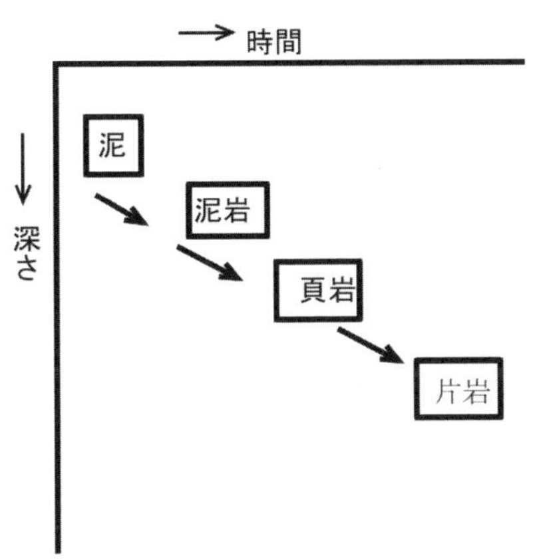

図 2-4　変化する泥岩の名称

(3)　第三紀層地すべり

第三紀層地すべりは、地質学でいう新第三紀(2000〜500 万年前)に堆積した砂岩泥岩互層で発生する地すべりである。地質学では、第三紀は新第三紀と古第三紀に分けられているが、地すべり分野では、地質学で新第三紀と古第三紀という分類が行われる前から「第三紀層地すべり」という名称が定着していたため、本書では「第三紀層地すべり」を使う。本書で第三紀層地すべりと言った場合、「新第三紀に堆積した砂岩泥岩層に発生する地すべり」として使用している。

砂岩の下位には泥岩があるが、砂岩と泥岩は堆積物の粒度組成、固結度などの物性が異なる。このため、堆積後、岩石として固結するまでに受けた様々な外力により亀裂が生じる。砂岩の亀裂は堆積面に対して直角に入っているため、ここに浸透した水は縦方向に移動するが、泥岩の亀裂は堆積面に平行で、その厚さ数 mm、大きさは 2、3 cm の細片となり、水が通りやすくなる。水が浸透し始めると、泥岩から溶出現象が生じ構成する元素が溶け出す。この結果、泥岩は粘土鉱物へ変化する。生じた粘土はすべり面となり、岩盤すべりの原因となる。岩盤傾斜の緩い第三紀層分布地域での地すべりは、泥岩起源の粘土層がすべり面となっている例が多い。

また、約 2000 万年前に日本海で起こったグリーンタフの海底火山活動は、多量の火山灰を噴出したが、堆積した火山灰は緑色の凝灰岩として堆積し、この凝灰岩もすべり面となる。

(a) ケスタ地形と地すべり

堆積岩の地域にはケスタ地形と呼ばれる地形が見られる。ケスタ地形は、山地斜面の傾斜と地層の傾斜がほぼ同じような地形であり、斜面は非対称で、一方は緩く長い斜面となり背斜面と呼ばれる。背斜面の傾斜は 10～20 度程度と緩い。背斜面の表層には泥岩の風化した土層が堆積し、地すべりは、砂岩上を粘土化した泥岩をすべり面として移動する層すべりとして発生する。急傾斜部は階崖と呼ばれ、山くずれが発生しやすい(図 2-5)。

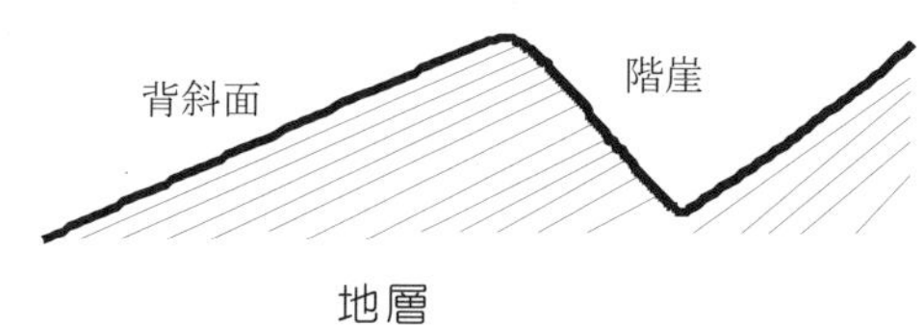

図 2-5 ケスタ地形の背斜面と階崖

図 2-6 相沼内(北海道南部)地方のケスタ地形と地すべり地形の分布(高谷 1967)

1967(昭和 42)年に北海道の豊浜町で起こった豊浜地すべりは、延長約 800 m の大規模なもので、通過中のバスを巻き込むという事故を引き起こした。この地域の基盤岩は八雲層と呼ばれる泥岩で、豊浜地すべりの周辺には多くの地すべり地形が存在する。この地域にはケスタ地形が分布し、背斜面には大規模な地すべり地形が見られる(**図 2-6**)。

(b)　複合型地すべり

複合型地すべりは、第三紀層の堆積岩に第三紀の花崗岩や安山岩、玄武岩が貫入した地すべりで、日本海側に分布する第三紀層地すべりの多くはこのタイプである。

(c)　北松型地すべり

長崎県の北部には、北松型と呼ばれる地すべりが分布している。これは玄武岩が佐世保層群(堆積岩)の上に帽子のように覆っているので、キャップロック型地すべりとも呼ばれる(**図 2-7**)。

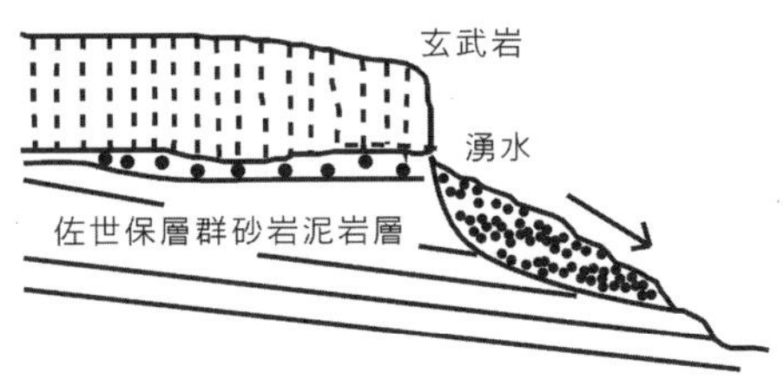

図 2-7　キャップロック(佐世保層群上に載る玄武岩層)

北松型地すべりは玄武岩が最上位に載っているため、ここに降った降水は、節理、亀裂を通り、下位にある八の久保礫岩層の上位から湧水となる。このとき、上位の玄武岩から節理崩壊が発生する場合と、下位の砂岩泥岩層が崩壊する場合がある(大八木 2007)。

石倉山地すべりは松浦市(長崎県)にあり、1990(平成 2)年に発生した地すべりである。標高 313 m の石倉山西山麓が動いたもので、面積は 11.7ha で周辺には棚田が広がっている。柱状図によれば、地表面より 24 m までは玄武岩層で、玄武岩は深さ 10 m 付近までは強風化玄武岩、10～15 m 付近までは弱風化玄武岩となる(**図 2-8**)。

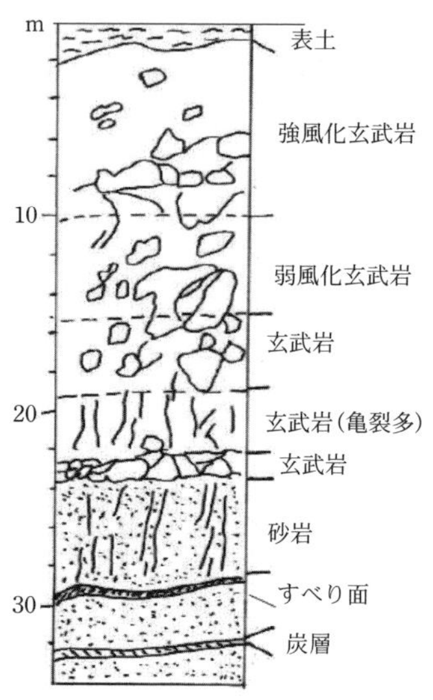

図 2-8　石倉山地すべり(松浦市：長崎県)の地質柱状図
(第 12 回地すべり学会長崎展示写真より描画)

15 m から 24 m 付近までは新鮮な玄武岩であるが、20 m 付近では多くの亀裂が見いだされている。24 m より以深は砂岩となり、30 m 付近にすべり面が見いだされた。33 m 付近には薄い炭層が存在しているが、この地域では第二次大戦中に採炭したため、残された採炭跡も原因の一つと考えられた。この地域には墓地があり、そこの墓碑には文化 6 年(1806)の文字が刻まれているので、地すべりの滑動は約 200 年目と考えることができる。

(d)　七五三掛地すべり

七五三掛地すべり地は、山形県鶴岡市の月山の北西方約 15 km に位置し、2014 年 7 月に発生した地すべりの跡地である。また七五三掛地すべり地の東側には大網地区があるが、ここは昭和 40 年代から知られた地すべり地である。この地域は月山からの噴出物で覆われ、表層部に凝灰岩が分布し、下位に亀裂の多い玄武岩が分布している。玄武岩の下位には泥岩と砂泥互層が分布する。このような上部に火成岩が分布し、下位に堆積岩が位置する層序は、北松型地すべり(長崎県)と酷似している。

この地域の積雪は 3 m を超え、年間の降水量の 40～50％は降雪から供給され、積雪量を降水量に換算した降水量は3000 mmを超える。地すべりの発生は、玄武岩の亀裂に多量の水が保有されることによって起こると考えられている(**図2-9**)

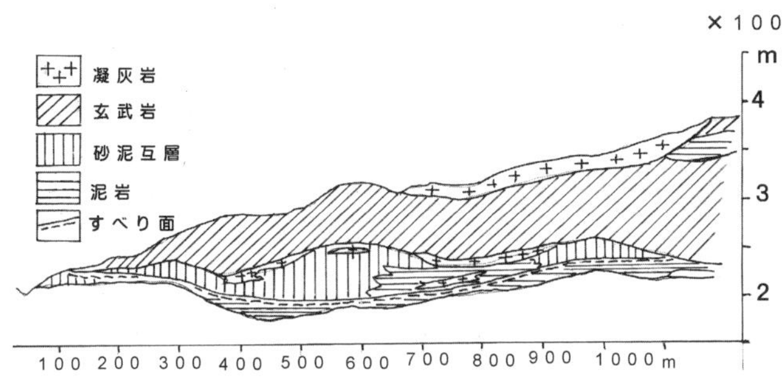

図2-9　七五三掛地すべり地の断面図(鶴岡市：山形県)
(庄内あさひ農地保全事業の現状(平成27年8月27日))

根森田地すべりは、秋田県北部の米代川の支流阿仁川に位置する。根森田地すべりの地質は、基盤岩に凝灰岩から構成される西黒沢層の上に、硬質泥岩で構成される女川層が分布し、この硬質泥岩層が大規模な崩壊を起こしたものである。玄武岩は女川層と西黒松層を貫入している(**図2-10**)。

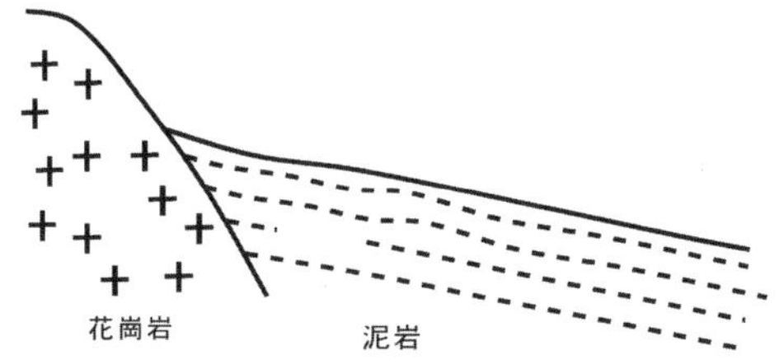

図2-10　花崗岩と接する泥岩の地すべり(根森田：秋田県)

また、1972(昭和47)年2月に中央自動車道を6カ月間不通にした岩殿山地すべりは、中央自動車道大月インターチェンジの東方2 kmに位置する。岩殿山の地質は、第三紀の御坂層に属する凝灰岩類が分布し、深部には安山岩の貫入も見られる。

地すべりの発生に、陥入した玄武岩や安山岩などの火成岩が関連する地すべり地は多く、**表2-3**の通りである。

表 2-3　複合型地すべり

地すべり名	貫入岩	基盤岩
豊浜(北海道)	玄武岩	砂岩泥岩(八雲層)
桃岩(北海道)	安山岩	泥岩(礼文島)
根森田(秋田)	玄武岩	泥岩(女川層)
豊牧(山形)	安山岩	泥岩・砂岩
三隅(島根)	安山岩	砂岩泥岩

(4)　四万十層地すべり

地すべりの研究が始まった昭和 40 年代初期には、四万十層分布地域には「地すべりはない」と言われていた。このことは、1966(昭和 41)年に作成された四国や紀伊半島の地すべり分布図を見ると、四万十層地域にはほとんど地すべり地がプロットされていないことからも理解できる。しかしその後、地すべり地の空中写真判読が行われるようになり、四万十層にも地すべり地形があることが報告されるようになり、またその面積が大きいことも知られた。しかし被害の報告は比較的少なかったため、四万十層に分布する地すべりは動きが緩慢で、長期の停止期間があると考えられてきた。

四万十層分布地域の岩石種は砂岩と頁岩であるが、砂岩優勢地域では大規模な山くずれが発生し、頁岩優勢地域では地すべりとなる。

宮崎県では、1982(昭和 57)年に西都市譲葉(ゆずりは)で、高さ約 200 m、幅 150 m、深さ約 50 m、推定土量 100 万 m^3 という山くずれが発生した。崩土は下部にあった杉安ダムに崩落し、ダム湖を半分埋めた。崩壊発生の誘因は、直前の豪雨と考えられている。素因に関しては、崩壊地の最深部に断層に伴う粘土層が見られることから、この断層と粘土層と考えられた。譲葉は、崩壊発生から現在(2017年)まで約 30 数年を経過し、緑化工により樹木も育っているが、植生の相違からその痕跡をうかがうことができる(**写真 2-5**)。

また 2005(平成 17)年に宮崎県を襲った台風 12 号による豪雨により、野々尾地すべり(美郷町：宮崎県)が発生したが、その規模は幅約 400 m、長さ 600 m という大規模なもので、耳川を一時堰き止め地すべりダムを形成した。この地すべりは規模が大きいため、対策工は渓岸の浸食防止に限られた。同じ年に発生した天神山崩壊地(三股町：宮崎県)も長さ 600 m という大規模なもので、源流付近の断面には層理が破壊された砂岩層が見られた。

写真 2-5　発生当時の譲葉地すべり地（西都市：宮崎県）
（手前の水面はダム湖）

大規模崩壊のうち、四万十層で発生する地すべりや山くずれを「付加体地すべり」と呼ぶことがあるが、四万十層以外にも付加体は存在するので混乱を招きかねず、最近では、四万十層に発生する大規模な山くずれは「深層崩壊」と呼ばれるようになった。

(5)　古第三紀層粘土化帯

宮崎市の南部地域には、日南層と呼ばれる 2400 万年前に堆積した古第三紀層が分布している。この地域の地形は等高線間隔が広く、不規則に湾曲しているため、地形図で明瞭に区別できる。このような等高線の変異は、一般に地すべり地の特徴で、不規則な等高線を下部から上部へたどっていくと、上部で等高線が密になり、滑落崖を見いだすことができる。しかし古第三紀の分布域では、地域全体が不規則にうねり滑落崖は見られない。このような地形は、古第三紀層地域の地すべりの特徴である。

古第三紀層の分布地域では、頁岩が圧砕され粘土化しているが、圧砕の程度は各種認められ、圧砕の程度が小さい場所では原岩である頁岩の形態が残り、鱗片状（魚のうろこ状）の頁岩が見られる。さらに圧砕が進んだ場所では、固結した粘土となる。

このような圧砕された頁岩は、岩石としての強度は失われているが、粘土が有する粘性も示さないため、「いまだ粘土になっていない頁岩」と言える（正確には「未粘土化頁岩」）。粘土層に含有される粘土鉱物はイライトであることから、頁岩が粘土化したものと考えられる。

このような固結粘土層は宮崎市の南部にあり、日南層と呼ばれる。ここでは2005(平成 17)年に大規模な崩壊があり、その復旧工事として深さ約 50 m にわたる排土工事が行われた。このとき、広範囲にわたって黒色の粘土層が現れ、粘土層は排土工事を進めることにより緩慢な動きがあったため、H 型鋼を打設したが、鋼材が約 10 度傾斜するような動きがあった。しかし傾斜はそれ以上進行しなかったため、工事はそのまま進められた。

この地域では、従来から間欠的に動く地すべりが知られていたが、その動きは林道や斜面に数十 cm の段差を造る程度で、その後、数年間はそのまま停止するものであった。このため段差の修正や、亀裂の埋め戻しなどの部分的な修復工事が行われたが、本格的な工事の対象にならなかった(**写真 2-6**)。

写真 2-6　古第三紀日南層
(明黄色の表土と下部の灰黒色部の境界は直線状である)

この地域では、昭和 40 年代に県道高岡－日南線の建設が進められたが、このとき、橋脚の建設時に基礎となる粘土層に変異が生じたため、工事が中断したことがあった。また、現在(2017 年)建設が進められている東九州自動車道は日南層の中を通っているが、トンネルは工事中にルートが変更されたことがあり、また工事も難工事と伝えられている。原因はおそらく「古第三紀粘土層の動き」と考えられ、トンネル完成後も長期的な安定が不安視されている。

このように広範囲に分布する粘土層は、地形的な特徴を示し、斜面傾斜は 15～18 度の緩傾斜である。これに対し砂岩分布地域は 25 度と急で、等高線間隔も密である。このため砂岩層と頁岩層の分布は地形から判別できる(**図 2-11**)。

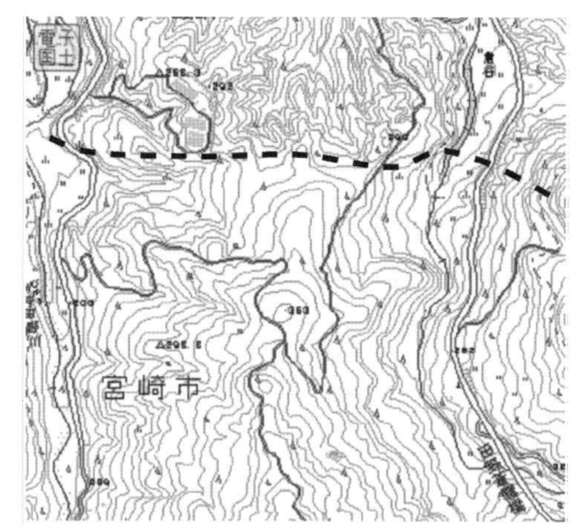

図 2-11　宮崎市南部日南層群の粘土化帯
（点線の南側の等高線幅が広くなっていることで判別できる）

このような粘土層の分布地域は、地質図では砂岩と頁岩に分類されているが、これは地質図には「粘土層」という分類項目がないためであり、「土木地質図」には「粘土層」という分類項目が必要と考えられる。

頁岩の粘土化帯は粘土化が進んでいるため、断層やそれに伴う破砕帯などは極めて少ない。しかし、土地の改変に伴い動きが生じている。この地域は、もともとは植林地や果樹園（ミカン栽培）として利用されている所が多いのだが、したがって土地利用にあたっては、地表面の改変を伴わない利用にとどめておくべきと考えられる。

2.2　火成岩地すべり

(1)　火成岩の産状

火成岩は火山の活動によってできる岩石で、3 種類に分類される。地表面に噴出し岩石化したものを火山岩（噴出岩）、岩頸（がんけい）など比較的表層近くで固まったものを半深成岩、深部で固まったものは深成岩と呼ばれる。

火山岩はマグマが地表に出て固化したもので、溶岩とも呼ばれる。化学組成から、苦鉄質岩と珪長質岩の二つに分類され、苦鉄質岩はマグネシウムと鉄に富み色調は黒みがかっている。また、珪長質岩はケイ素と長石に富んでいるため、白みがかっている(**表 2-4**)。

苦鉄質のマグマは粘性が低いために流れやすく、ハワイのマウナロア火山では、流れる溶岩を目の前で見ることができる。日本では 1986(昭和 61)年に伊豆大島の三原山が噴火したときに、溶岩が流れる模様がテレビ中継された。現在もインターネットの動画サイトで、火山噴火の様々な様子を見ることができる。

これに対し珪長質マグマは粘性が高く、爆発的な火山活動を伴う。よく知られているのは 1914(大正 13)年の桜島の大噴火で、このときの爆発により噴出した溶岩によって、桜島と大隅半島間の海峡は埋められ地続きになった。このとき流れ出た溶岩の状態は、現在でも見ることができる。

表 2-4　苦鉄質岩と珪長質岩の性質

化学組成	元素	溶岩の粘性	噴火様式	例
苦鉄質岩	Mg、Fe	低い	流動型	三原山(伊豆大島)
珪長質岩	Si	高い	爆発型	桜島(鹿児島市)

火山岩は噴出岩とも言われ、マグマが地表で固まった岩石である。溶けていたマグマが急速に冷却するために、結晶の発達が十分でなく微粒である。

半深成岩は、マグマが岩脈、岩頸など比較的地表近くで固まった岩石で、微粒の結晶の中に比較的大きな結晶が点在する鉱物組成である(**写真 2-7**)。鉱物の結晶が斑点状にあることから斑状組織という。石英斑岩や花崗斑岩が、これに属する。

写真 2-7　花崗斑岩の長石

深成岩は地下深くでゆっくりと固まるので、それぞれの結晶は大きくはっきりとした結晶となる。このような組織を完晶質といい、花崗岩や花崗閃緑岩がこれに分類される。

・岩脈：マグマが既存の岩石中にある割れ目に侵入し固結したもので、脈状となっている。
・岩頸：火山のマグマの通路が火山岩で満たされていたものが、火山の浸食によって突出した山となったものである（**写真 2-8**）。
・溶岩：マグマが火山の外に噴出し固結した岩石である。
・岩床：マグマが地層中に平行に併入し固結したものである。

写真 2-8　火山岩頸（霧島市：鹿児島県）

(2)　火成岩の山地災害

火成岩のうち分布面積の広い岩石は花崗岩で、瀬戸内海に面する兵庫県、岡山県、広島県、山口県と、対岸の四国では愛媛県、香川県など広く分布する。この花崗岩は白亜紀に広範囲に貫入したものであるが、中生代に貫入した比較的狭い範囲に分布する花崗岩もある。花崗岩はゆっくり冷えたので、造岩鉱物の石英、長石、雲母などの結晶の発達が良く完晶質と呼ばれる。花崗岩は風化すると石英や長石の粒子が分離され砂状となるが、粘土分が少ないため、花崗岩を基盤とした地すべりは少ない。

安山岩は噴出岩に分類され、火山の周辺に分布しているが、比較的粘土化されやすく、表層部の酸化環境下ではハロイサイトとなり、柱状節理の間隙を埋める粘土となっている。一方、還元的な環境下ではスメクタイトが形成され、地すべりの原因となる。

花崗岩と溶結凝灰岩を基盤とした地すべりが、1976(昭和 51)年に兵庫県一宮町(現在の宍粟(しそう)市)で発生した(**図 2-12**)。面積は 16ha に及ぶ大規模な地すべりであったが、その発生の様子は揖保川を挟んだ対岸より撮影され、その動きが詳細に記録された(**写真 2-9**)。この地すべりにより、下三方小学校の鉄筋コンクリートの建物が約 60 m 押し流された。

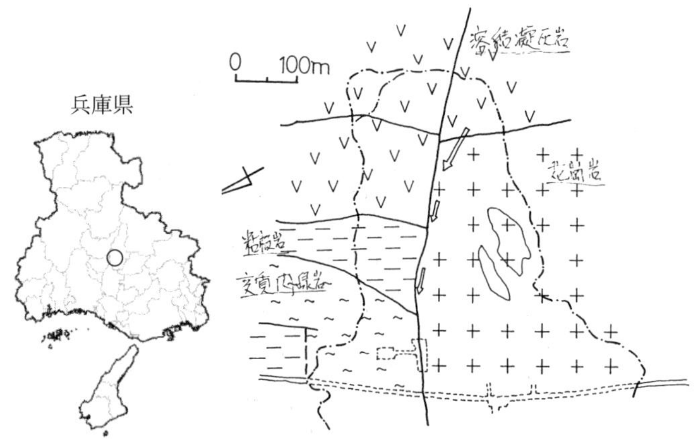

図 2-12　一宮地すべり(抜け山地すべりとも呼ばれる)

写真 2-9　一宮地すべりの全景(宍粟市：兵庫県)

この地すべりの発生原因については、地すべり地の中央付近の風化花崗岩中に地層の境界となる断層があり、この断層の走向はN30Eで、これは地すべり地を横切る方向であった。また断層は粘土層を伴っていたため、地中のダムとして地下水を貯留したことが地すべりの原因となったのではないか、と考えられる(吉岡 1978)。

(3)　温泉地すべり

火成岩地すべりのうち温泉地周辺に発生する地すべりは、従来は温泉地すべりに分類されていた。これは、火山周辺の強酸性の熱水や噴気により、岩石が変質した地域が存在するためである。火山周辺の変質帯は、ある地域一帯が粘土化しているため、地域一帯が崩壊を起こすので大規模な崩壊となる。

温泉地すべりは地域全体の粘土化によって起こるので、滑落崖や凹凸地形などの地すべり地形は見られないという特徴がある。このような岩石の変質帯は鉱化帯とも呼ばれる。

温泉地すべりとしてよく知られているものとしては、霧島(1948年)、八幡平蒸の湯(1973年)、澄川(1997年)、箱根早雲山(1953年)などがあり、いずれも温泉地として知られた地域に発生している。

温泉地すべり地の地下構造はほとんどわかっていない。これは、温泉地すべり地では調査のためのボーリングを実施すると、強酸性の噴気や温泉水の噴出が生じ調査が困難なためである。

温泉地すべりは、大別すると熱水変質型地すべりと、貫入岩型地すべりの二つのタイプに分類できる。

温泉地すべり ─┬─ 熱水変質型地すべり
　　　　　　　　└─ 貫入岩型地すべり

熱水変質型の地すべりは火山活動との関連性が深く、火山活動によって地すべりが誘発される場合と、地すべりにより地表面の土塊が取り除かれたために地圧が下がり、火山活動が誘発される場合がある。アメリカのセントヘレンズで、1988年に起こった噴火の瞬間が映像として捉えられているが、これを見ると、斜面が崩壊するのに続いて噴火が起こっている様子がわかる。ただこの映像については、噴火が迫り地表面が変形したことにより地すべりが起こった、という説明もある。

(a) 熱水変質型地すべり

熱水変質は、マグマから供給される熱水が岩石中を移動するとき、岩石と化学反応を起こし、その結果、岩石中の元素が熱水中に溶け出し粘土鉱物となる変質作用である。

そのような例として、宮崎県と鹿児島県の県境に位置する新燃岳の南側に新湯（しんゆ）と呼ばれる温泉がある。ここには灰黒色の固結した粘土層が広範囲に分布している（**写真 2-10**）。粘土層中には、灰黒色で亜円礫の安山岩岩塊が見られ、亜円礫は大きいものでは直径 1 m を超えるものもある。

写真 2-10　新湯に見られる粘土化帯と安山岩の亜円礫（鹿児島県）

この地区の地すべりは、記録によれば 1942、1949、1954（昭和 17、24、29）年に発生し、旅館が埋没して犠牲者を出す被害があった。その崩壊周期年については、温泉地が開発されて以来とのことなので数百年以上と考えられるが、現在、崩壊跡地は樹木に覆われ不明瞭になっている。

1997（平成 9）年に発生した澄川地すべり（角館市：秋田県）は、土石流を発生し、小規模な噴火活動も伴った。したがってこの地すべりは、土石流と噴火を伴った地すべりといえる。火山周辺で起こる噴火、地すべり、土石流は、噴火によって地すべりが発生したのか、地すべりによって上載荷重が除去されることにより火山噴火が生じたのか、議論の分かれるところである。

2015（平成27）年に活動が活発になり、一時、町に避難勧告のあった箱根では、1953（昭和28）年に現在の大涌谷の南側に位置する早雲山に大規模な地すべりが発生し、これが土石流となり 2 km 下流の強羅地区に大きな被害を出している（**写真 2-11**）。

写真 2-11　大涌谷(箱根)の熱水変質

熱水変質作用によってできた粘土は、緑色または灰黒色を呈し、膨張性を有して土木工学では温泉余土と呼ばれる。温泉余土は火山地帯に見られ、トンネルの掘削時に遭遇すると、当初は堅くても時間の経過とともに軟化、泥状化し、トンネル掘削に大きな支障をきたす。温泉余土は粘土の色調によって区別され、白色系の場合は珪化作用、灰色から黒色系の場合は鉱化作用と呼ばれる。温泉余土を構成する主な粘土鉱物はスメクタイトであるが、スメクタイトには、熱水からできるスメクタイトと、風化によってできるスメクタイトがある。

(b)　貫入岩型地すべり

貫入岩型の地すべりは、安山岩や玄武岩の岩脈が、他の岩体に貫入したり接触することにより生じた粘土が原因となる地すべりである。したがって、熱水型地すべりが主に岩石の化学変化であったのに対し、貫入岩型は、岩石間の物理的な摩擦が主な原因となったと考えられる。火成岩を基盤とした地すべりでは、安山岩、玄武岩、花崗岩などの火成岩と、堆積岩とが関係している場合が多い。

1985(昭和 60)年、島根県三隅町で発生した地すべりは、地すべりの規模としては小さいものであったが、安山岩の岩脈が貫入して起こる地すべりの典型的なものであった。地すべり地の基盤岩は第三紀層の砂岩泥岩互層で、この中に幅 10 m の安山岩の岩脈が陥入したもので、岩脈の中心部は新鮮な安山岩であったが、砂岩泥岩との接触部にはスメクタイトを含む白色の粘土が分布していた(図 2-13)。

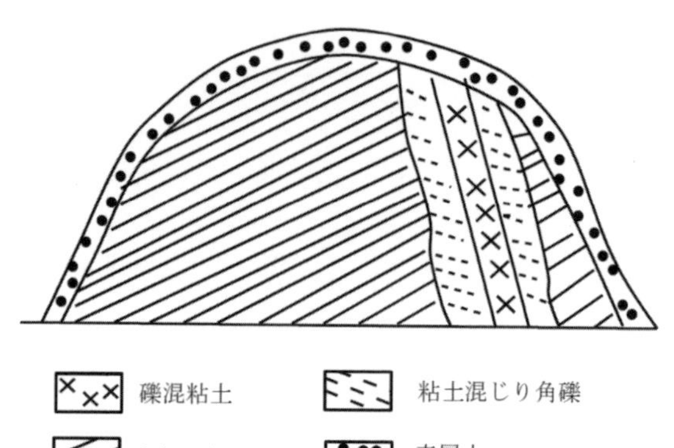

図 2-13　三隅地すべり地(三隅町：島根県)**の貫入安山岩**

1962(昭和 37)年に北海道南部日本海側、豊浜町で発生した豊浜地すべりは、この地域に分布する八雲層(泥岩層)に発生した地すべりで、地すべり地域の大部分は泥岩の分布地域のため、発生原因は泥岩の風化と考えられた。しかし、この地すべりの末端部の海に面する地域には玄武岩が分布し、泥岩層との境界付近にはモンモリロナイトを含有する粘土が見いだされた(星野 1972)。

北海道のオホーツク海に面する金華峠地すべりは、常呂町の国道 242 号線の改良工事中に発生した地すべりで、地質は新第三紀の生田原層で、凝灰岩、凝灰角礫岩、泥岩、砂岩、礫岩より構成されている。そのほかに、新第三紀の貫入岩が見られ、貫入岩は生田原層を貫いている(前田 1996)。

2.3　変成岩地すべり

変成岩の研究は 19 世紀末から 20 世紀初頭にヨーロッパで行われ、1939 年にフィンランドの地質学者エスコラは、生成している変成岩相から、温度と圧力の間にある種の関係があることを見いだした。この温度と圧力によって作られる変成相によって、変成岩が安定な領域が示された。

変成岩は、もともとあった岩石が温度、圧力、化学的条件によって異なった岩石に変化した岩石のことである。変成作用の温度の上限は岩石が溶融する温度以下で、一般には 700～900℃と考えられている。

変成作用には、大別すると広域変成作用と接触変成作用があり、広域変成作用は広い地域の造山運動などによって生じ、砂岩や泥岩が千枚岩、片麻岩などに変化する。接触変成作用はマグマの貫入などによる熱により変成したもので、地域的に限定される。この変成作用によりホルンフェルスを生じる。

変成岩は造山運動やマグマの貫入を受けているため、造岩鉱物が一定方向に配列し、このため岩石の強度が方向によって異なる異方性を持っている。

変成作用を受ける前の岩石と変成作用によってできた岩石の関係は、**表 2-5** のようになる。

表 2-5　変成作用による原岩と変成岩

原岩	変成岩
砂岩・泥岩・頁岩	千枚岩・絹雲母片岩・泥質片岩・石墨片岩
石灰岩	大理石
玄武岩質凝灰岩	緑泥片岩
安山岩質凝灰岩	緑簾片岩・角閃片岩
花崗岩・石英斑岩	片麻岩

(1)　変成岩地すべりの特徴

三波川変成岩帯は日本の変成岩で、分布範囲は埼玉県から西方に延長し、中部地方、紀伊半島、四国を経て、九州の大分県まで延びる総延長約 700 km の変成岩帯である。この変成岩帯は、曹長石の斑晶を有する点紋帯と、斑晶のない無点紋帯に大別できるが、地すべりに関係のある岩石は、無点紋帯に属する緑泥片岩、泥質片岩、千枚岩、絹雲母片岩である。無点紋帯に属する岩石の特徴は、風化速度が速く粘土化しやすいことである。変成度の高い緑簾片岩や角閃石片岩のような点紋帯の変成岩は、風化に対する抵抗力が大きく、粘土化しにくいため地すべりは起こらない(**図 2-14**)。

緑泥片岩の主な造岩鉱物は緑泥石のため、外見上、緑色なので緑色片岩または緑泥片岩とも呼ばれる。黒色片岩は外見上、灰黒色～黒色のため、黒色片岩または泥質片岩とも呼ばれる。緑泥片岩、泥質片岩が重要なのは、風化すると緑泥片岩は粘土鉱物のクロライト、泥質片岩はイライトになり、地すべりや崩壊の原因となる。なお、造岩鉱物の緑泥石は英語では Chlorite なので、粘土鉱物の緑泥石と同じで混同しやすい。

変成岩を基岩とする地すべりは、長野県、三重県、和歌山県、徳島県、高知県、愛媛県に多く、いずれも三波川変成岩帯の緑泥片岩、泥質片岩の分布地域に発生している。

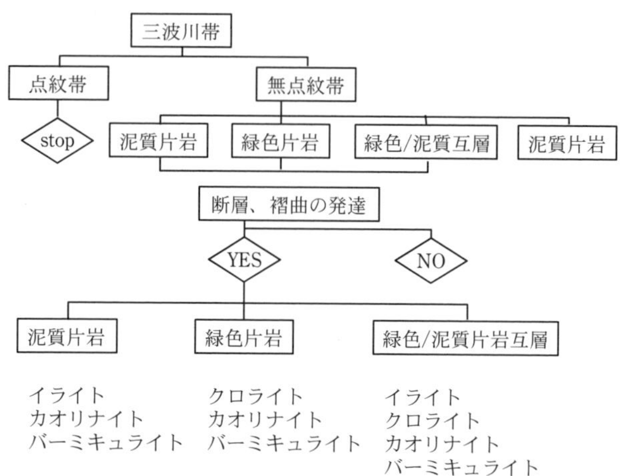

図 2-14　三波川変成岩帯の地すべりと粘土鉱物の関係

変成岩帯の地すべりの特徴は、①厚い風化層の存在、②滑落崖が不明瞭なこと、である。厚い風化層の堆積は、長期間大きな移動がなかったことを意味し、滑落崖が見られないことは、長い期間移動しなかったため、浸食により消失したものか、ゆっくりした動きのため、発生時から滑落崖が生じなかったためである。

三波川変成岩帯の地すべり地では、第三紀層地すべりに見られるような明瞭な滑落崖はほとんど見られない。このため空中写真による地すべり地の判読は、第三紀層地すべり地のように、滑落崖を探す方法は適用できない。四国の三波川帯で地すべり地を空中写真から判読するには、地すべり地が昔から農地として利用されてきたため、山地斜面での集落の存在と、その周辺に広がる農地(水田または畑)が判読指標となっている(高谷 1982)。

防災科学技術研究所が作成した「既存斜面災害の発生状況一覧表」では 186 カ所の大規模崩壊地がリストアップされているが、このうち変成岩は 8 カ所である(参考資料：防災科学技術研究所 HP：http//:www.bosai.go.jp)。

(a)　緑泥片岩と泥質片岩

三波川変成岩帯の粘土鉱物は基盤岩によって異なり、基盤岩が泥質片岩の場合はイライト、緑泥片岩の場合はクロライトである。また基盤岩が泥質片岩と緑泥片岩の両者で構成されている場所では、粘土鉱物はイライトとクロライトの両方が含有される。このことから、露頭がない場合でも、粘土鉱物の分析によって基盤岩の推定が可能である(高谷 1982)。

しかし、表層部に分布する黄褐色の土壌中に含まれる粘土鉱物は、カオリナイトかまたはバーミキュライトである。このように表層部の風化によってできる粘土鉱物は、基盤の岩石が異なっても同じカオリナイトやバーミキュライトとなることは、これらがこの地域の環境でできる最終的な粘土鉱物であることを示している。

スメクタイトに関しては、三波川帯の地すべり地ではスメクタイトが見いだされた例は少なく、長い間「三波川帯にはスメクタイトはない」と考えられていた。しかし徳島県の善徳地すべり地の近くで、地表に近い小規模な断層中の粘土からスメクタイトが見いだされている(**図 2-15**)。

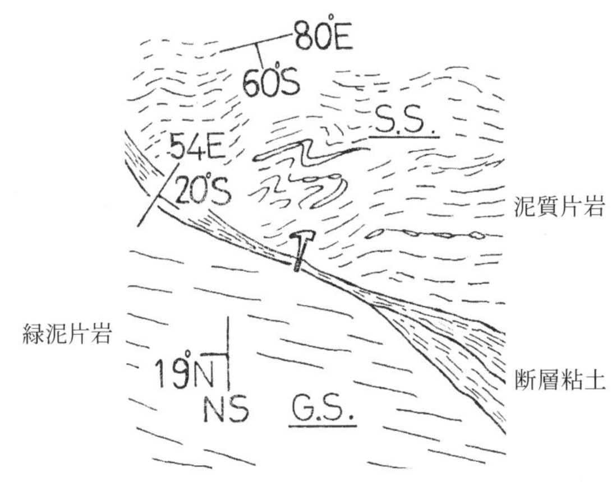

図 2-15　善徳地すべりに見られるスメクタイトを含有する粘土層

ここは傾斜が約 10 度の断層で、上盤が泥質片岩、下盤が緑泥片岩であり、断層粘土中には上下盤の角礫が混入している。粘土鉱物の X 線回折によれば、スメクタイトが示す 14 Åのピークは、エチレングリコール処理によって移動しスメクタイトを含有していることを示す。しかしそのピークは低く、含有量は少ない(高谷2006)。したがって三波川帯でスメクタイトができる地質条件は、基盤岩が、緑泥片岩か、またはその風化岩が上盤を構成しているような場合である。これは泥質片岩に含有されるカルシウムやカリウムによって、層間が固定されイライト化するため、スメクタイト化が妨げられると考えられる(**図 2-16**)。

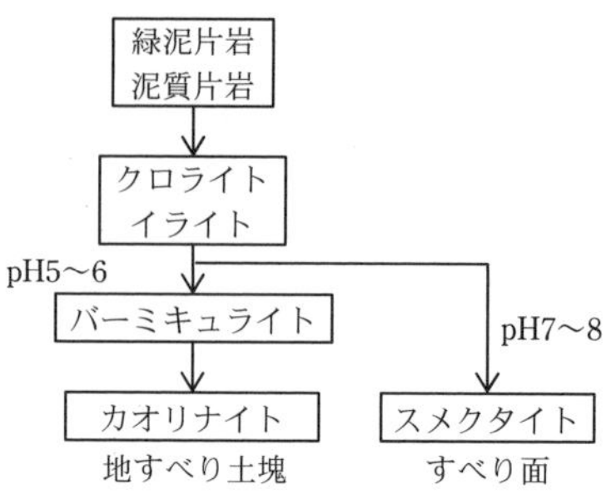

図 2-16　三波川帯の風化機構

(b)　御荷鉾緑色岩

三波川帯の南側に断続的に分布する御荷鉾(みかぶ)帯は、地すべりとしては特異な性質の地すべりである。四国における御荷鉾帯の分布面積は狭く、四国の面積の2％に過ぎない。しかし地すべり数では14％を占める。これは1 km^{2}当たり0.6個となり、三波川帯の3倍にあたる(高谷 1982)。

御荷鉾帯は分布面積が狭く、また基盤岩が緑色で土色も緑色のため、三波川帯の地すべりと混同される場合がある。しかし動きの特徴、地形ともに三波川帯の地すべりとは違っている。

御荷鉾帯の地すべりの特徴は、動き方がズルズルと断続的にすべることである。この結果、斜面傾斜が緩く、15〜20度である。このことは、三波川帯の地すべりが25〜30度であるのに対し緩傾斜である。

傾斜が緩いことは山地斜面の農業利用に顕著に現れ、この地域では斜面が水田として利用されている。これは三波川帯の地すべり地が、主に畑地として利用されているのに対し対照的である。高知県の怒田、八畝地区は、山中であるにもかかわらず水田が広がり、戦後の食糧難時代には高知県の米の生産地として重要な拠点であった(**写真 2-12**)。

御荷鉾帯の地すべり地の傾斜が緩く水田として利用されていることは、御荷鉾緑色岩の風化によって生成する粘土鉱物に原因があり、ここを構成する粘土鉱物がスメクタイトであることに起因する。スメクタイトはイライトやカオリナイトに比較すると塑性指数が大きく、このことは多量の水を含むことができるので、土の水持ちが重要な水田に適している。

写真 2-12　傾斜が緩く水田の多い八畝地すべり(高知県)

御荷鉾帯と三波川帯の地すべりの特徴を比較すると、**表 2-6** のようになる。

表 2-5　三波川帯と御荷鉾帯地すべりの比較

	移動形態	土地利用	斜面傾斜角	地すべり地形	主粘土鉱物
三波川帯	崩壊型	畑	25～30	なし	Ch.、It.、Kt.
御荷鉾帯	粘稠型	水田	15～20	あり	St.

Ch.：クロライト、It.：イライト、Kt.：カオリナイト、St.：スメクタイト

御荷鉾帯の地すべりのもう一つの特徴は、斜面の深層まで破砕され粘土化が進んでいることで、ボーリングコアーを利用した調査によれば、深さ 100 m 以上まで粘土化が進んでいることが報告されている(平田 1968、宮原 2005)。

御荷鉾帯の地すべり地形は、三波川帯と同様、第三紀層地すべりで見られるような、明瞭な滑落崖や滑落崖下の緩やかな斜面などは見られない。しかし規模の大きな滑落崖があり、これらは、ほとんどが植林地として利用されている。

四国中央部における三波川帯と御荷鉾帯の岩石と地すべりの発生については**表 2-7** のようにまとめられている。

表 2-7　三波川帯と御荷鉾帯の岩石と地すべりの関係

		地層		主な岩石	随伴岩石	地すべり
三波川帯	点紋帯	大生院層				
三波川帯	無点紋帯	三縄層	上部	緑色・泥質・珪質片岩		×
三波川帯	無点紋帯	三縄層	中部	緑色・圭質片岩	泥質片岩	×
三波川帯	無点紋帯	三縄層	下部	泥質片岩	緑色片岩	○
三波川帯	無点紋帯	小歩危層		砂質片岩	泥質・緑色片岩	×
三波川帯	無点紋帯	川口層		泥質片岩	緑色・珪質・砂質片岩	○
三波川帯	無点紋帯	大歩危層		砂質片岩		×
御荷鉾帯	無点紋帯	御荷鉾緑色岩		緑色片岩		○

（文献 剣山研究グループ）　　○：地すべりあり　×：地すべりなし

(c)　蛇紋岩地すべり

蛇紋岩は火成岩または変成岩に分類されている岩石で、岩石の表面に蛇の表皮に似た黄色の模様があるため、このように名付けられている。その成因は、かんらん岩などの超塩基性岩が水と反応し、蛇紋岩化作用を受けることで生成すると考えられている。蛇紋岩化の程度は岩体により異なり、源岩の構造が残っている場合もある。日本での蛇紋岩の分布は、神居古潭変成帯（北海道）、早池峰構造体（北上山地）、飛騨外縁帯、三波川変成帯などの大規模な構造線に沿って帯状に分布している。

写真 2-13　葉片状、剥離性を示す蛇紋岩（津花峠：宮崎県）

蛇紋岩は全体的に圧砕作用を受けているため、剥離性を有し、粘土化が進んでいる。このため粘土化が進んだ蛇紋岩がトンネルや切土法面に露出すると、粘土の押し出しがあり、難工事となることがある。工学的には産状と形態から、粘土状、葉片状、角礫状、塊状に4分類されている(**写真2-13**)。

蛇紋岩地すべりの特徴として、動きが長期にわたって安定せず、工事が数年から数十年にわたる場合がある。蛇紋岩地すべりは泥状となって動くため、滑落崖が見られず粘性流動を示す。これは蛇紋岩が粘土化し動くためで、粘土鉱物はクリソタイル、アンチゴライトが主で、スメクタイトも含有されていることがある。

高知県の長者地すべりは、蛇紋岩地すべりの典型的な例で、長さ1200 mに対し、幅は300 mの細長い形で、アスペクト比は4、平均傾斜も15度で非常に緩傾斜である。

第3章　地すべり地形と微地形

地すべりは、地中の弱面を境にして上部の土塊が下方にすべる現象である。すべった結果、その動きは地表面へ伝えられ、地表の変化となって現れる。このような変化は、滑落崖や起伏地形のような特有の地形となり、これらは地すべり地の微地形として知られている。したがって微地形は、地すべりによる地下の破壊現象が地表に現れた形態ということができる。

3.1　地すべり地の微地形の特徴

(1)　地すべり地形と円弧型すべり面

地すべり地で見られる地すべり地形は、地すべりにより土層や地層が破壊され撹乱された状態が地表に現れたものである。地すべり地は、固結した地層や土層から構成されているが、破壊された土層や地層は、礫から砂、粘土まで各種の粒径から構成されている。これらの粒径は、地すべりの動きによりさらに破壊が進み、粘土化する。

このことは土層、または地層が粘性化することを意味し、地すべり地はこのように固体であった物質が細粒化し、ここに水が加わることにより、粘性化し重力により移動を始める現象である。したがって、このような多くの粒径によって構成されている土層が移動するとき、一様なすべり面が円弧を描くのかは疑問である。

すべり面の円弧について、多くの現場経験を基に上野(2012)は、すべり面の縦断形について「一般的な地すべりでは、すべり面の縦断形が円弧になる例は稀であり、直線で近似できる部分が主体となる」と説明している。

実際の現場において、地すべり地や崩壊跡地を見ると、地表面が円弧状になっている場合もあるが、これは崩壊やすべりが発生した後に、周辺からのくずれた石礫や土砂が溜まり形成された崖錐による緩い傾斜面である。

(2)　馬蹄形の滑落崖と頭部、側壁

地すべり地に見られる馬蹄形の滑落崖は、空中写真により地すべり地を判読する上で有力な指標である。滑落崖は土地が動いた結果できる崖で、多くの滑落崖は平面的には馬蹄形を描く。地すべり地頂部には亀裂が見られることがあるが、これは頭部亀裂と呼ばれ、滑落崖が生じたときに派生的にできる亀裂である。同じように側方に生じた亀裂は、側方亀裂と呼ばれる(図 3-1)。

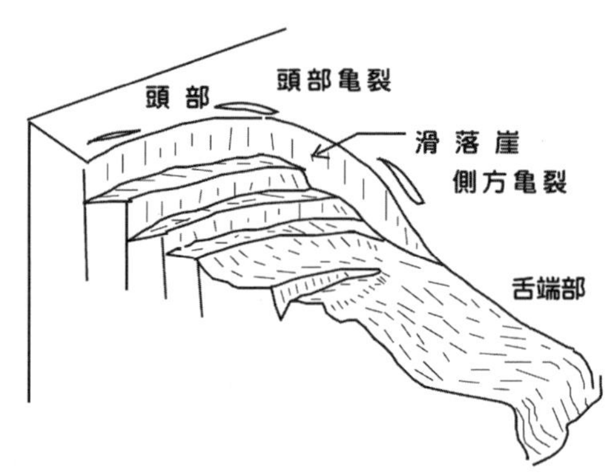

図 3-1　地すべり地周辺の名称

地すべり地の上部や側方にできた亀裂は、土層が移動することによってできた引張り亀裂であるが、これらの亀裂はさらに亀裂が拡大するような感じを受けるので、調査のために伸縮計を設置する例が多い。しかし、その後大きく動いた例は少ない。多くの亀裂は数年間のうちに周囲から土砂の流入があり、また枯葉の堆積によって自然に埋まり元の斜面に還っている。

(3)　直線状滑落崖

滑落崖の形は、そこを構成している土質や地層構造に影響される。したがって馬蹄形を描くのは、地すべり地が比較的均質な土質で構成されている場合である。地質の境界や、断層などの地質構造に影響を受けた場合、直線状となることもある。

第三紀層地すべりの多くは、泥岩層や凝灰岩層をすべり面として移動するため、直線状のすべりとなる。これらには、尾根部を残しながら移動するタイプと、尾根を含めて移動するタイプがある(図 3-2)。このようなタイプは、頭部

の滑落崖や中間部の起伏地形は見られず、地すべり地の下部に移動した土塊が、盛り上がった地形を形成する。

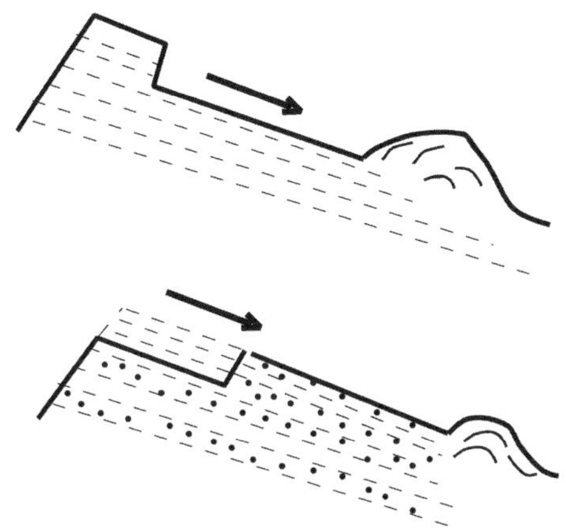

図 3-2　すべり面が直線状の地すべり

第三紀層に見られるケスタ地形の背斜面には地すべりの発生が多いが、これは地層面に沿って斜面全体がすべるため、尾根自体が移動し滑落崖が残らないことがある。例として、茶臼山（長野県）地すべりが知られている。

2008 年 6 月 14 日の岩手宮城内陸地震によって発生した荒砥沢地すべりは、その面積は 98ha で、主滑落崖の高さは 150 m を超える。その規模は、日本で知られている地すべりでは最大といえる。移動土塊は長さ 1300 m、幅 700 m、また最大深さは 150 m に達したが、このような巨大な土塊が、薄い凝灰岩のすべり面上を 30～60 秒で約 300 m 移動したと報告されている（宮城 2013）。

推定断面図によれば、すべり面の傾斜角は 1 度であるが、これは、ほとんど水平である。地質は砂岩、泥岩、凝灰岩であり、傾斜は 3～4 度の流盤で、地すべり地には荒砥沢ダムに注ぐ沢が 3 本あったが、これが地すべりによる地表変動により 1 本となった。

荒砥沢の地すべりについては、いまだその全体像が解明されていないが、現在の地形が、このような巨大な地表変動により、一瞬にして形成されていることも想定しなければならない。

(4) 滑落崖がない地すべり

滑落崖が見られない地すべりもあるが、その原因としては二つ考えられ、一つは斜面全体が移動したため滑落崖ができなかったもので、もう一つは地すべり地の岩質が風化しやすく、滑落崖が浸食されてしまったためである。

岩質が風化しやすい例としては、三波川変成岩帯に発生する地すべりや、蛇紋岩、温泉地、御荷鉾緑色岩地帯の地すべり地が挙げられる。その原因は、地すべり地を構成する岩石の風化の特性にあり、蛇紋岩や御荷鉾緑色岩分布地では岩石の風化が急速なため、長期間、滑落崖としての形を保つことができず、周辺の斜面と同化していると考えられる。温泉地では、強酸性水によって地域全体の岩石が風化し、岩石が元のままの形を保ったまま粘土化している場合が多く、粘土化した土塊が塊状となって移動するため、滑落崖は見られない。

このような滑落崖の見られない地すべり地では、地すべり地を空中写真から判読する場合、滑落崖は判読指標とはならない。四国の三波川帯に発生する地すべり地の判読指標は、斜面上に存在する集落が指標となる。

(5) コンターの不斉

地すべり地の地形はコンター(等高線)にその特徴が現れるが、これは地すべりに伴う現象として、地すべりの研究が始まったころから知られていた。地すべりにより地表面が移動することにより生じた膨らみは等高線の膨らみとなり、滑落による崖が生じた場合には、等高線は狭くなる。

現在は、地すべりの調査には地形図のほかに空中写真、衛星写真、レーダー写真など多くの方法があり、コンターについてはあまり関心が払われなくなっているが、地形図しかなかった時代には、地すべり地を見いだす基本的な方法であった。

(6) 移動域中の池

地すべり地の中腹には、池が存在することがある。池には立木が立ち枯れた状態で見られることが多く、その成因としては「地形が変化し、水が溜まったため」と考えられている(**写真 3-1**)。しかしこのような池は、供給される沢がないにもかかわらず、長期間一定の水位を保ち、水辺を好む植物相が生育している。このことから、池の水は地下から供給されていると考えられる。池が形成される要因は、滑落崖形成されるときに土層が破壊され、このときに土中に存在していた水と土が分離し、湧水となって出てきたものと考えられる。

写真 3-1　地すべり地内に形成された池と枯れた樹木（根森田地すべり：秋田県）

3.2　地すべり地の微地形の形成因

(1)　地すべり発生のメカニズム

地層や土層が破壊され地すべりが生じるメカニズムは、山体を構成する地層や土層に内在していた弱部が、上部からの圧力により破壊されることから始まる。弱部としては、断層や節理などの岩体の亀裂部分や、泥岩などの存在が想定される。弱部を破壊する原因となる力は、降雨の浸透による山体重量の増加である。山体重量の増加により弱部が破壊され、固体であった土層が粘性体へと状態変化が生じると、土層内の孔隙に賦存(ふそん)していた水分が分離し粘土化することにより粘性流動を始める。このとき、地表面には土層の落下が生じるが、これが滑落崖である。山体中に生じた粘性土は斜面に沿って動き、地表面に凹凸の地形を造るが、これが地すべり地の微地形となる。

土層の内部が破壊されると、地山の構造が破壊され、土層内には亀裂や空隙が発生する。さらに地層や土層の元の構造が乱されると、体積が膨張し、破壊により粘性化した土層は下方へ移動し始める。このような土層の移動により表層部には微地形が生じる。

したがって微地形は、土層が破壊されることにより、地表面に形成された地形ということができる。地すべり発生までの順序をまとめると、下記のように考えられる（**図 3-3**）。

①　土層内での破壊の発生

②　土層の粘性化

③　滑落崖の形成

④　粘性化した土層の堆積膨張による下方移動

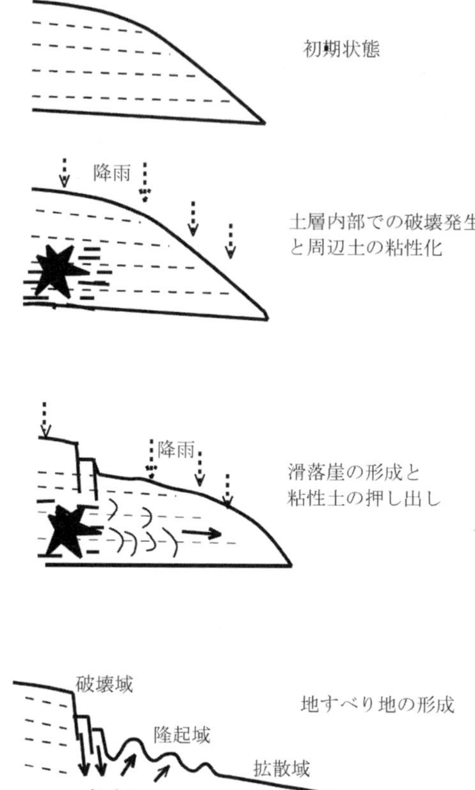

図 3-3　地すべり地形の形成過程

このように、地すべり現象を「土層の破壊による移動」と考えると、地すべり地形は、土層がせん断され滑落崖が生じた「せん断破壊域」と、滑落崖下部の緩斜面の「移動域」、さらに地すべり地の先端部に当たる「拡散域」の三つに区分できる。

滑落崖下の粘性化した部分は、上部からの土圧により斜面下部方向へ押し出され、このとき、土層の一部は押し上げられ、表層部に起伏地形を形成する。この部分は「移動域」と考えられる。

地すべりのエネルギーは、地すべり地中部の移動域で地表に起伏を造ることによって失われ、下部の拡散域へと続く。拡散域は、地すべり土塊の自重により土塊が拡散する領域である(**図 3-4**)。

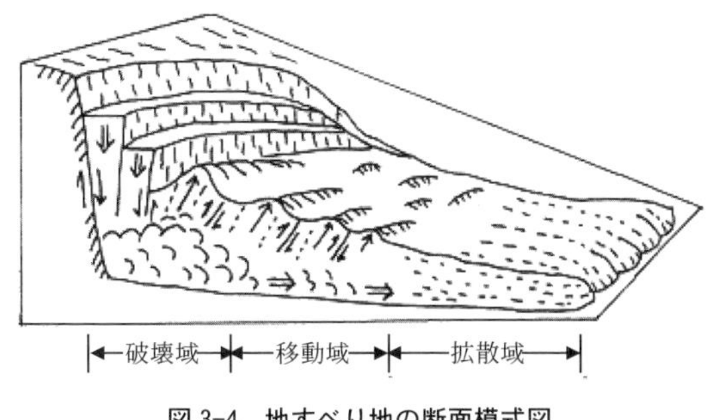

図 3-4　地すべり地の断面模式図

(2)　せん断破壊域

地すべり地の頭部には、縦方向にせん断破壊された階段状の地形が分布し、これは滑落崖と呼ばれる(**図 3-5**)。この階段状地形の段差は、頭部で大きく、下部になるほど小さくなる。これは土塊の有していた位置エネルギーが、土塊の落下により下方になるに従い減少するためである。

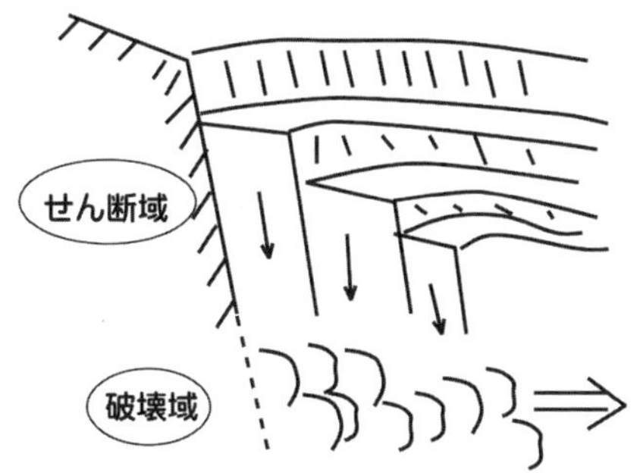

図 3-5　地すべり地頭部の滑落崖の発生によるせん断域と破壊域

せん断された土層が自重により落下するには、斜面内部を構成する固体である地層や土層が破壊され、粘性化し下方へ移動しなければならない。

このような岩石の強度を減じる作用は、山地が現在ある地形となるまでに受けてきた長期間の地質学的な作用による亀裂や節理、粘土化の進行による。また、風化や浸食も山体内部に多くの歪みを形成する。しかし山体は一定レベルまでは山体として維持されるが、豪雨による斜面への急速な荷重増や地下水の浸透、または地震動などによって平衡がくずれると、斜面内のある部分から破壊が始まる。

(3) 移動域

地すべり地の中間部には傾斜が緩く起伏のある斜面がある。これは滑落崖下の地下で生じた土層の破壊により、土層の体積が増加し、この体積増によって土層が斜面下部方向へ押し出されたものである。この結果、土層は下方へ移動するが、このとき移動した土層は、下方にある土層に移動を妨げられ上部へ押し上げられる。この動きにより、土層は衝上断層に似たズレを生じ地表が隆起する(**図 3-6**)。この結果、地表には凸状の地形が形成されるが、このような地中での動きが繰り返されると、地表面には「起伏のある地形」が形成される。

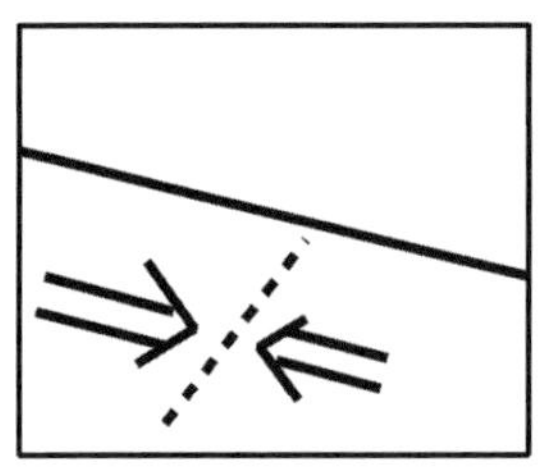
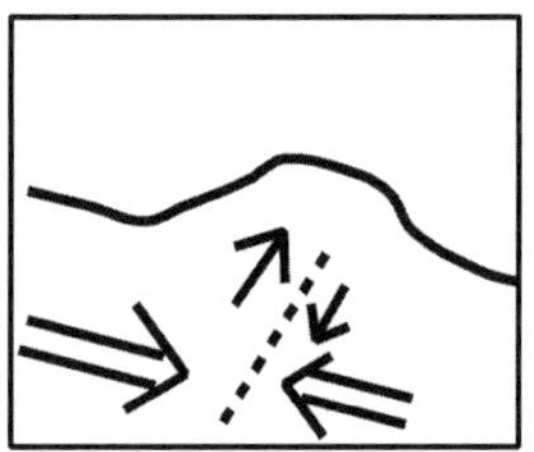

図 3-6 斜面上部からの圧力により生じた凸状起伏

これが地すべり地中復部に見られる「起伏のある緩斜面」で、このような起伏のある斜面は、地すべり移動の結果と考えられる。起伏地形については多くの報告があり、「小丘」「隆起地塊」「リッジ」「凸状地」「波状起伏地」「なまこ状の高まり」「傾動地塊」「圧縮リッジ」などの名称が付けられている(高谷1967、木全 1985)。

起伏地形の比高は、通常は数 m 程度であるが、地すべりの規模が大きいと、数十 m になる場合もある。しかし起伏地形の高さは、斜面下方になるほど小さくなる。これは地すべりの移動エネルギーが、地表面の凸地形を造ることにより減じるためと考えられる。

この凹凸の地形には規則性が見られないが、このことは、地下の動きが複数回繰り返したため、前回変動した地形が次の動きにより吸収されたり、増幅されるためと考えられる。起伏地形の凹部には水が溜まり、池ができることがある。

(4)　拡散域

地すべり地は末端部になるに従い、下方へ動くエネルギーが失われる。このため末端部の動きは、土塊が破壊され、水と混合して粘性体となった土塊の自重により拡散する(**写真 3-2**)。

写真 3-2　根森田地すべりの末端部(秋田県)
(根森田川に押し出すため護岸工が造られたが、数年後、崩土により埋没した)

地すべり地の水分が多い場合には泥状になり、拡散域は広く、アスペクト比の大きい幅の狭い流れとなるが、水分が少ない場合には、先端部の抵抗により盛り上がる。地すべり地の末端部は、先端部とか舌端部と呼ばれる。地すべり地が大規模な場合、下部の河床を隆起させながら対岸に及ぶこともあり、これは「地すべり地の川越え現象」と呼ばれ、大規模な地すべり地として知られる亀の瀬地すべり地(大阪府と奈良県の県境)で生じた(山口 1967)。

3.3　微地形による地すべりの動きの推定

(1)　豊浜地すべり

微地形の分析から地すべりの動きの特徴を把握することができる。北海道南部、日本海側の乙部町豊浜で 1962(昭和 37)年に発生した地すべりは、通過中のバスを巻き込み人命を失うという事故を伴った。この地すべり地は地すべり地形の形態が明瞭で、地すべり前後の空中写真が適当な間隔で撮影されていたため、これまでにいくつかの論文や著書で取り上げられている(髙谷 1967、奥西 1983、Yamagishi 1995)。

この地すべり地の大部分は八雲層と呼ばれる泥岩層で構成され、末端部の海岸部には玄武岩が分布しているため、地すべり後、末端部は大きく隆起した(星野 1972)。この形態は、下方へ移動した地すべり土塊が、末端の玄武岩に遮られるような形となっている。

この地すべり地の発生前後の地形変化を把握するために、1956 年と 1965 年に撮影された空中写真を使用して、微地形の分布図が作成された(**図 3-7**)。

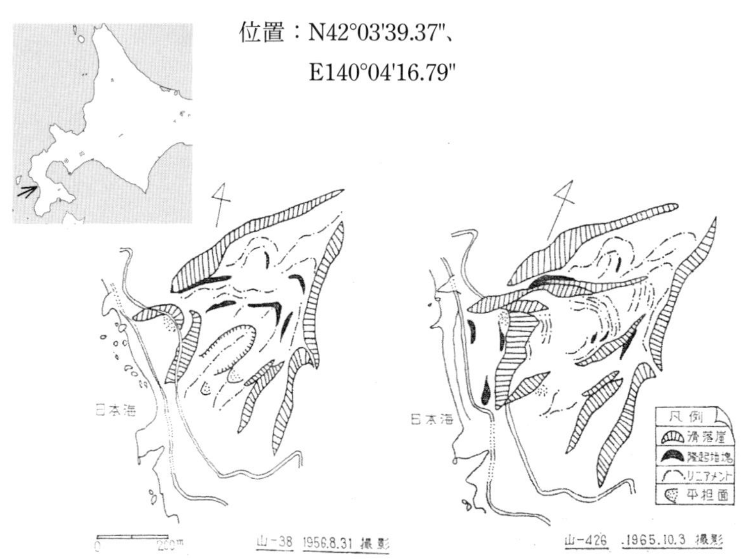

図 3-7　地すべりの前後の地形変化、豊浜地すべり(北海道)

地すべり発生が1962年で、空中写真は各々、発生の6年前、発生3年後に撮影された映像である。この空中写真からの地形判読によれば、地すべり発生前の写真にも、滑落崖や隆起地塊、亀裂などの地すべり地の微地形が分布していることがわかる。このため、地すべりは初生的なものではなく、再滑動であったことが理解できる。また被災したときの道路の位置は、滑落崖下のフラットな部分に建設されたもので、道路建設に際し、この地域が地すべり地であることを認識していなかったことがわかる。

地すべり発生後の1962年の空中写真からは、地すべり地は中央域にあった滑落崖から起こり、左側の側壁に新しい滑落崖が形成され、さらに地すべり末端部には、大きな盛り上がった地形が形成されたことが判読できる。

以上のように、地すべり地の微地形の分布を調査することにより、地すべり地の特徴として、下記のような事実を読み取ることができる。

①　地すべりが再滑動であったこと

②　元の道路は、地すべり地の滑落崖上を通過していたこと

③　地すべりによって末端部(海岸部)に大きな盛り上がり地形ができたこと

この結果から、被災した道路を再度修復して使用するべきか、新しい路線を選定するべきかの判定をする上で、重要な情報を得ることができる。

なお現在、この道路は廃道となり新しい道路はトンネルとなっている。

(2)　相沼内地すべり

位置：焼山(637 m)　N42°06'26.72"、E140°06'35.04"

豊浜地すべりの北側に、八雲層群と呼ばれる泥岩からなる地すべり地がある。相沼湖の西側にあり、移動方向は焼山から南東方向である。末端部には相沼川が流れている(**図3-8**)。

地すべりの規模は、長さが約2000 m、幅が1400 mの大規模な地すべり地で、滑落崖は約200 mあり、この下に凹部がある。その下部には、高さ約40 mの凸状の尾根が約100 m分布する。このような凸状地形が分布することは、地すべりの動きには、斜面を隆起するような動きがあることを示し、凸状地形の間には凹部が見られ、これは線状を呈している。

この地すべり地の最下部の相沼川に面する部分には隆起部が分布しているが、これは、地すべり末端部が川を堰き止めた可能性がある(高谷1967)。なお、相沼内地すべりでは災害の記録はなく、北海道の開発が始まる前の動きであったと考えられる。

図 3-8　相沼内地すべり地の微地形分布

(3)　広野原地すべり

位置：588.7 m　N38°22'.24"、E140°41'07.46"

宮城県仙台市青葉区の広野原地すべり地で微地形の分析が試みられている(木全 1985)。地すべり地の地質は第三紀の丘陵地で、下部は大倉川によって浸食されている。その規模は面積約 100ha、長さ約 1500 m、幅約 800 m で、最上部の滑落崖は比高が約 70 m である。

1. 新鮮で開拓されていない錐　2. 石英安山岩の岩頸　3. 崖錐　4. 地形的高まり

図 3-9　広野原地すべり(木全 1985)

滑落崖から大倉川の間には、多くの凸状地形と小規模な滑落崖が分布し、また地形図には4カ所の凹地マークが見られることから、複数回の地すべり移動があったことがうかがえる(**図3-9**)。

3.4　すべり面の形態と性質

地すべりの特徴は、すべり面を介して地層や土層がすべることである。したがって、地すべりが研究対象となった初期から、粘土で構成されたすべり面があることが考えられていた。すべり面については、すべり面の連続性と、その形態について多くの研究が行われ、すべり面がどのようにしてすべり面になるか、どのような物質でできているかについても解明が待たれていた。

(1)　すべり面の実態

近年、地すべり工事で深礎工や集水井工事が行われるときに、すべり面を直接観察できることがあり、その実態が明らかになりつつある。しかし掘削される場所の多くは、地すべりの動きが比較的安定した地すべり地の中間地点である。地すべり発生の重要な地点は、滑落崖直下の破壊域と考えられるので、今後この区域での地下構造を明らかにする必要がある。地すべりの発生原因については、地下水がすべり面に浸透し間隙水圧が上昇して「すべる」と説明されているが、観察されたすべり面は固結粘土層である場合が多く、粘土層は透水係数が小さく水は容易に浸透しない。

すべり面は固体の破壊現象のため、構造地質学の観点から、リーデル(1929)が不連続なせん断面に連続にできることを示した(**図3-10**)。

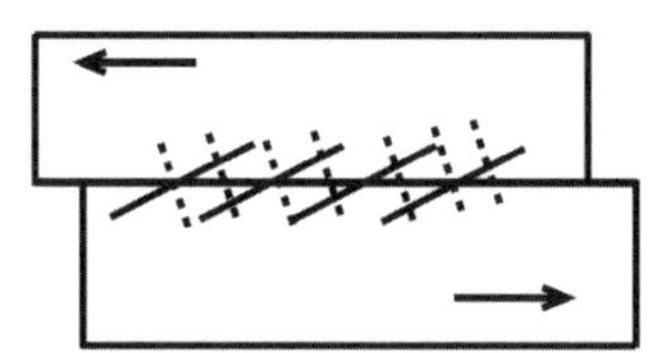

実線：リーデルせん断面、点線：共役せん断面

図3-10　リーデルせん断面

リーデルせん断面は、引っ張り方向に斜行する亀裂と、これに直交する共役せん断面からなると説明されているが、亀裂の進行により先行してできた起伏が破壊されるため、実際の地すべり地や一面せん断試験で観察することは難しい。しかし砂岩のせん断面では、羽毛状の起伏として観察することができる。このような起伏は、羽毛状構造または貝殻状構造と呼ばれる(**写真 3-3**)。

写真 3-3　砂岩表面の羽毛状起伏

日本では岸本(1966)が、地すべり地で採取した土を使って行ったせん断実験により、すべりは「ある厚さを有するすべり層が複数重なっている」ことを示し、面は面ではなく複数の層から形成されることを見いだした(**図 3-11**)。

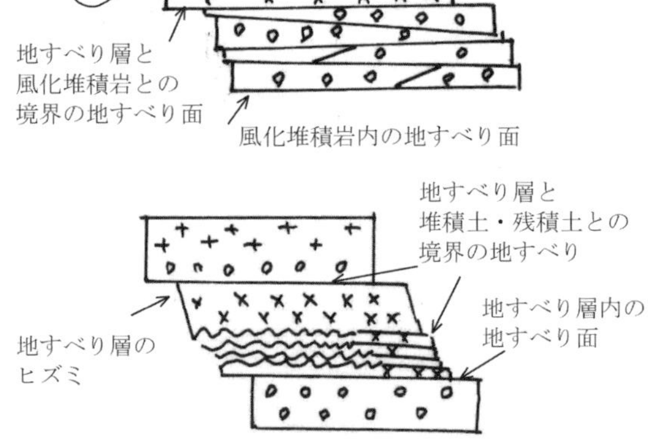

図 3-11　実験によって示された複数のすべり面

その後、掘削中の集水井中に現れたすべり面の様相が報告されているが、それらはいずれも、ある厚さを有する「すべり層」と呼べるものである。

ある厚さを持ったすべり面については、紀平(1989)は、長崎県平山地すべり(第三紀層)、愛媛県奥大栄地すべり(緑色片岩)、福島県抜戸地すべり(第三紀層、凝灰岩)などの異なった地質の集水井で観察されたすべり面から、「すべり面は単一面ではなく、ある厚みを持ち、多くのせん断亀裂を伴うゾーン的な構造をなす」と述べている。

さらに平山地すべり(長崎県)のすべり面は、「凝灰質砂岩が風化青灰色の凝灰質粘土と、下位の石炭層との境界に、鏡肌を含む3〜8 cmの厚さの“チョコレート色の粘土”が挟まれている」ことを明らかにした。さらに「チョコレート色粘土には、1〜5 mmの厚さの層が重なった構造となる」。また、この層構造を剥がすと鏡肌が出現することも報告している(**図 3-12**)。

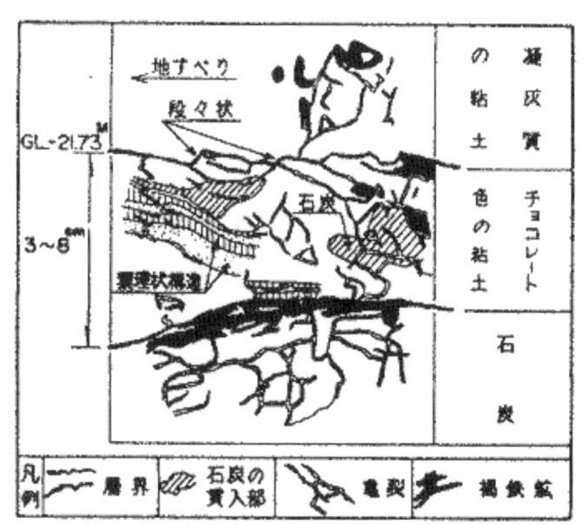

平山 No. 11 集水井のせん断帯観察結果
(昭和63年6月，GL-21.7 m，S 60°E

図 3-12　平山地すべり(長崎県)のせん断帯

すべり面は還元環境下にあるので、緑色、濃緑色などは還元環境下で形成される土色と考えられる。

第三紀層の泥岩中に見られるすべり面について玉田(1977)は、直線的な形態のすべり面として泥岩中に見られる「薄い膜状」のものについて「ウォーターフィルム」と名付けている(**図 3-13**)。

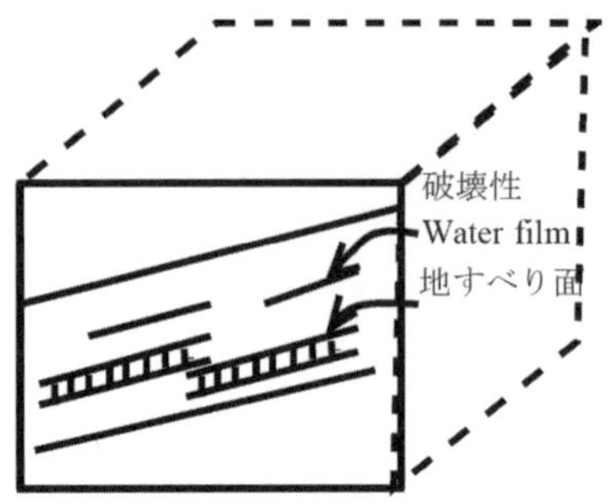

図 3-13　泥岩中のウォーターフィルム

また、すべり面で見られる現象として、地下水に関して「すべり面粘土の内部から、地下水は浸出していない」と述べている。このことは、地すべりの発生原因としてしばしば使用される「地すべり粘土中の間隙水圧の上昇」という説明と相反する。

集水井に現れたすべり面には、礫がせん断されている現象が見られた(**写真 3-4**)

写真 3-4　礫を切断したすべり面

3.5　アスペクト比と等価摩擦係数

崩壊は斜面の破壊現象であるが、崩壊地を造る土質や岩質が異なると、くずれ方やくずれたあとの移動形態は異なる。崩壊地の形や移動形態は、岩石が風化してできた礫、砂、粘土の混合割合と、含有される水分量によって決まり、崩壊地の形はこれらを総合したものといえる。

(1)　アスペクト比

崩壊地の地形的特徴を表現するには、平面的な形と断面的な形があり、平面形を表現するための一つの方法としてアスペクト比(As)が使われる(**図 3-14**)。

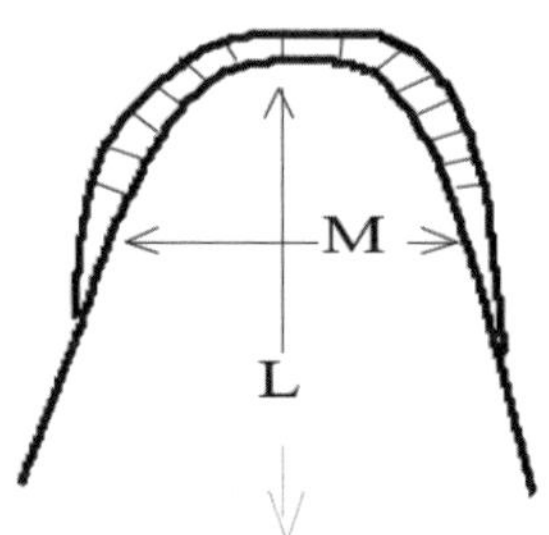

図 3-14　アスペクト比(L/M)

アスペクト比は、飛行機の翼などの流線型の程度を表す数値で、翼長Lに対しその中点の幅Mの比を取った数値で、縦横比とも呼ばれる(As = L/M)。飛行機の翼の場合、長距離を飛ぶことを目的とした機体では、翼は細長くアスペクト比は大きい。これに対し、運動性能を重視した翼のアスペクト比は小さい。

崩壊地も同様で、アスペクト比が大きい地すべり地は細長く、これは水分や粘土分が多く長距離を移動する特徴を持つ。これに対し、アスペクト比の小さい崩壊地は岩石が多く粘土分は少ない。このため移動距離は小さくなる。

長野県の茶臼山地すべりは粘土分の多い地すべり地で、その幅は150～200 m、長さは約1800 mで、アスペクト比は15である。これに対し2005年に発生した野々尾崩壊地(宮崎県)は、長さ600 m、幅450 mという大規模な崩壊で、アスペクト比は1.8であった(**表 3-1**)。

またアスペクト比と、地すべり地の土質と動きには関連性が認められる(**表 3-2**)。

表 3-1　地すべり地のアスペクト比と平均傾斜

地名	大藪	野々尾	槻之河内	本郷	朝陣野	茶臼山	天神山
所在地	宮崎	宮崎	宮崎	宮崎	宮崎	長野	宮崎
a/b	1.7	1.8	3.1	6.3	9.1	15	15.8
φ	25.3	31.5	21.2	31.5	14.5	12.1	23.1

a/b：アスペクト比、φ：平均傾斜角

表 3-2　地すべりの動きとアスペクト比の関係

アスペクト比	地すべり地構成物	地すべりの動き
1～2	岩石が多い	継続的に動かない
3～5	岩石と粘土が混じる	動く可能性がある
5 以上	粘土が多い	継続的に動く

(2)　等価摩擦係数

地すべり地や山くずれの土塊の動きやすさを表現する方法として、等価摩擦係数(ef)が考えられた。これは北欧の研究者が山岳地域で発生する岩屑流の規模を表すために考えられたもので、崩壊地の最上点の標高と、崩落し移動した土塊の先端部の標高との比高を、崩落した土塊の垂直距離で除した無次元の数値である(図 3-15)。

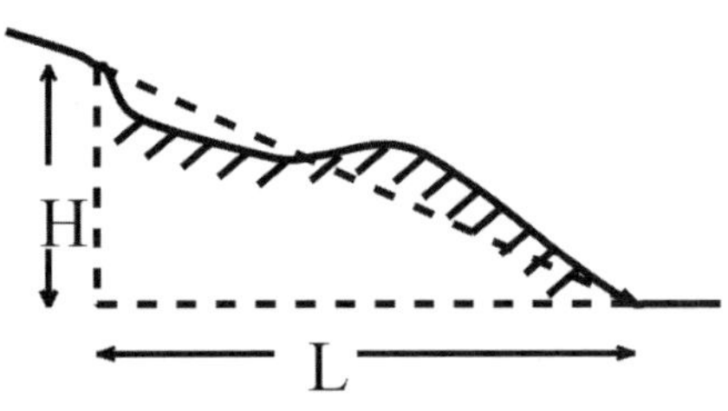

図 3-15　等価摩擦係数(H/L)

等価摩擦係数は、土塊の移動距離が長いほど小さくなる。粘土や水分が多い地すべりは流動性となり、等価摩擦係数は小さい。反対に岩塊の多い山くずれでは、岩塊の移動距離は小さく等価摩擦係数は大きくなる。

等価摩擦係数は崩壊地の断面に関係する数値であるのに対し、アスペクト比は平面形に対する数値である。

第４章　山くずれの諸現象

山くずれは、台風や梅雨、秋雨前線の活動などの豪雨によって発生する一過性の現象である。地すべりのように、継続性や地質的な特性などは認められていない。このため地すべりのような系統的な研究はされていない。

山くずれの発生メカニズムについては「長時間の降雨後、一度雨が上がり、その後に降った雨で崩壊が起こる」とか、「少ない降雨量で長時間降った場合、山くずれは起こらない」という経験則がある。また斜面の崩壊現象については、素因と誘因が挙げられているが、山くずれの素因については明確になっていない。

4.1　山くずれの分類

山くずれについては、表層崩壊と深層崩壊という二つの分類がある。この分類は、崩壊深さを基準にしているように見えるが、山くずれの実際の崩壊深さが正確に調べられることはほとんどなく、地形図からの推定が多い。このため、地すべりの断面のような推定断面図が描かれることもほとんどない。

写真 4-1　大規模崩壊、耳川を堰き止めた（本郷：宮崎県）

山くずれの研究があまり行われない要因として、発生場所が山奥のため被災対象が少なく、調査や復旧が遅れることが多いこと、また、山くずれの発生した地域は急傾斜のため、林地としての利用や道路としての路線が選定されることも少ないことなどがある。このため山くずれに対しては、対策工がなされることは少ない(**写真 4-1**)。最近、大規模な山くずれに対し、深層崩壊という言葉が盛んに使われるようになったが、従来の地すべりや山くずれとの関連性も不明で、その定義は明確でない。

山くずれに分類基準を見いだすことは難しく、規模による分類が妥当と考えられる(**表 4-1**)。

表 4-1　山くずれの規模と崩土量による分類

形態	規模	崩土量 m^3	従来の名称
表層崩壊	小規模	$<10^3$	山くずれ
	中規模	$10^3 \sim 10^4$	山くずれ
	大規模	$10^4 \sim 10^5$	山くずれ、地すべり
深層崩壊	巨大規模	$10^5 \sim 10^6$	地すべり、崩壊性地すべり
	超巨大規模	$10^6<$	火山の山体崩壊

崩壊規模が数百万 m^3 の崩壊を「超巨大規模崩壊」と呼ぶが、その発生要因は次の四つが考えられている。①豪雨、②地震、③地質構造、④火山噴火である。日本の五つの超巨大崩壊は、**表 4-2** のようにまとめられている。これらは主に、火山噴火に伴う山体の崩壊である。これらのうち大谷くずれのみは四万十層に属し、基盤岩は堆積岩である。

表 4-2　日本の巨大崩壊

名称	所在地	規模(億 m^3)	基盤岩	発生
磐梯山	福島県	5	安山岩	1888 年
眉山	熊本県	4.8	花崗閃緑岩	1792 年
大鳶崩れ	富山県	4.1	安山岩	1858 年
稗田山	長野県	1.5	安山岩	1911 年
大谷崩れ	静岡県	1.2	砂岩頁岩	1530 年

(出典：砂防学概論)

大規模崩壊の誘因は豪雨であるが、2005(平成 17)年 9 月 6 日に南九州を襲った台風 14 号は、宮崎県内に多数の山地災害をもたらした。これらの崩壊のうち、推定崩壊土量が 100 万 m^3 を超える大規模崩壊地が 4 カ所あった。さらに 6 年後の 2011（平成 23）年には、和歌山県と奈良県を含む紀伊半島でも大規模な崩壊が起こっている。近年は、このような大規模崩壊が数年間隔で発生している。

これらの災害に共通していることは地質で、ともに四万十層群に属し、岩質は厚い砂岩層か、または砂岩優勢層である。このため、崩壊後には砂岩の層理面が露出していることが多い。大規模崩壊の危険性は、下部を流れる川を堰き止め天然ダムを造ることで、天然ダムはいずれ決壊し、土石流となって流下する。また直接的な被害はなくても、大量の土砂が下流のダムに流入すると、ダムの貯水量の減少をもたらす間接的な被害がある。

4.2　山くずれの特徴と誘因

(1)　山くずれの頂部傾斜角

地すべり、山くずれ共に崩壊頂部に亀裂が生じるが、山くずれは土層が引張りによって生じるので、土層の水平に対する角度が 90 度よりも小さい。これに対し、地すべりの場合はせん断亀裂のため、頂部に残った土層の水平に対する角度が 90 度より大きい（図 4-1）。

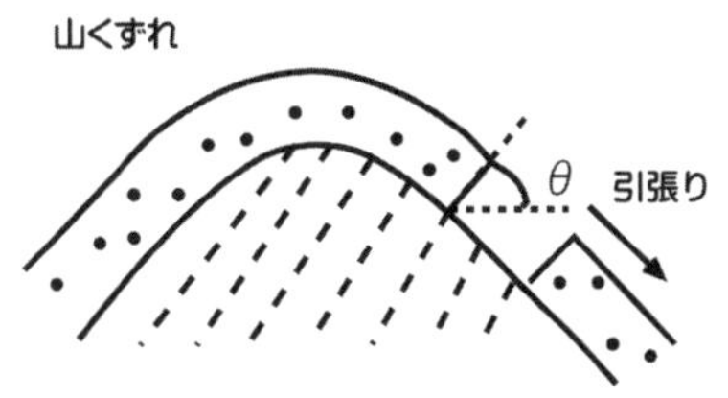

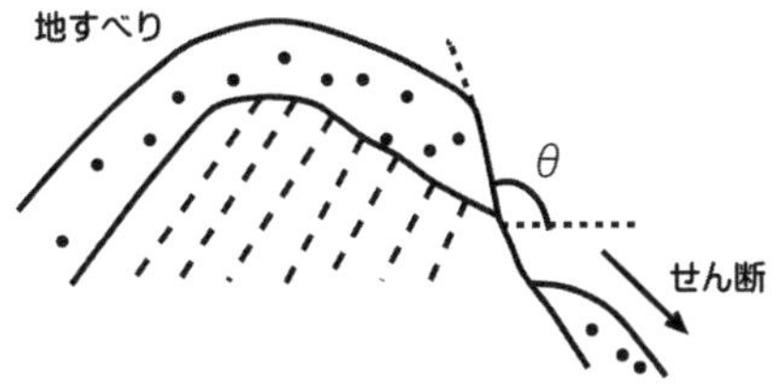

図 4-1　地すべりと山くずれの頂部の亀裂角度の相違

(2) パイピングと水ミチ

山くずれ跡地の頭部付近には、円形の穴が見られることがあり、また崩壊発生直後には、このようなパイピング孔から水の流れが見られることがある。このため、パイピング孔は山くずれの原因の一つと考えられている。パイピング孔は穴だけではなく、水平に堆積した礫層の場合もある。

パイピングができる原因には、生き物が関わる生物的要因と、堆積物の性質に起因する地質的要因がある(**表 4-3**)。

表 4-3　パイピング形成の要因

要 因	現 象	形 状
生物的要因	枯死木根跡、モグラ・ノネズミの穿孔	円形
地質的要因	小断層、礫の堆積、シラス、ボラ抜け	面状、三角形

生物的要因の場合、パイピングは円形または円形に近い形状である。成因は野ネズミやモグラなどの地中に住む小動物が餌を求めて穿孔した穴がパイピングになる場合と、木の根が枯死して空洞となり、パイピング孔になる場合がある。生物による穿孔作用は、穿孔後の穴が維持されやすい粘土質の土層に作られる。

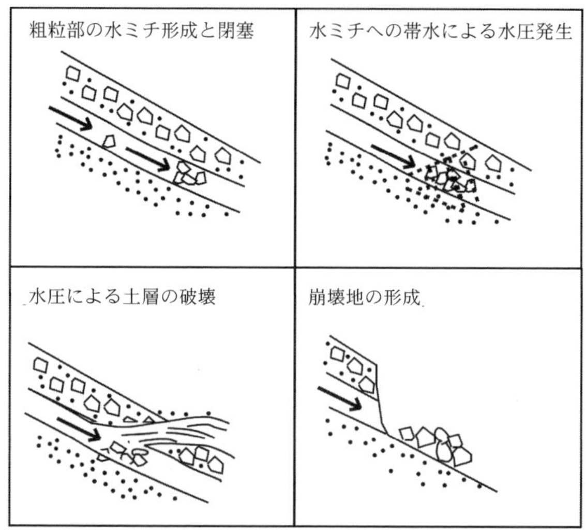

図 4-2　土層中に堆積した礫層の破壊によるパイピングの発生(高谷 2008)

地質的要因としては、比較的浅い地中に礫や砂などの透水係数が高い堆積物が連続的に生じた場合である。このような透水係数の高い場所では、通常の雨では浸透してきた水を流すことができるが、豪雨時に水が集中した場合、水路中の砂や礫などが移動したり、水路中に異物が入りことにより通路が閉塞する。水が停滞すると水圧が発生し、この水圧により表土が破壊される(**図 4-2**)。

パイピングという名称は、円形をイメージさせる言葉であるが、実際の形状では礫層が平面状に堆積している場合もある。地質的に砂岩層が卓越する斜面で、砂岩の小礫が斜面上に面状に堆積した場所に形成される(**写真 4-2**)。

写真 4-2　パイピング
(写真中央付近に水平に堆積した砂礫層が水ミチとなる)

このような例は、四万十層群や和泉層群の砂岩分布地で見られる。また地層の節理や亀裂、小規模な断層がパイピング孔になることもあり、この場合は、形は三角形に近い形状となる(**写真 4-3**)。

火山性堆積物の分布する斜面では、比較的粒径の大きな火山礫層が水を通す層となり崩壊することがある。火山性堆積物は、噴火した火山からの距離により粒径と層厚が異なる。また堆積物の粒子間には空気層があるため、豪雨時に水が急速に浸透することは難しく、降雨初期には浸透水は堆積物上を流れるが、表流水により表層土が浸食されると、下位の火山礫層が浸食され土層全体の崩壊となる。このような火山礫層は南九州ではボラ層と呼ばれ、このような崩壊は「ボラ抜け」と呼ばれる(**写真 4-4**)。

写真 4-3　小規模な断層がパイピングになった例(竜ヶ水：鹿児島市)

写真 4-4　大正ボラの堆積層(竜ヶ水：鹿児島市)

パイピング跡がどのような経過をたどるかについては、興味のあるところであるが、その観察結果は次のように記録されている。

「鹿児島土石流災害の跡地で見られた 3 カ所のパイピングを観察した結果、パイピング跡は、その後降雨があっても水が流れることはなく、2 年目には草が生え、3 年目には草と土砂に覆われてしまった。さらに 5 年目には周辺に木が育ち、その場所もわからなくなった」(高谷 2008)。おそらく多くのパイピング跡は、このようにして次の豪雨を待つと思われる。

(3)　浸透水による土層重量増加

降雨があると、土壌表層部の孔隙には水が浸透し、このとき、土壌中の空気は排除される。この結果、土層は浸透した水の分だけ重量が増加する。仮に深さ 20 cm までの土壌中の気相(空気)が 80%を占めている場合、ここが浸透水で満たされると、1 m^2 当たり 160 kg の重量増加となる。

土壌中の孔隙は深さによって大きく異なり、実際の林地(スギ 20 年生)で測定すると、深さ 20 cm までは、固相は 10%、液相は 20%、気相は 70%であった(**図 4-3**)。したがって、表層部では固相となる土粒子部分は極めて少なく、90%は孔隙で液相と気相が占めている。

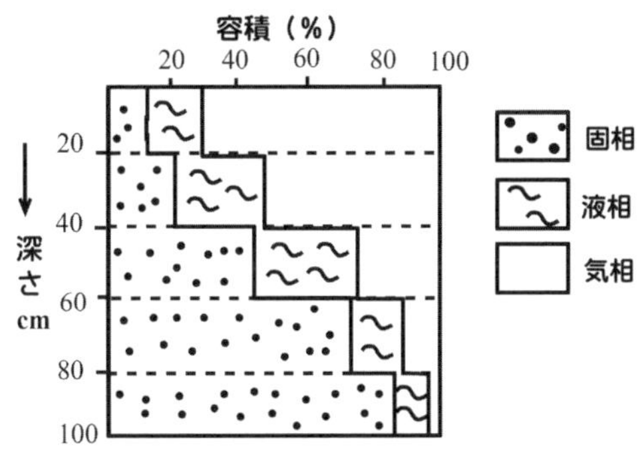

深さ方向への土の三相の変化(南九州大学学内林地)

図 4-3　土壌中の固相、液相、気相の分布

このように土壌表層部は気相と液相部分が多いため、90%の孔隙が水で満されると、1 m^2 当たり 180 kg の重量増となる。さらに深さ 1 m までの孔隙が水で満たされると、その重量は 534 kg/m^2 となる(**表 4-4**)。この重量増加は、同時にすべり方向に対する力の増加となる。

このような浸透水による土層の重量増加は、実際には下位にある孔隙の気相が浸透水と入れ替わる必要があるので、深くなるほど長時間を要する。したがって、長時間の連続降雨が必要となる。

表 4-4　水の浸透による重量増加

深さ(cm)	重量増(kg)	固相(%)	気相＋液相
表層～20	180	10	90
20～40	160	20	80
40～60	104	50	50
60～80	76	70	30
80～100	14	80	20
計	534		

＊容積 1 m^3 の土層において、土壌孔隙が深さ 1 m まで水で満たされた場合の重量増加。

(4)　火成岩の小規模多発型崩壊

小規模多発型山くずれは、花崗岩、花崗斑岩、安山岩、玄武岩などの火成岩の斜面に発生する。これらの山くずれの崩壊深さは 1 m 以内の浅層で、形は細長く、アスペクト比(縦横比)が 3 以上である。このため 1 カ所当たりの崩壊土量は小さい。しかしこのタイプの重要な点は、土砂が沢に落下した後、流下し始めると、渓床に堆積していた土砂を巻き込んで土石流となり、大量の土砂を流下させることである。

1993(平成 5)年の鹿児島災害の際、玄武岩を基盤とする地域(霧島市)に多くの崩壊が起こったが、このときの崩壊は幅数～10 m 以内で、崩壊長さも短く 30～50 m で、崩壊深さは 1 m 以内であった(**写真 4-5**)。この崩壊地の傾斜は急で、約 40 度であった。このような急傾斜地は植林地として利用されないため、広葉樹林となっている。

写真 4-5　集中する小規模崩壊(霧島市：鹿児島県)

2003(平成15)年に発生した太宰府市(福岡県)の災害の地質は花崗岩であったが、花崗岩地帯は谷密度が高く、このことは小規模な沢が多いことを意味し、このため沢の斜面長は短い。この結果、崩壊地の規模は小さく土量も数百 m^3 から千数百 m^3 程度のものが多数発生した。崩土は渓流中の渓床堆積物を浸食したため、災害後基盤が露出し、渓床の花崗岩の節理や断層の分布が観察できるようになった(**写真 4-6**)。

写真 4-6　土石流の削剥作用により基盤の花崗岩が露出した沢(太宰府市：福岡県)

2011(平成23)年の紀伊半島災害のうち、四万十層群の分布地域に発生したものは大規模な深層崩壊であったが、南部に発生したものは熊野酸性岩を基盤とする崩壊で小規模であった。

2010年7月に庄原市(広島県)で発生した崩壊は、5 km 四方という限られた地域に、2〜3時間という限られた時間に降った雨によって引き起こされた。地質は流紋岩と安山岩であったが、小規模な崩壊が多発している(海堀 2011)。

小規模多発型の崩壊地では、渓床に堆積していた土砂が削剥され、基盤岩が露出するという特徴がある。これは渓床土砂堆積のリセットを意味するので、災害後に設置された砂防ダムなどで堆積量を測定することにより、この後の防災上の資料となる。

(5)　地中ダムの形成と大規模崩壊

大規模崩壊の原因は、基盤岩の流れ盤、受け盤、褶曲などの大まかな地質構造や、河川の攻撃斜面などの地形から説明されることが多い。しかし、四万十層にはメランジュ構造、ブーダン構造、塊状砂岩など、付加体特有の複雑な地質構造があり連続性に乏しく、一つの斜面が単一の流れ盤であったり、受け盤であったりすることは稀である。このため、そのメカニズムを一つの地質構造で説明することは無理がある場合が多い。

2005(平成 17)年に宮崎県の天神山(911 m N31°46'56.95" E131°13'35.64")で発生した崩壊地では、崩壊地内に層厚が数十 cm から 1 m 程度の断層が 2 カ所見いだされた。断層には粘土層が挟在し、またこの粘土層には連続性が認められた(**図 4-4**)。

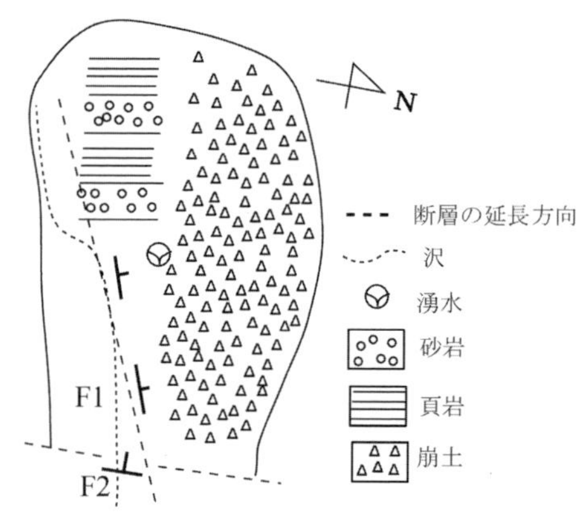

図 4-4　天神山崩壊地の断層の分布(三股町：宮崎県)

天神山崩壊地の基盤岩は四万十層の砂岩と頁岩であるが、この崩壊地には二方向の断層が認められた。これらはほぼ直交しているので、東西方向の断層を F1、南北方向のものを F2 とすると、F1 は走向 N70°E で、これは沢の方向とほぼ一致し、北側へ 70 度傾斜し、さらにこの断層は沢沿いの上流側に向かって断続的に約 200 m 延長していることが見いだされた。F2 断層の走向は N15°E であるが、これは沢を横切る方向で、断層の傾斜は 70〜80 度で北側へ傾斜している。これらの断層を平面図に描くと、断層は崩壊地を堰き止めるような形となった(**図 4-5**)。

断層の幅は数十 cm から 1 m 程度で変化がある。また断層中に挟在する粘土中には角礫が混入し、その形状は角礫や亜角礫が混在している。粒径が 1〜3 cm 程度のものは角礫であるが、数ミリ単位のものは亜円礫で、粒径が小さくなると円形度が増している傾向が認められた。

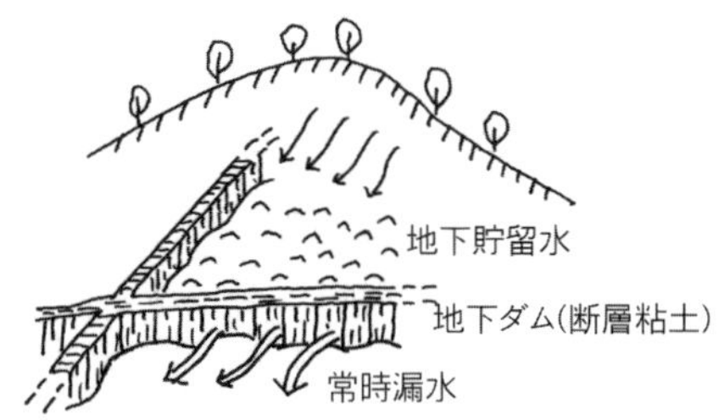

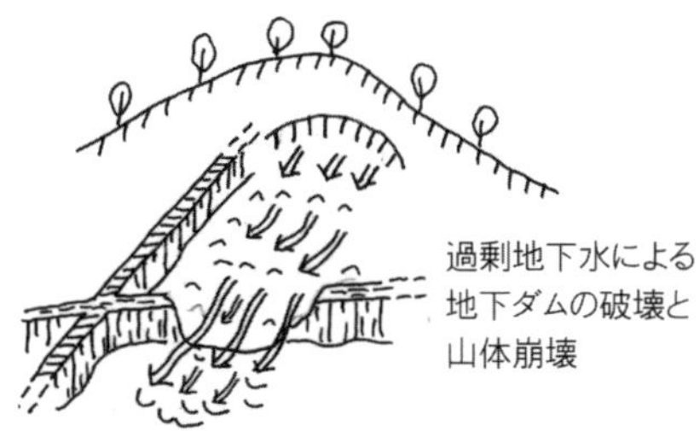

図 4-5　地下ダムの形成と破壊による崩壊の発生模式図

また断層を構成している粘土は黒色であることから、頁岩起源と推定された。崩壊原因としては、断層中の粘土層が地下水の遮水壁となり、ここに形成された「地下ダム」に大量の水が貯留され、貯留された地下水の重量によって地下ダムが破壊され、このことにより崩壊が生じたと考えられる(高谷 2007)。

このような断層に伴う粘土層が遮水壁となり地下水を貯留する例は、トンネル関係者にはよく知られ、堅硬な岩盤が亀裂の多い岩盤に変わり、この層を掘削しているうちに粘土層となり、ここを抜いた後、出水に会うという例は珍しくないと言われている。

(6)　ダムの湛水による湖岸崩壊

ダムの完成後、湛水による湖岸の崩壊もよく見られる現象で、試験湛水後に地すべりが発生し、ダムの湖岸補強に多額の費用と時間を要する場合がある。またダム周辺での崩壊は貯水量の減少につながり、ダムの寿命を減少させる。

ダムの湖岸崩壊の原因は、湖岸はもともとは山の斜面で、一般的には表層には土壌層があり、その下位には土層、さらに下位には風化岩層が分布している。斜面の土層は土石の転動による堆積なので圧密されていないため、土層中には多くの孔隙があり、また風化岩盤中にも多くの空隙がある。これらは、斜面にあるときに雨水の浸透はあったが、孔隙が水で満たされることはなかった。

しかしダムの湛水により、水面下になった土壌中の孔隙や、風化岩盤中の間隙は水で満たされる(**図 4-6**)。さらに風化岩中の間隙を埋める粘土は、吸水により粘着性が低下し砂粒子間の摩擦力は低下する。

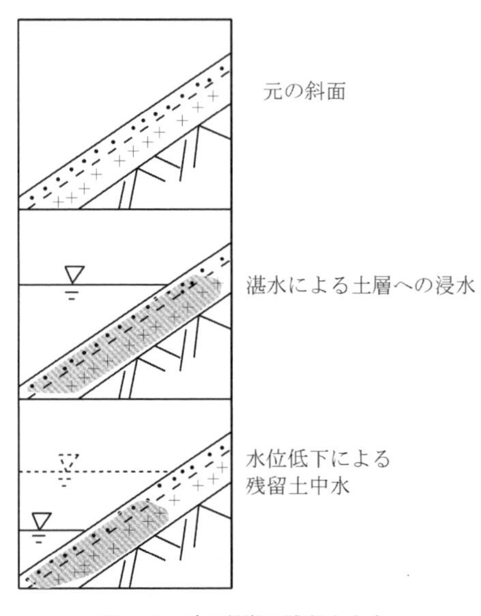

図 4-6　ダム湖岸の残留土中水

湛水前、斜面の土層重量は、斜面に対する垂直力と斜面方向の力とのバランスによって保たれていたが、水位の上昇によって土層の孔隙が水で満たされると、水の重量分だけ重さが増える。孔隙が水で満たされた状態では、水位が低下すると孔隙中の水の排水も起こるが、これには時間を要するため、この間、土層中に保たれていた水は、斜面に対する重量増となる。このような土層の重量増によって、斜面方向の力 T は T’ へと増加する(**図 4-7**)。また水位の低下によって土中水が流出するときに、土中に新しい水ミチを造るが、このことも斜面重量の安定を崩す原因となる。

このような土層中の水による重量増と、土層中の水ミチの形成、砂粒子の摩擦力の低下、粘土粒子の粘着力の低下が、ダム湖岸崩壊の原因となると考えられる。

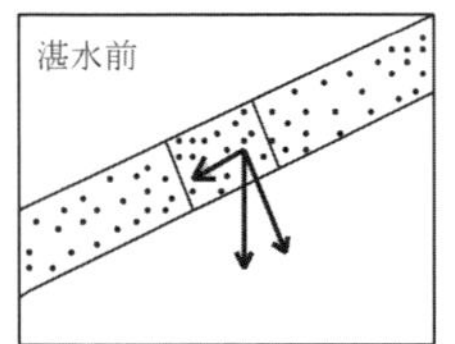

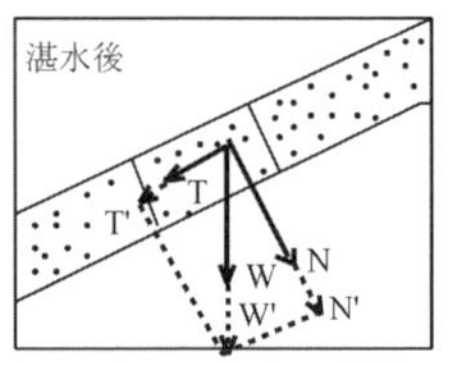

図 4-7　土中水によるすべり方向力の増加

水位が上昇したときに、水辺で波の作用により小さな崩壊が起こるが、このような小規模崩壊は、水位が低下すると斜面下部の浸食を引き起こし、これも崩壊の原因となる。

(7)　風倒木による根がえり

強風により風倒木が発生するが、その原因のほとんどは台風による強風である。冬期にも台風並の強風が吹くことはあるが、倒木被害の例は少ない。これは、台風による強風時は雨を伴うので土層が緩み、ここに強風が加わるためである。

木が倒れると、根系が保持していた土が持ち上げられ窪地が形成されるが、広葉樹の場合、根張りが大きく、その影響範囲は数 m^2 に及ぶ。倒木によってできた窪地は植生による被覆がないため、降雨による浸食を直接受けることになる。

倒木は枯死し、数年後には腐植する。また斜面上の窪地には、周辺から供給される種子により草木が生育し始める。しかし地形的な窪みは長期間窪地として残り、斜面の凹凸の一部となる。斜面に残った窪地には、時間が経過すると周辺から土が流れ込み水が溜まることもあり、崩壊の発生源になる。

(8)　生物の生息行動による表土掘削

(a)　イノシシの食餌行動

近年、里山にはイノシシやシカが出没し農作物を食害する問題が出てきているが、特にイノシシは植物の根や昆虫、ミミズなどの土中生物を主食としている。このため比較的傾斜の緩い斜面の表土が、イノシシの食餌行動により剥ぎ取られることがある。林道の法面保護工では、植栽したクズが法面全体にわたって剥ぎ取られることがある（**写真 4-7**）。これはイノシシがエサとして植物の根やミミズなどの土中生物を求めた行動であるが、このようにして造られた裸地は、崩壊のきっかけになると考えられる。

写真 4-7　イノシシによるクズの根茎掘削跡

イノシシの食餌行動による斜面掘削が崩壊を引き起こしたという報告例はなく、またそれを実証することは難しい。しかし、周辺での足跡やフンの分布から、イノシシの活動であることは疑いなく、春先の登山道脇で見られる斜面の掘り返しの状態を見ると、崩壊発生の契機となるのではないかと考えられる。

(b)　穿孔性生物の孔隙

カニやアリは自ら地中に穴を掘り、生活空間を確保している。その大きさについては、アリの巣へ溶けたアルミニウムを流し込み、固結したアルミニウムを掘り出して巣穴の形態を示した動画を YouTube で見ることができる。

巣穴の地中での容積は測定されていないが、深さ方向へは約 60 cm 広がっていることがうかがえる。このような巣穴へは、降雨があると表流水が流れ込むが、水には粒径の小さな粘土粒子が混入しているため、巣穴中には粘土のような細粒物質が堆積すると考えられる。巣穴中への細粒土の堆積は、雨後に巣穴の周辺に積み上げられた粒状粘土から推定することができる。

カニも巣穴を造るが、アリのような集団生活をしないため、巣穴は単独である。巣穴を造るときに掘り出す土は表面に排土され、その量はカニの種類や大きさによって異なる。南九州に多い赤色のベンケイガニの巣穴の周辺に出される粘性土の量は 300～500 cm^3 あるので、穴の直径を 3 cm と仮定すると地中に 40～70 cm 穿孔していることが推定できる。巣穴を造る土質は固結した粘土層であるが、これは穿孔後破壊されない土質を選定していると考えられる。巣穴自体は小さいものであるが、多くのカニが長期間にわたり巣穴を造り続けると、斜面の強度に影響すると考えられる。

(9)　三角錐型崩壊

(a)　砂岩層

崩壊地には、その形が特徴のある三角形をした崩壊が見られ、西日本では四万十層(中生層)、和泉層群(中生層)に多く見られる。また新第三紀の堆積岩でも、厚い砂岩層に発生することがある。

三角錐形の崩壊が発生するのは、砂岩層の傾斜が40～60度以上の急斜面で、三角錐の二面のうち一面はすべり面で、これは砂岩岩盤の走向を示している。他の一面は層理面に直交した断面となり、堆積岩の断面が露出している(**写真4-8**)。

写真4-8　和泉砂岩層の三角錐崩壊(鳴門市：徳島県)

崩壊の発生は厚い砂岩層であるが、すべり面は砂岩層の下位にある粘土化した薄い泥岩層か、または頁岩層である。このようなすべり面となった粘土は、崩壊発生直後の岩盤に付着している。

崩壊発生の原因は二つあり、一つは砂岩層下位のすべり面となる泥岩または頁岩の粘土化であり、もう一つは走向に対し直角に入った亀裂である。直接の原因は亀裂で、ここに雨水が浸透し粘土層に達し、粘土層の粘着力の低下が起こったためと考えられる。

砂岩層の三角錐崩壊をあらかじめ見つけるのは容易ではない。それは、このタイプの崩壊が起こった場所は、40～60 度の急斜面であり、広葉樹となっているためである。

(b) シラス層

三角錐崩壊は、シラスのように十分岩石化していない堆積物にも見られる。シラス中には、潜在的に節理に似た直線的な亀裂があり、地中にある場合は密着しているが、地表面に出て風化を受けると、この節理面が顕在化する。さらに風化が進むとブロック状となりくずれる。

崩壊の発生は、豪雨のときにシラスの層理面に直角に入った割れ目から切り離されるような形態で崩壊する。このようなシラス斜面が三角錐型に崩壊する例は多く、宮崎県宮崎市と都城市間の国道 269 号線において、1977 年、2005 年に発生している。1977 年の崩壊は高さ 80 m、幅 50 m、推定深さ 30 m で推定土量は約 40000m^3 に達した。また 2005 年のものは高さ 60 m、幅 30 m、推定深さ 20 m で、推定土量は 12000m^3 であった。2005 年には高速道路の法面崩壊も起こったが、その土量は約 10000m^3 であった(**写真 4-9**)。

シラス斜面の三角錐崩壊の特徴は、崩壊跡が三角形状を呈することと、崩土は泥状となり下部に拡散することである。

(撮影：野尻昇太)

写真 4-9　シラス層の三角錐崩壊(宮崎高速道)

(10)　春先の小雨と崩壊

春先に落石や崩壊が起こることは珍しくない。春先の崩壊があまり重要視されないのは、天候が小雨の場合が多いためで、ほとんど雨のない例もある。天気の良いときに突然起こるため、崩壊発生による危機感も乏しい。またその発生が単発的で、崩壊土量も数百から数千 m^3 と小規模のため、ニュースとしてあまり報じられない。

崩壊の原因は、西日本でも積雪のあるような寒冷地の場合には「凍結融解による地盤の緩み」として説明されるが、凍結が考えられないような地域では、その原因はよくわかっていない。

春先の崩壊の原因は、季節が乾燥期のため土層中の水分は乏しい。土層表層部が乾燥状態にあるときに降雨があり、水分が供給されると、土層中の粘土の粘着性が低下し、砂粒子間の摩擦力も低下する。これらのことから砂粒子間の結合力の低下が起り、全体的な崩壊に及ぶと考えられる(**図 4-8**)。

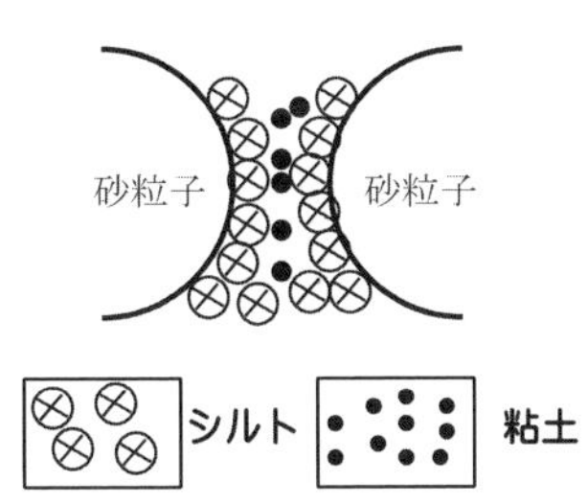

図 4-8　砂粒子間を充填する粘土
(粘土に水分が入り粘着力と摩擦力が低下する)

四万十層分布地域の砂岩優勢地、砂岩頁岩互層地などでは、2、3 月の春先の小雨によって、高さが数十 m の岩盤が崩壊する例が見られる。

宮崎県の宮崎市と日南市を結ぶ国道 220 号線は、日南海岸を通過しているので、崩壊が多い場所であるが、1961～1998 年の 37 年間に起こった 16 回の崩壊のうち、約 30%は 2 月と 3 月の小雨期間に起こっている(**表 4-5**)。また、11 月も小雨期に含めると崩壊回数は 7 回となり、この区間の 50%の崩壊は小雨期に起こったことになる。

表 4-5　国道 220 号線の崩壊月日（宮崎県）

キロポスト	土量(m^3)	月日	発生年
19.3	2500	3.14	1979
19.3	2000	2.20	1998
19.4	30000	11.23	1961
20.0	80	2.13	1998
20.2	2500	9.7	1991
33.5	900	10.22	1987
33.6	600	9.22	1990
34.4	100	4.23	1998
34.5	500	7.22	1988
34.7	1200	10.22	1987
38.3	1500	3.18	1992
39.7	1000	3.14	1980
45.3	6000	11.11	1993
46.7	6000	10.17	1987

4. 3　地震による山くずれ

近年、相次ぐ地震の発生によって起こった山くずれは多い。最近発生した地震で山くずれの多かったものを挙げてみると、2003 年宮城県北部地震、2004 年中越地震、2007 年 7 月中越沖地震、2007 年 3 月能登半島地震、2011 年 3 月東北地方太平洋地震、2011 年 3 月長野県北部地震、2016 年熊本地震などとなる。

表 4-6　今市地震による地質と山腹傾斜、平均深、面積の関係

	事項	洪積層(%)	古生層(%)	石英斑岩(%)	花崗岩(%)	安山岩(%)
山腹傾斜	40 度以下	25.0	0.6	—	—	—
	40〜	29.7	26.0	22.2	20.0	12.5
	50〜	45.5	41.2	66.7	48.4	37.5
	60〜	22.3	32.2	11.1	31.6	50.0
平均深	2 m 以下	38.8	84.9	50.0	86.4	50.0
	2	30.6	12.1	47.2	12.5	37.5
	3	7.4	3.0	2.8	1.1	
	4	23.2	—	—	—	12.5
面積	1000 m^2	46.4	69.7	52.8	70.6	75.0
	1000〜	17.3	15.8	41.7	12.6	—
	2000〜	37.3	14.5	5.5	16.8	25.0

（新澤 1952）

地震による山くずれは、発生した地域の地質による特徴が見られる。1949（昭和24）年の今市地震は、現在の日光市（栃木県）に発生した内陸直下型の地震で、震度6で周辺山地に多数の山くずれが生じた。この山くずれについては、地質別に山腹傾斜、平均深さ、面積が報告されている（**表4–6**）。

今市地震を原因とした山くずれの特徴としては、下記のようにまとめられる。

① 山腹傾斜では50～60度が最も多い傾向がある

② 平均深さでは2 m以下の表層崩壊が多い

③ 面積では1000 m^2以下の小規模崩壊が多い

したがって、山くずれとしては「小規模多発型」といえる。

新潟県中越沖地震は 2007（平成 19）年に新潟県の新第三紀層に発生したが、ここでは、地層構造に影響を受けた山くずれが発生している。新第三紀層は堆積岩のため、砂岩泥岩の層構造があり、地震によるくずれの多くは、流れ盤構造の地域に層すべりとして生じ、くずれの規模は、平均的なものとして、最大幅が100 m、延長200 m、高低差100 mとされている（野崎2008）。この傾斜は30度となり、また受け盤地域にもくずれが発生している例が報告され、この場合傾斜は 40 度程度なので、流れ盤地域よりも急傾斜の地域に生じているといえる。

火山地域での地震による崩壊例として、2016（平成28）年の熊本地震により阿蘇山周辺で多数のくずれが発生した。最大の崩壊は、阿蘇市の国道 57 号線沿いに発生したものである。これは阿蘇大橋を破壊し、延長700 m、幅200 mの規模で白川に流下した。阿蘇での地震によるくずれの特徴は、外輪山斜面での岩石のくずれと、カルデラ内でのローム層の崩壊に分けられる。

外輪山での岩石のくずれは、地震動により発生した崩壊は重力により落下、転動している。このため、大礫が崩壊地の末端部分に集中する傾向が見られた。この形態は、崖錐の堆積状況と似ている。

一方、カルデラ内での崩壊はローム層が地震動によって移動したもので、深さ8～10 mに堆積している軽石層（草千里ヶ浜軽石層）を境界にして、傾斜約5度で移動している。崩壊の上部では土層が分割され、中部から下部では泥流化の痕跡が見られる。長距離移動したものは500 mを超え、末端部では泥流化しているが、これは、ローム層中に含有していた水分が分離したものと考えられる。

地震による落石も多く見られた。落石の大きさは長さ約4 m、幅約3 mで、落石中には軽石や引き延ばされた黒曜石（ユースタティック構造）が見られる（**写**

真 4-10)。落石のあった斜面は自然植生に覆われ、落石をあらかじめ予測することは困難である。

写真 4-10　地震に伴う落石

豪雨が原因の山くずれでは、崩壊が起こると細粒土による土石の流れが発生し、沢部に土石の流れ跡が残るが、地震動の場合、岩石性斜面では長距離の移動は起こらず、地震動による衝撃により、谷壁に露出した岩盤が破壊されている例が見られる(**写真 4-11**)。このような岩盤の破壊は、豪雨による崩壊では見られない現象である。

写真 4-11　岩盤の破壊面

4.4 シラス崩壊

九州、関東、東北、北海道には火山が多く、したがって噴火堆積物も多い。堆積物は火山の周辺に平坦な地形を造り農地として開発されているが、火山灰特有の保水性の乏しさや肥料のリン(P)が固定されるため、農地としては不適な土地とされていた。しかし第二次大戦後の食糧増産のために開拓され、このとき、土壌改良、肥料研究、用水路の整備が行われて、現在では大面積の農地として積極的に利用されている。

火山起源の堆積物は、次の 3 種類に大別される(**図 4-9**)。

① 噴出する溶岩

② 火砕流として火山の周辺に堆積

③ 噴火によって遠隔地まで運ばれ堆積する火山灰(凝灰岩)

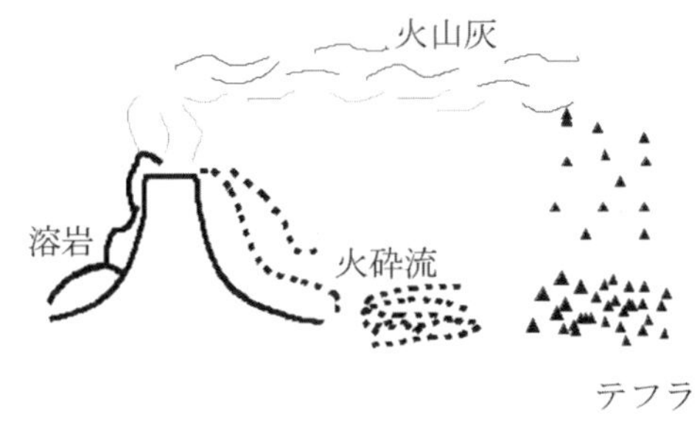

図 4-9 シラスとテフラ

溶岩は噴火口周辺の地域に限られるが、火砕流は数十 km 範囲に分布し、南九州ではシラスと呼ばれている。大規模な噴火では噴出した火山灰は数百～数千 km にわたって分布し、これはテフラと呼ばれる。堆積年代のわかったテフラは、地質学や考古学で年代を計る「時計」として使われる。

南九州には、今から 23000 年前に現在の鹿児島湾の奥、姶良(現：姶良市)付近に大噴火が起こり、このとき火砕流となって周辺に堆積した噴出物が、シラスと呼ばれている。現在の鹿児島県、熊本県、宮崎県に分布するシラスは、入戸(いと)火砕流により堆積したもので、その総量は 2000 億 t 以上と見積もられている(横山 2003)。

噴出した火山灰は広い平野を形成したため、昔から農地として利用されてきた。火山灰には地域によっていろいろな名称が付けられ、クロボク、アカボク、ボラ、シラス、火山性灰土(はいど、はいつち)などと呼ばれる。これらの名称は色調、見かけの状態、利用上の名称などから付けられたものである。

シラスには特異な性質があることが知られている。一般に山の斜面は、傾斜が急になるほど浸食を受けやすくなるので、道路法面として利用する場合は、耐浸食性を考慮して傾斜を緩くする。しかしシラス斜面は垂直の方が耐浸食性があることは、多くの自然斜面が垂直に近い傾斜で維持されていることから、経験的な事実として認められている(**写真 4-12**)。

写真 4-12　シラスの自然斜面(指宿市：鹿児島県)

シラスが垂直に近い角度で安定するのは、透水性が高く弱溶結しているためである。表流水は長距離を流れることはなく縦方向に浸透し、これによって、縦方向の浸食溝を形成する。

シラスの垂直耐食性は、宮崎と鹿児島間の高速道路が施工されるときに、法面の傾斜をどの程度にするかという問題が生じた。道路法面の傾斜角は、それまでの施工経験から土質に応じ傾斜が決められていたが、シラス法面については、高速道路に施工されるような長大な法面施工の実績がなかった。そのため、シラス法面を施工するときに多くの施工実験を行った結果、十分な保護工を行うことにより従来の法面勾配でも維持できる、ということがわかり、現在の法面勾配になっている。

シラス中には石英、長石、輝石などの造岩鉱物と、火山ガラス、軽石が混入して粘土分は乏しい。また、火砕流が流動中に混入した四万十層の頁岩の岩片が見られることもある。シラスにはいろいろな呼称があり、北海道では軽石質凝灰岩と呼ばれ、また白色火山性砂質堆積物とも呼ばれる。

(1)　シラス陥没地と谷底平野

(a)　シラス陥没地

シラスの分布地では、陥没現象が起こる。その規模は直径が数十 cm で深さが 1、2 m のものから、直径が数十 m で深さが十数 m、面積が 1000 m^2 を超えるものも見られる。シラス層の陥没地は宮崎県の高岡町（宮崎市）周辺に分布し、その分布は 50000 の 1 の地形図上に凹地のマークで示されている。分布地の特徴は表層部にシラス層が分布し、下位に四万十層が分布している場所である。

陥没の原因は、シラス層に浸透した水が四万十層に達し、ここが不透水層となり流れるときに、シラス層を浸食し表層部が陥没したものである。陥没深さが 10～30 m 程度であることから、地中の浸食が表層の陥没に影響する深さは、この程度の深さであると考えられる（**図 4-10**）。

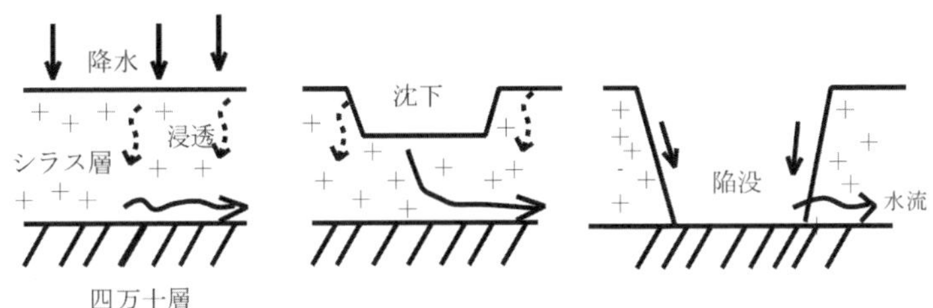

図 4-10　シラス陥没地の形成過程

陥没地の大きさは、大きいものでは面積が 1ha に及ぶものがあり、その底部には豊富な水脈があるため、陥没地の中は水田として利用されている所もある。陥没地の一方には、自然に形成されたトンネルがあり、ここから排水されている。

(b)　源流部の崩壊と谷底平野

シラス地帯を流れる川の源流部で崩壊が起こると、崩土は砂、シルトに富むため泥状となり拡散し、緩い傾斜地となる。シラス地帯には、このようにしてできた土地を水田としている土地がある（**写真 4-13**）。

写真 4-13　シラス地帯の谷底に拡散したシラス流

シラス源流部での崩壊は、既存の水田に被害を及ぼすが、新しく水田が増えるプラスの側面もあり、歴史的に新田は、このような源流部の崩壊発生時に行われてきた。したがって、崩壊は必ずしも災害とは考えられていなかった。

このような「シラス崩壊による泥流の拡散」は土木技術に応用され、機械力の乏しかった江戸時代には新田の開発方法として使われていた。この方法は、シラスに川の水を混ぜて混濁流を作り、これを広場に流し込む「シラス流し」という技術である。この工法は、明治になって学校教育が奨励され小学校を造るときに、運動場を造成する方法としても使われた。

4.5　小規模山くずれの土石流化

近年、山中で小規模な山くずれが発生し、これが土石流化し大きな災害になる例が多発している。小規模山くずれの土石流化は、小規模な崩壊が山腹に発生し渓床に崩落すると、渓床に堆積していた土砂が攪拌され泥土となり、これが土石流となる現象である。渓流中を流下する泥土は洗掘力を有するので、流下しながら渓床堆積物をさらに攪拌し土石流となる。

広島県広島市では、1996 年と 2014 年に市内の山地に隣接する宅地で花崗岩山地の崩壊と土石流が発生し、多くの人命が失われた。太宰府市(福岡県)では 2003 年に、防府市(山口県)では 2009 年に、庄原市(広島県)では 2010 年に集中的な山くずれが発生した。特に広島、山口の中国地方では、人命が失われる土砂災害が数年間隔で起こっている。

2014（平成26）年に広島市の北部地域にある標高586 mの阿武山（あぶ）の周辺で土石流が発生し、大きな被害があった。この土石流は、阿武山の頂上近くや中腹部に発生源があり、その多くは幅 5～10 m、長さ 10～20 m 程度の小規模な山くずれで、これが斜面を下る間に洗掘深度を増して土石流となったものである。この間、土石流は渓床の土砂を攪拌し削剥しながら、渓流沿いの立木を巻き込み、破壊力を増している（**写真 4–14**）。

写真 4–14　阿武山 400 m 付近の沢の断面（広島市：広島県）
（表層に礫層があり下位は礫混じり粘土層）

これらの土石流の原因は、いくつかの要因が重なったもので、その要因としては下記が挙げられる。

①　長時間にわたる多量の降雨

②　上流での小規模山くずれの発生

③　渓床に堆積していた土砂の巻き上げ

土石流は、沢の出口で拡散して扇状地を造るが、扇状地は緩傾斜で、地下水にも恵まれているため、開発の初期には果樹園として開かれ、開発が進み次の段階になると宅地化が進行する。扇状地の宅地は見晴らしが良く、近くには山林（自然）があるため、環境に優れていると喧伝され、急速に宅地が拡張される。この間に、そこが扇状地であったことが忘れられる。

このような扇状地に造られた宅地は、造成前に排水路が設計されているが、流域面積は小さく、通常は沢水がないため排水路の断面積は小さい。この結果、増水時には流木や岩石によって排水路の閉塞が起こる。よく見かけるのは、幅

2、3 m の渓流に架けられた小さな橋が、土石流発生時には岩塊や流木を堰き止めてダムとなり、周辺に土砂が溢れる現象である。

このような排水路の断面積は、流域面積と平均的な雨量によって決められているが、現在のマニュアルは、平均的な雨量と渓床の流量によって決められ、岩塊や流木が流れることを想定していない。今後の水路断面設計は、都市周辺の小流域型として見直しが必要と思われる。

2014 年の広島災害のニュースを伝えるテレビニュースの中で、住民の一人が「30 年住んでいるがこんなことは始めてである」とコメントしていたが、地球の歴史の中で「30 年」はあまりにも短い時間と考えなければならない。

2004 年の太宰府災害(福岡県)は、市域の南西から北東に延びる四天王寺山脈の東側斜面で花崗岩を基盤とする小規模な崩壊が多数発生した。花崗岩は谷密度が大きいため一定面積における谷の数が多い。このため、谷は斜面長の短い小規模なものとなる(**写真 4–15**)。

写真 4–15　四天王山の山麓に広がる宅地(太宰府市：福岡県)

花崗岩崩壊の規模は幅十数 m、高さ 20〜30 m で、崩壊深度も 1 m 以内、崩壊土量は千数百 m^3 という小規模なものであった。しかし、このような小規模崩壊の土砂でも渓流に流入すると、渓床に堆積していた土砂を流動化して、体積を増しながら流下した。渓流の流域面積は約 2 ha という小面積であったが、土石流は大規模化し、沢口に造られていた砂防ダムを満砂・越流して、下流部にあった宅地に拡散した。

花崗岩地域の危険性は、繰り返された土石流によって谷の出口には扇状地が形成されるが、ここは傾斜が 3～6 度程度で、前述のように宅地開発地としては良好だということにある。

扇状地での災害の原因は豪雨であるが、沢の出口付近にまで家屋があったことが、被害を大きくしている。扇状地で起こる土石流災害は、土石流の通過した流路の周辺数十 m の範囲に被害をもたらす。家屋数は数軒のことが多く、狭い範囲に壊滅的な被害が起こっている。したがって今後の開発には、沢の出口から数十 m の範囲内には、家屋は造らないことを考えるべきである。

(1)　安山岩の山くずれと土石流

安山岩を基盤とした災害は、花崗岩と同様、小規模な崩壊が土石流を誘発し大きな土石流災害となる例が多い。

1997(平成 9)年には針原川崩壊(出水市：鹿児島県)で、2003(平成 15)年には宝川内川(水俣市：熊本県)で土石流災害があった。

2003(平成 15)年に水俣市(熊本県)の宝川内川で発生した土石流災害は、川の源流部で幅 100 m、長さ 120 m、深さ 5～10 m 程度の中規模の斜面崩壊があり、この土砂が宝河内川を流下しながら河床堆積物を巻き込み、土石流となったものである。この土石流で、渓床は最大で深さ約 30 m 洗掘され、渓床の一部には四万十層の砂岩、頁岩層が露出した(**写真 4-16**)。

写真 4-16　宝河内川の崩壊と土石流(水俣市：熊本県)

1993(平成 5)年に発生した鹿児島災害での竜ヶ水土石流災害は、停車中の気動車を押し流す被害が出た。発生した場所は鹿児島湾の周辺、JR 竜ヶ水駅周辺である。4 カ所の崩壊があり、土砂は、急傾斜の渓流をほぼ直線状に流下した。土砂は海岸沿いに併走していたJR 日豊線と国道 11 号線を襲い、線路と道路面に広がり海に流れ込んだ。JR では、危険降雨量を超えたために、気動車を竜ヶ水駅に停車させていたが、2 両連結の気動車のうち 1 両部分が土石流に襲われ車両が切断された。切断された車両は国道まで約 50 m 押し流されたが、このとき、国道にも多数の車が渋滞していたので、同時に車も押し流された(**写真 4-17**)。

写真 4-17　竜ヶ水(鹿児島県)**で発生した土石流**

土石流は、源流の花倉層と安山岩層で発生した表層崩壊が流下するうちに、斜面の土層を巻き込み土石流化したものである。この災害の特殊性は、沢には 2 基の治山ダムがあったが、土石流により下流側にあった一号ダムの左岸側の袖部が破壊され、堤体とともに堆砂土砂が流出したことにある。このことが被害を大きくした(高谷 2003)。

土石流が発生した沢は特異な形態を有し、沢の頂上部分は台地で住宅地になっている。沢の頂上付近の標高は 350 m で、崩壊は 300 m 付近から発生した。源流部から海岸までの距離は約 500 m であった。

4.6　山くずれの繰返し年数

斜面の崩壊は自然現象であり、崩壊を繰り返すことによって新しい地形を造りだしている。しかし、崩壊した場所に人の営為があると災害となる。このため、崩壊の繰返し期間を知ることは重要である。

斜面が崩壊するためには、次の二つの条件が必要である。

① 土層が形成されている

② 豪雨がある

したがって崩壊の周期を知るには、これらの二つの条件を満足しなければならないが、いずれも不確定な要素が多い。しかし、各種の手法により研究が進められている。

(1) 山くずれの輪廻と免疫性

山くずれが発生すると、表層の土壌層と下位の土層および風化岩層はなくなり、しばらく表層土は不安定となるため、植生の復活は妨げられる。しかし土砂の移動がなくなると、植生が復活し始める。植生が復活すると土砂の移動は少なくなり、やがて斜面は樹木や草によって被覆され安定した斜面となる。

安定した斜面において、植生の生育と枯死が繰り返されると、土壌内での生物の活動が活発となり土壌層が形成される。このような斜面において次の崩壊が起こるのは、植生が復活して数百年から数千年が経過し、十分な土壌層と土層が形成された後に、次の豪雨が来たときである。

崩壊が起こった後、そこに植生が繁茂し、土壌層と土層が形成され、次の崩壊が起こる。このようなサイクルを崩壊輪廻と呼ぶことができる(図 4-11)。

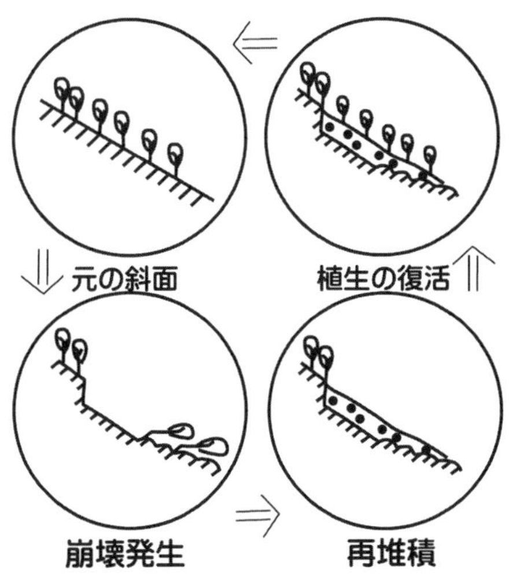

図 4-11　斜面崩壊のサイクル

崩壊の後、土層が形成される期間中、山くずれは起こらないので、この期間を人の病気に対する免疫性になぞらえて、小出(1972)は「山くずれの免疫性」と呼んだ。

免疫性は人間の場合、ある病気に一度軽くかかっておくと体内に抗体ができ、再びその病気にかかることはないという性質である。山くずれの場合は、「くずれるものがなくなり、くずれない」のである。この「くずれるものがなくなり」、次に堆積するまでの期間を「貯留」と考え、今村(2007)は「一度エネルギーが解放されると、次の十分な貯留までの間には破局的な解放は起こらない。つまりこの間は、山地災害に対して免疫性の有効期間といえる」と説明している。さらに免疫性に関する時間スケールについて、「免疫性の有無は、時間スケールを決めた上での議論でないと意味がない」と述べ、免疫性が時間の概念であることを強調している。

山地は、岩石の特性に従って風化と浸食が進み、現在我々が見ている地形は、風化や浸食を経た地球の歴史の断面である。したがって、山地は数千年から数万年の間には必ず崩壊する。山地の免疫性で、「山は一度崩壊した場所は、再度くずれない」という意味は、時間スケールを人の生存時間や歴史時間と比較した場合であって、数千年、数万年という地球の歴史からは、免疫性という概念は存在しない。

(2)　花崗岩地域の繰返し年数

崩壊の繰返し年数を考える上で資料となるような山くずれは、花崗岩分布地域に見られる。瀬戸内海に面する地域には広く花崗岩が分布し、たびたび花崗岩の崩壊が起こっている。1938(昭和 13)年の兵庫県神戸市の大災害は、谷崎潤一郎の小説「細雪」の一場面になり有名であるが、神戸市では 29 年後の 1967(昭和 42)年にも災害に見舞われている。しかしその発生場所は、1938 年に起こった場所と同じであるかどうかは明確ではない。したがって、二つの災害の発生間隔である「29 年」が神戸市の崩壊サイクルと断定はできない。

花崗岩を基盤とする災害例では、呉市(広島県)でも 1945(昭和 20)年の枕崎台風以後に起こった被害の概要は**表 4-7** のようにまとめられている。

表によれば、呉市での発生間隔は 14～22 年となるが、これも同じ場所が被災した例ではないので、これは「呉市に被害をもたらす豪雨または長雨の発生間隔」と考えるべきである。

表 4-7　花崗岩地域の崩壊発生間隔例

年	原因	降雨量(mm)	発生間隔年
1945年	枕崎台風	243	
1967年	梅雨前線	320	22
1985年	梅雨前線	661	18
1999年	豪雨	184	14

同じような花崗岩の例で、2003(平成15)年に太宰府市で発生した土石流災害では、下流の宅地に被害を与えたが、これは前回の発生が1973(昭和48)年なので、30年目の災害となる。しかしこの例も、被災地区名は同じであるが、同じ谷の同一斜面であるかは確認されていない。

したがって山くずれの繰返し年数を考える場合、統計資料上に同じ地名が見られても、これを「繰返し年数」と考えると間違った結論となる。

(3)　岩質の相違と繰返し年数

紀伊半島の中央部の奈良県五條市大塔では、2011(平成23)年9月に台風12号による豪雨で、大規模な山くずれがあった。ここは約100年前の1889(明治22)年に災害があった所で、この崩壊は同じ場所がくずれた例として特筆される場所である(**写真 4-18**)。

写真 4-18　五條市大塔町長殿北地区の崩壊

100年前の崩壊は、写真中央の853 mのピークの下で起こっているが、この斜面には2011(平成23)年の崩壊が発生したあと、V字型の深いガリーが生じた。このガリーの断面には直径が数十 cmの角礫が混入していることから、斜面は 100 年前の崩土の堆積地であったと考えられる。したがって 2011 年の崩壊は、100 年前の崩壊で残っていた堆積物がくずれたもので、100 年前の崩壊の二次崩壊ということができる。

ここは現在、樹高の揃った広葉樹の一斉林となっているが、周辺には植林地が多いにもかかわらず植林されなかったのは、災害跡地のため砂岩の岩塊が多く、土壌が乏しいため植林地として不適当と判断したものと考えられる。

山地斜面において繰返し年数を求める研究は各地で試みられ、北海道南部の段丘斜面においては、100〜150 年を繰返し年数としている(柳井 1989)。また房総半島の固結度の弱い砂岩分布地域において、崩壊周期は 100〜200 年と推定されることが示された(市川ら 2001)。さらに長崎県の安山岩を基盤とする地域において、土層形成期間を 158〜263 年と算定している(黒木 2015)。またシラス斜面では、傾斜 50 度の斜面において、崩壊後 80 年で 40 cm の表層土が形成されたことを報告している(松本ら 1999)。

しかし、80 年で 40 cm は年間 0.5 cm となり、表層土の形成速度としては非常に大きい。また傾斜 50 度の斜面は、安息角を超える傾斜で、このような急傾斜に形成される「表層土」が通常の安息角で形成される表層土と同じものであるのかは、再検討が必要と思われる。

これまでに発表されている崩壊の繰返し年数の事例を**表 4-8** に示した。

表 4-8　崩壊繰返し年数

繰返し年数	基盤層	発表者
82	シラス	松本舞他
180	安山岩	黒木貴一
200	花崗閃緑岩	下川悦郎他
100〜200	弱固結砂岩	市川岳志他
100〜400	安山岩	飯田智之
650	泥岩(白亜紀)	清水収他
1000	堆積岩(中生代)	吉永秀一郎他
30000	砂岩頁岩(四万十層)	西山賢一他＊

＊：論文の論旨はテフラの層序であるが、論文の図より繰返し年数を推定した。

このような繰返し年数の研究から、その年数は 82〜30000 年と幅が大きい。これは研究対象となった基盤層の風化程度、岩質、堆積年代などの違いによる堆積物の物性の相違によるものと考えられる。繰返し年数の研究結果は 10^2 オーダーが多いが、これを 200 年と仮定して 1 回の崩壊により 1 m の浸食があったとすると、日本の氷河期が終わった10000年前から現在までの浸食量は50 mとなり、縄文時代の集落の分布や、貝塚の分布から考えると、10^2オーダーは大き過ぎると考えられる。

崩壊の繰返し年数については、研究例が少なく早急な結論は求められないが、今のところ指標にできるものは、C^{14}やテフラに限られている。地質学における化石のように、時代のわかる物質の発見が待たれる。

(4)　テフラによる崩壊の繰返し年数の推定

崩壊の繰返し年数を知る上で、降下年代のわかったテフラを指標として崩壊サイクル年の編年が試みられている。

宮崎県では、全県的に層厚30～50 cmのアカホヤが点在しているが、アカホヤは、7300年前に現在の鹿児島県の南、屋久島の西側にある喜界カルデラの大噴火によって日本全国に堆積したものである。アカホヤは四国をはじめ紀伊半島など全国的に分布しているが、その分布は限定的で、残っているのは主に尾根筋や斜面傾斜の緩い地すべり地などである。その分布は斜面傾斜角と関係が見られ、宮崎県では傾斜が20度以下の場合には残存するが、傾斜が約20度以上の場合は稀である。

現在、アカホヤが存在する場所は、堆積後7300年間、斜面の変動がなかったと考えられる。分布面積はアカホヤよりも狭いが、ミイケテフラは4600年前に現在の御池（都城市：宮崎県）を形成した噴火活動による堆積物で、分布範囲は限られているが、堆積している場所は多い。ミイケテフラが残っていることは、4600年間、安定した斜面を保っていたということができる。

写真4-19　土石流段丘上のアカホヤ堆積物

鹿川(延岡市)では 2013(平成 25)年に大きな土石流災害があったが、このとき、鹿川の河岸段丘が浸食され、その断面が現れた。断面は高さが約 3 m で、上部半分は土壌層、下位半分は土石流によると見られる分級の良くない礫層である。水田土の下位にはアカホヤが見られ、アカホヤの下位には腐植土層が分布している。断面には古土壌、風化土、土石流による礫層が分布するが、水田の作土となっているのはアカホヤである(**写真 4-19**)。このことから、この段丘は 7300 年前に堆積したあと、安定した地表を保っていたということができる。

日南市(宮崎県)の槻之河内(つきのかわち)地すべり地では、周辺に多くの地すべり地形が分布している地すべり地であるが、ここでは 2005 年に延長 700 m に及ぶ地すべり性崩壊があった。この地すべり地の周辺のテフラは三層見られ、上位から 4600 年前の御池軽石(Kr-M)、次に 7300 年前の鬼界アカホヤ(K-Ah)が分布し、三層目に 29000 年前のアイラータンザワ(AT)が見いだされている。この地域の調査によって「これらが整然と堆積する所と、AT のみが変形を受け、それを覆う K-Ah、Kr-M には変形が認められない場所がある」ことを報告している(西山 2011)。

このことは、29000 年前(AT 降下後)に地すべりの活動があり、AT が変形したが、その後の地すべりの活動はなく鬼界アカホヤが堆積し、その後 4600 年前に、現在の御池(都城市)を造った御池軽石を噴出する活動があった。このようなテフラの層序から、槻之河内地すべりは約 30000 年前に地すべり活動があったあと、アカホヤ(23000 年前)とミイケ(4600 年前)の 2 枚のテフラが堆積したが、この間地すべり活動はなく 2005 年に活動があったということができる。したがってテフラの堆積状況から、2005 年の地すべりは 29000 年目の活動であったと考えられる。

以上のように、テフラの残存状態を指標として崩壊の繰返し状況を推定すると、アカホヤが残存していることは、7300 年以降アカホヤを排除するような地表面の変化がなかったことを意味している。したがってアカホヤの残存状況を考慮すると、崩壊の繰返し年数は 10^3〜10^4 年のオーダーと考えられる。

テフラは崩壊の繰返し年数を推定する上で有効な方法であるが、適用できる場所が限定され、また推定できる時間間隔も数百年から数万年に及んでいる。

高千穂峰(宮崎県)の周辺には、最も新しい噴出物として 1716 年の新燃岳の噴火によって堆積した享保(きょうほ)噴火物が分布しているが、その深さは表層より 20〜50 cm にある(**写真 4-20**)。

写真 4-20　7300 年前の享保噴火堆積物（御池、都城市）

享保噴火物上に堆積した土壌層は、1716 年の噴火以来約 300 年間に堆積した土壌なので、堆積速度は年平均 0.6〜1.6 mm となる。しかし高千穂峰周辺で享保テフラが見られるのは、標高約 800 m 以下の傾斜が緩い斜面で、これより標高の高い所では、テフラは残っていない。このことは、同じ地域でも標高や傾斜の違いによって、噴火物が残る所と残らない所があることを意味している。

第 5 章　風化作用

風化作用は、もともとは科学的な興味から研究されていたが、昭和 40 年代の土木建築が盛んになった時代に、道路盛土や石垣に現地で得られる岩石を使用するようになった。このとき、泥岩が急速に粘土化することが知られ、この結果、風化の研究が始まった。

風化作用は岩石が土になることであるが、その過程は岩石の種類と岩石が置かれた環境により異なる。形の変化から見ると、大部分の岩石は礫、砂、シルト、粘土と、順次粒径を減じるのに数百年、数千年を要するが、泥岩のように数週間で粘土になる岩石もある。

風化は、水と岩石との化学反応により生じた物質が流れ去ることによって生じる。地球上の岩石の 95％は 8 種類の元素から構成され、風化作用は、このうちの多量に含有され、反応しやすい Na、K、Mg、Ca の 4 元素が除去され、相対的に Si、Fe、Al が増加し水(H_2O)が増加する現象である。

風化作用は、一般的には物理的風化作用、化学的風化作用に分けられている。また物理的風化と化学的風化は並列に考えられているが、実際の現象では化学的風化が先行し、物理的風化は風化の最終章に起こる現象である。さらに最近では、生物的風化作用や塩類風化作用という言葉も使われるようになっている。しかし、生物的風化作用は、植物の根が岩石に作用することによって風化が進行することで、現象としては植物の生育する力によるように見えるが、実際は根から分泌される化学物質と岩石の化学反応によって進行する。

また、塩類風化も岩石から塩類が溶出し、岩石表面で結晶化することによって風化が進行する現象である。したがって生物的風化、塩類風化は共に、化学的風化の一種ということができる。

しかし風化作用の研究は現象論の段階にあり、多くの文献で生物的風化と塩類風化は独立した現象として記述されているので、本書でも独立した現象として扱っている。

5.1　化学的風化作用

「雨だれ石を穿(うが)つ」という格言がある。これは「雨だれのような小いさなものでも、根気よく続ければ、石に穴をあける」という意味であると教えられる。しかしこの説明は、科学的には「岩石は水との化学反応により溶けている」という方が正しい。

岩石が「水に溶ける」現象として身近に見られるのは、泥岩を水に入れ浸潤させたあと、乾燥させる操作を数回繰り返すと、ドロドロの粘土になる現象がある。このような現象は乾湿風化またはスレーキングと呼ばれ、風化が進む最も早い例である。

泥岩は柔らかい岩石であるが、花崗岩や安山岩のような硬い岩石も、水との化学反応によって、元素は非常にゆっくりと溶け出している。この現象は、地球化学では溶出、土壌学では溶脱と呼ばれる(図 5-1)。

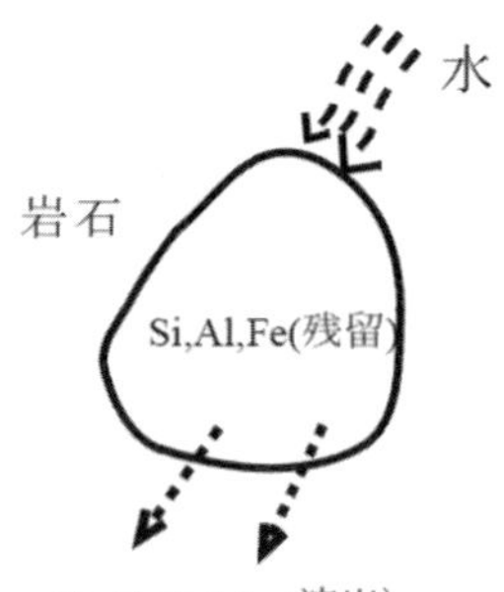

図 5-1　岩石は水との化学反応により溶出する

岩石に働く化学反応は、次のようなものが挙げられている。

①　加水分解(Hydrolysis)
②　イオン交換(Ion Exchange)
③　炭酸化合(Carbonation)
④　水和(Hydration)
⑤　キレート化(Chelation)
⑥　酸化(Oxidation)
⑦　還元(Reduction)
⑧　溶解(Solution)

(1)　加水分解(Hydrolysis)

岩石の大部分はケイ酸塩によって構成され、水は一部解離して活性な H^+ と OH^- になっているため、ケイ酸塩に対し加水分解剤となっている。正長石が加水分解によりカオリン鉱物が生成する反応は、次のように表されている(北野1977)。

$KAlSi_3O_3 + H_2O \rightarrow HAlSi_3O_9 + KOH$……………①

$2HAlSi_3O_8 \rightarrow Al_2Si_2O_5(OH)_4 + 4SiO$……………②

$Si_2Al_2O_5(OH)_4 + H_2O \rightarrow 2Al(OH)_3 + 2SiO_2$…③

②の反応でできた含水ケイ酸アルミニウムは、粘土鉱物のカオリンとして土壌中に残留するが、KOH、SiO_2 は水に溶け反応系から除かれるため、加水分解が進行する。

湿潤気候下では雨水の浸透により可溶性物質は移動するが、溶解度の低い物質は残留する。また、水に酸が加わると加水分解は促進されるが、大気中には0.03％程度の CO_2 が含まれ、土壌中の空気には0.3～3％の CO_2 が含まれている。このため、雨水や浸透水に CO_2 が溶けて弱酸性の水となり風化を進行させる。また微生物、小動物、植物が分解する過程で作る有機酸などにより岩石の風化は進行する。

(2)　酸化(Oxidation)

自然界において酸化は、酸素の供給量が多いところで進行する。この作用を受ける成分は、主に鉄(Fe)とマンガン(Mn)の亜酸化物と硫化物である。O_2 と CO_2 は直接岩石に働くとともに、水に溶けて弱酸として岩石に作用する。

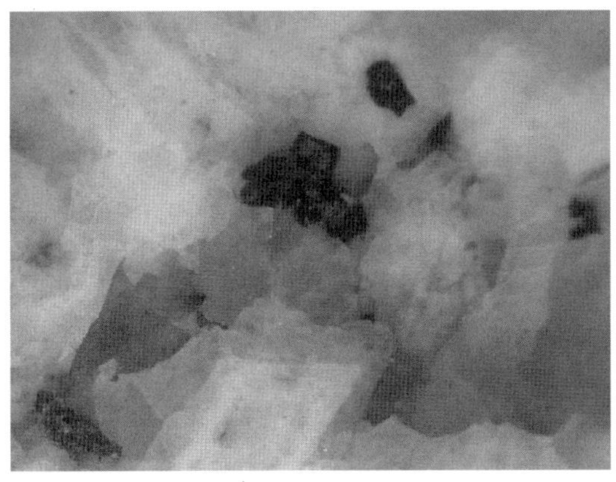

写真5-1　雲母周辺の茶褐色染色

結晶中に鉄(第一鉄)を含む雲母は、鉄イオンが酸化されることにより、雲母の結晶構造は崩壊する。また酸化による体積の増加は、物理的な分解も促進する。雲母中の鉄の酸化は地下深くでも生じ、地下 150 m から得られた花崗岩のボーリングコアーの薄片から見ることができる(**写真 5-1**)。このことは、地下でも酸化が進行していることを示している。

鉄の酸化による変化は、下記のように表される。

亜酸化鉄　　：$FeO+O_2$- → $2FeO_3$(赤鉄鉱)

　　　　　　：$FeO+H_2CO_3$- → $Fe(OH)_3+CO_2$

水酸化第一鉄：$2Fe(OH)_2+H_2O+O$- → $2Fe(OH)_3$

水酸化第二鉄：$Fe(OH)_3+{}_nH_2O$- → $Fe_2O_3\cdot{}_nH_2O$

磁鉄鉱　　　：$2Fe_2O_3\cdot FeO+9H_2O+O$- → $6Fe(OH)_3$

硫化物が酸化すると容積が増え、同時に亜硫酸、硫酸などの強酸を生じ岩石の分解を促進する。

(3)　土の色と pH

岩石は水との反応によって化学変化を起こし、細粒化して土となるが、化学変化の初期には、色調や pH、圭バン比などの変化として現れる。このうち土の色は、pH とともに、その性質を表す基本的な要素である。

土色は、岩石が風化して土になった生成環境や生成過程を総合的に表したものである。土の色のベースになっているものは、一次鉱物(造岩鉱物)そのものの色である(**表 5-1**)。一次鉱物が細粒化し、これに有機物が混入すると特有の色になる。

表 5-1　鉱物の色

一次鉱物	色
石英、長石	白、灰白色
輝石、雲母、角閃石	黒
緑泥石	緑

西日本の森林の土壌は赤色、黄色をベースにした褐色系の土であるが、これは主に、酸化鉄と水が結び付いた和水酸化鉄とアルミニウムによるものである。酸化鉄の色は和水度が高いと黄色が増し、脱水が進むと赤色となる。表層に近い土層が赤褐色を呈するのはこのためである。

日本でも奄美大島や沖縄には赤色の土壌が見られるが、これは温度と湿度が高く、塩基の溶脱が進んだ結果、相対的に酸化鉄の量が多くなったためである。

沖積層の深い部分では、一般に青色粘土と呼ばれる灰緑色から灰白色の粘土層が見られるが、これは二価鉄(還元状態)によるものである。鉄の色の変化をまとめると、**図 5-2** のようになる。

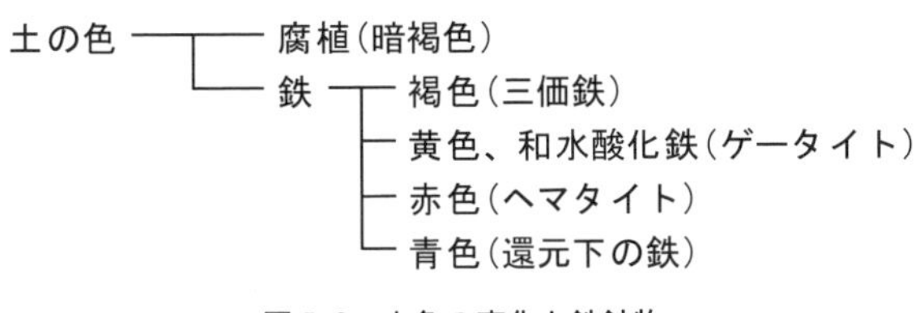

図 5-2　土色の変化と鉄鉱物

土の色は、土が置かれていた環境を知るための重要な因子であるが、色を客観的に表現するのは困難なため、マンセル記号により表示される。マンセル記号は、アメリカ人のマンセルによって創案されたもので、日本では、これに改良が加えられたものが「標準土色帳」として農水省から発刊されている。

泥岩の風化は極めて短時間で起こり、宮崎層群の泥岩は数カ月で目に見える変化をする。泥岩の色はもともとは黒色〜灰黒色であるが、自然状態で乾湿を数回繰り返すと砕けて礫状となる。礫状となった泥岩は、さらに粘土状となり、同時に薄い紫色に変色を始める。薄紫色は約 1 年経過すると薄い黄色となる。この変化をマンセル記号で表すと**表 5-2** のようになる。

表 5-2　マンセル記号による泥岩の風化過程の表示(自然状態での観察)

経過月数	マンセル記号	日本語表記
初期	7.5Y3/1	オリーブ黒
6 カ月	5Y6/2	灰オリーブ
12 カ月	5Y6/6	オリーブ
24 カ月	5Y7/8	黄

(4)　風化による pH の変化

pH は水素イオン濃度{H}を指数で表したもので、これにより酸性、中性、アルカリ性が決められる。

酸性　　　：pH7＞
中性　　　：pH＝7
アルカリ性：pH7＜

自然環境下における概略の pH を**表 5-3** に示す。土の pH は、一定量の土を水で溶かし、この溶液の pH を pH メーターで測定したものである。

表 5-3　自然環境と pH の目安

pH	自然環境
10	アルカリ土壌
9	
8	海水
7	河川水
6	河川水、土壌
5	河川水、土壌
4	泥炭水
3	鉱水、強酸性土壌
2	酸性温泉

日本の山地の土の pH は、一般的には 5〜6 の弱酸性である(**表 5-3** 参照)。しかし火山地帯の噴気帯では、pH1〜2 という強酸性で、また湧出する熱水は E.C. 値が 12000 μS/m という高い数値を示すこともある。このような所では植物は生育できず、またコンクリートや鋼材も短期間で劣化する。**写真 5-2** は、えびの高原(宮崎県)の法面保護工であるが、ここは昭和 30 年代末期まで噴気が見られ、強酸性の水が流れていた。

写真 5-2　えびの高原の法面保護工(宮崎県)
(強酸性噴気のため植生が欠除する)

このため、コンクリートの劣化が激しく、法面保護工のコンクリートも数年で劣化、強度を失う現象が見られた。その後噴気がなくなり、現在はコンクリートの劣化も見られず、植生も繁茂するようになっている。

pH は、人で言えば顔色のようなもので、顔色は体調の「良し悪し」はわかるが、どこが悪いのかはさらに検診をしなければわからない。pH も、岩石が置かれている環境を全体的に表現したものであるが、詳細についてはさらなる分析が必要である。

風化の進行に伴って pH は低下するが、これは風化に伴い岩石中の塩基(Na、Ca、Mg、Ca)が溶出し、相体的にケイ素(Si)やアルミニュウム(Al)が増加するためである。

宮崎層群の泥岩を試料として 6 年間の溶出実験を行った結果、pH は冬期には低下し、夏期には上昇する現象が見られた。また、pH は実験の全期間を通して低下傾向を示している(**図 5-3**)。

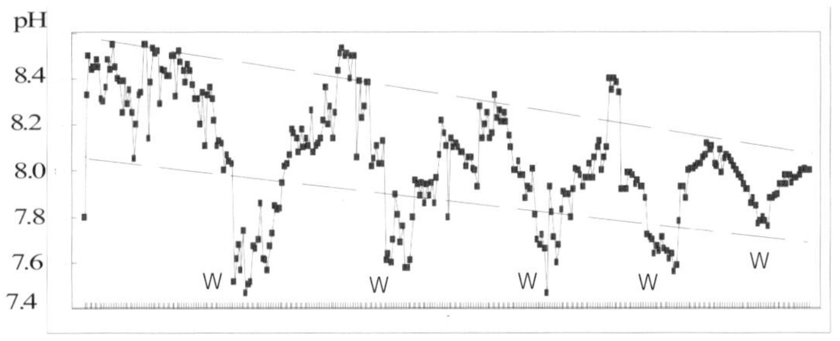

図 5-3　pH の年変化
(pH は冬季(W)に低下し、全体的に低下する)

夏期と冬期に pH が変化するのは、温度によって溶解度が変化するためで、夏期には溶解度が高くなり塩基が溶出するため pH が上昇し、冬期には塩基の溶解度が低下し pH は低下する。

自然状態の渓流における pH の年変化については、四万十層群の頁岩(美郷町：宮崎県)を基盤岩とする小渓流 3 カ所において、1 年間 pH の変化を計測した結果、pH は気温の上昇し始める 4、5 月に上昇して、夏期には低下する傾向が見られた(**図 5-4**)。pH が夏期に低下するのは、微生物、小動物の活動が活発になるため、これらから排出される炭酸ガスや、生物遺骸の腐食による腐植酸、排泄物の流れ込みの影響と考えられる。

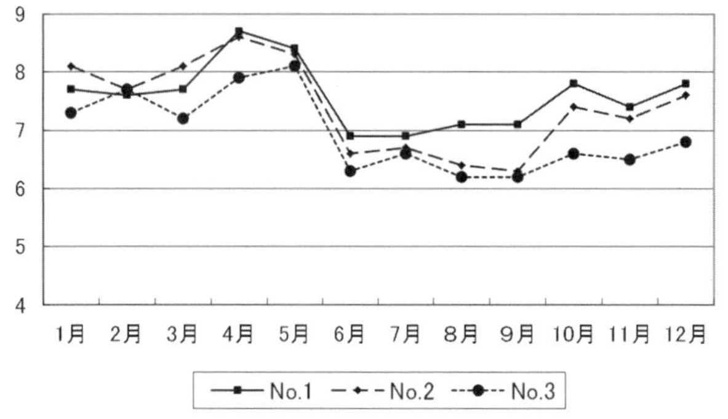

図 5-4 小渓流での pH の年変化（神門地すべり地の pH 変化）

(5) 風化による研磨 pH の低下

岩石を人為的に研磨してできた溶液の pH を研磨 pH(Abration pH)といい、研磨 pH は、風化の程度を全体的に見る場合の指標になる。これは岩石を研磨することにより岩石中の塩基が溶け出し、溶液の pH が上昇するためで、新鮮な緑泥片岩の場合 pH は 8～9 であるが、風化が進み赤褐色化すると研磨 pH は 4～5 となる。これは日本の土壌の pH 値と似た値である(**表 5-4**)。

表 5-4 風化の進行による pH と色の変化(緑泥片岩分布地)

	土壌	風化岩	岩石
pH 色	4～5 明褐色	5～6 淡褐色	8～9 暗黒色

研磨 pH は岩石に含有される造岩鉱物の種類によって異なり、有色鉱物が多い場合は pH は高くなるが、石英や、長石などの無色鉱物が多い場合は中性から弱酸性になる傾向がある。風化岩の場合には、有機物などが入りその影響も受ける。このため、日本では研磨 pH は風化の研究上あまり取り上げられないが、海外の研究書ではよく見かける。

(6) コンクリートのツララ

日本には石灰岩地帯が多く、セメントの資源として日本の近代化、工業化に貢献してきた。石灰岩地帯には鍾乳洞があり、日本各地で観光地として開発されている。有名な所は山口県の秋吉台、愛媛県と高知県境の四国カルストなどがある。

鍾乳洞ができるメカニズムは、雨水が地表面に浸み込み土壌中にある炭酸ガスを溶かし込んで弱酸性の水となり、この水が石灰岩の割れ目に浸み込むと石灰岩を溶かし空洞を作る。多量の石灰岩を溶かした水が洞内の天井に達して空気に触れると沈積が起こり、鍾乳石や石筍（せきじゅん）が生成する、と説明されている。

同様な現象がコンクリート構造物にも見られる。コンクリートはセメントと砂利、砂、水を混ぜたものが固化したもので、人工的に造られた岩石ということができる。セメントは石灰岩を原料としているため、カルシウム分が多量に含まれている。したがって、コンクリート構造物に亀裂ができると、雨水が浸入し石灰岩と同じような反応を起こしてカルシウム分を溶かし出す。

カルシウムを溶かした水はコンクリート中を通り、外部に出て空気に触れるとカルシウムの沈積が起こる。沈積の形態は鍾乳洞と同じで、上方から下方に延びた鍾乳石や、下方から上方に延びた石筍が見られる(**写真 5-3**)。

したがって、コンクリート構造物にこのような鍾乳石が見られることは、コンクリートに水が通る亀裂がある証拠となる。

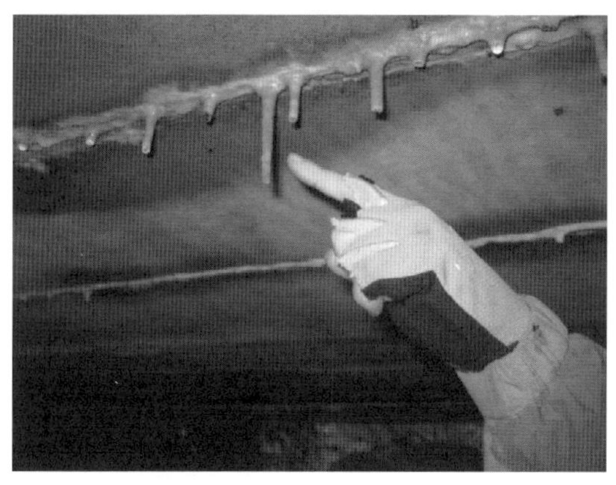

写真 5-3　コンクリートからのツララ

5.2　生物的風化作用

(1)　根の生長と岩石の反応

海岸の砂丘や崩壊地の裸地など、肥料分のない場所で生育する植物がある。このような植物は、どうやって養分を吸収しているのだろうか？

雨は大気中を通る間に、空気中の炭酸ガスを溶かし、pH5.6 の弱酸性の水となる。また土壌中では、土壌微生物の呼吸により生じた炭酸ガスが、土壌中の水に溶解して炭酸となり、可溶性の重炭酸塩を形成する。岩石がこの炭酸水に接触すると、岩石を構成しているカルシウム、マグネシウム、カリウム、ナトリウムなどの塩基が水中の水素イオン(H^+)と交換し、植物はこの塩基を養分として吸収し生長する。

このように生育中の植物の根は、水素イオンの連続的な供給源となり弱酸性環境を作り出す。一方、粘土の表面はマイナス電荷(陰荷電)になっているので、これを中和するためにカルシウム、マグネシウム、カリウム、ナトリウムなどのプラスイオンが吸着され、これらが土壌中の水や根の表面にある水素イオンと交換する(図 5-5)。

根と粘土鉱物との反応は、根が養分として塩基を吸収することにより非平衡に保たれるため、粘土鉱物から塩基が溶出し続ける。この反応は、粘土鉱物の風化を促進する反応である。

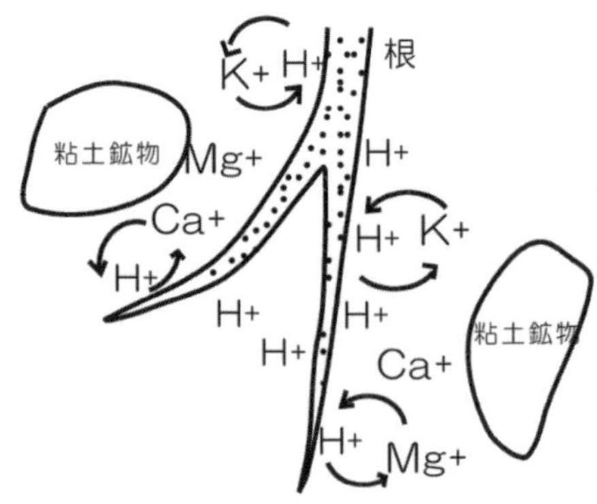

図 5-5　根と粘土のイオン交換

(2)　岩割り松

植物の生長によって根の圧力が岩石を割る例として、各地に「岩割り松」「岩割り桜」「岩割り梅」があり名所になっている(盛岡市：岩手県、青梅市：東京都など)。また城壁や古い石垣にも、木が石垣を持ち上げている例が見られる。

樹木の根系が岩を崩壊させることについては、植物の細胞圧が 10 気圧にも達することや、その生長力が 1 cm^2 について 4.5～15.5 kg を有し、これは直径 10 cm、長さ 100 cm の根の場合、外部から 6000 kg の圧力を支えることなどから、広く信じられている(船引 1978)。

一方、岩石にはもともと、岩石の性質に基づく規則的な節理(Joint)と呼ばれる割目がある。節理の中には、岩石自体の風化によってできた粘土が溜まり、また節理中に落ちた枯葉や枯枝は腐植し、腐植の中には微生物、昆虫、小動物が生息する。これらが生息すると、呼吸作用によって生じる炭酸ガスは水に溶け弱酸性の溶液になり、また、生息する生物の遺骸も水に溶け弱酸性溶液となる。このような弱酸性溶液は岩石の風化を促進し、粘土を生成する。

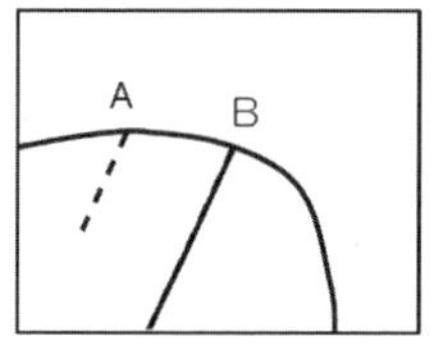

A：浅い節理　B:深い節理

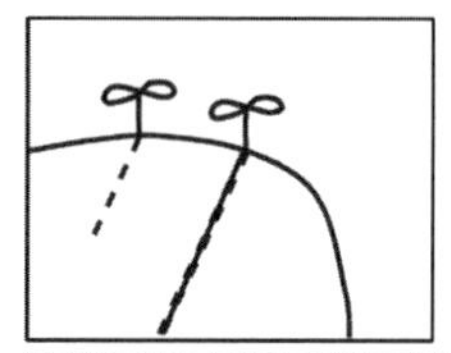

節理へ落ちた種は芽を出す

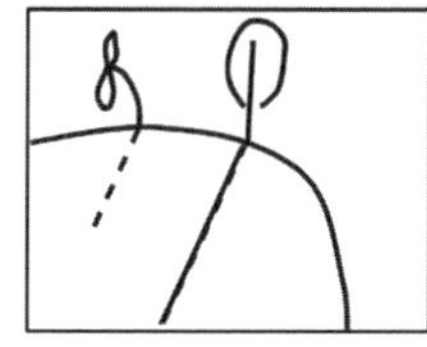

大きな節理には十分な水分がある

木の生長によって節理は押し広げられる。浅い節理では木は育たない

図 5-6　節理に落ちた種の生長と枯損

粘土は多くの水分を保持することができるため、節理中に落ちた植物の種子は、粘土に含有される水分に接触すると発芽し生長し始め、節理が大きい場合、生長に必要な水分を十分確保できるので、岩の上であるにもかかわらず生長す

ることができる。このようにして育った木は見かけ上、木が岩を割ったような形となり「岩割り桜」「岩割り松」として名所になることがある。しかし節理が小さい場合には、生長に必要な水分も肥料分も保持されず、植物は生長できない(**図 5-6**)。したがって、植物の根は岩を割るのではなく、節理のある岩に根が入り、割ったように見えるのである。

植木鉢には、余分な水を排水するために穴が開けてあるが、この穴を開けたまま木を植えた場合、根は植木鉢の中が一杯になると、やがて底穴から下へ出る。さらにこの部分を観察すると、根は穴の部分で細くなり、素焼きの植木鉢を割ることはない(**図 5-7**)。

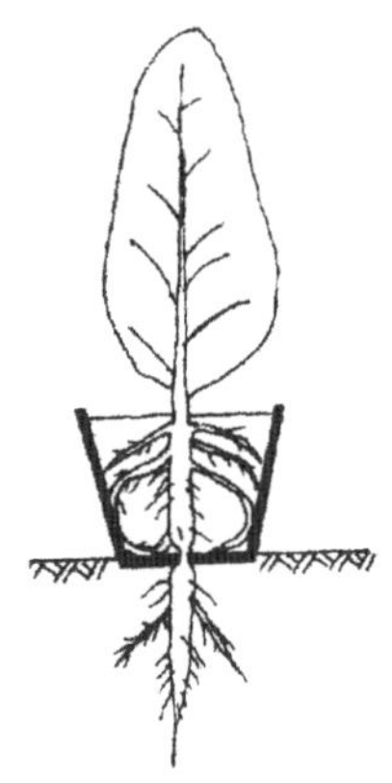

図 5-7　植木鉢の水抜き穴から出た根系

(3)　微生物による風化の進行

分析機器の進歩により、岩石風化のミクロな進行状況が解明されてきているが、カンボジアで5種類の岩石を地表面に置き、その間の岩石の変化が報告されている(羽田 2015)。報告によれば、岩石はラテライト、凝灰角礫岩、砂岩、大理石、花崗岩、斑れい岩を試料として使用し、試験項目は重量損失、超音波などである。このうち重量変化についてみると、ラテライト、凝灰角礫岩、砂岩、大理石、花崗岩、斑れい岩の順に重量変化は小さくなっている。重量の減少は岩石の本体からの剥離なので、物理的な風化と考えられる。

また、試験中に凝灰角礫岩に微生物の付着を認め、付着した理由として、凝灰角礫岩の間隙率が高いことと、鉱物組成が指摘されている。微生物は、付着する岩石から養分を摂取しながら生育するので、凝灰角礫岩のように、塩基の多い岩石に繁殖しやすく、一方、ラテライトのように塩基の溶出が終了して、アルミニウムやケイ素の多い岩石では、微生物の繁殖が困難であることを述べている。

5.3　塩類風化作用

(1)　農地への塩類集積

地球上の岩石を構成する主な元素は8種類である。このうちナトリウム、カリウム、マグネシウム、カルシウムは塩基と総称され、自然界には一般的に存在し、人体の60％を占める血液や細胞液中にも含有されている。このような元素は、我々が日常的に使用する水道水、河川水、温泉水などに数 mg から数十 mg 程度含まれ、販売されている飲料水にはその成分と含有量が表示されている。

塩類集積は、砂漠のように年間降雨量が300 mm 以下の場所では、塩類を含む地下水が毛管水となって地表面に上昇する。地表に達した水の H_2O 部分は蒸発するが、地下水に溶けていた化学成分は地表に残留する。このような現象が長い年月にわたって継続すると、地表面に塩類が集積する(**図5-8**)。

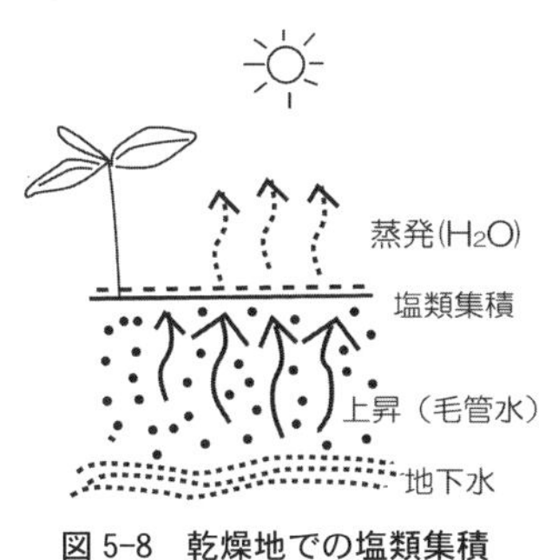

図5-8　乾燥地での塩類集積

最近では、農業開発のためアフリカ、インド、メキシコなどの砂漠地域で、地下水を汲み上げ農地とした結果、地表に集積していた塩類が溶け出し農地が使えなくなったという問題が発生している。このような塩類による農地の被害として、四大文明の一つであるチグリス=ユーフラテス文明が滅んだのは、過度な灌漑により集積していた塩類が溶け出し、農業生産が低下したことが原因と考えられている。

このように塩類が集積するためには、土中で水分が上昇する必要があるが、日本のような多雨地域では、降水は地表から地下へ浸透するため塩類集積現象は起こらなかった。しかし、昭和 30 年代から始まった農業用のビニールハウスにおいて、温室内に散布した肥料分が、温室内の土壌に集積する現象が知られるようになった。この現象は、温室では雨が降らないので、肥料分を含んだ水が毛管水となって地表面に達したあと蒸発し、肥料分が温室内の地表面に集積したもので、これは砂漠で起こる塩類集積現象と同じである。

この解決方法としては、ビニールハウスを移動し、降雨により集積した肥料成分を洗い流すことで解消した。

(2) 砂岩、頁岩からの塩類析出

(a) 砂岩

宮崎市の南部山地に標高約 500 m の双石山（ぼろいしやま）があるが、ここは新第三紀に堆積した宮崎層群と呼ばれる砂岩泥岩で構成されている。この砂岩層には、タフォニと呼ばれる岩石の表面が蜂の巣状の凹凸になった現象が見られる(**写真 5-4**)。

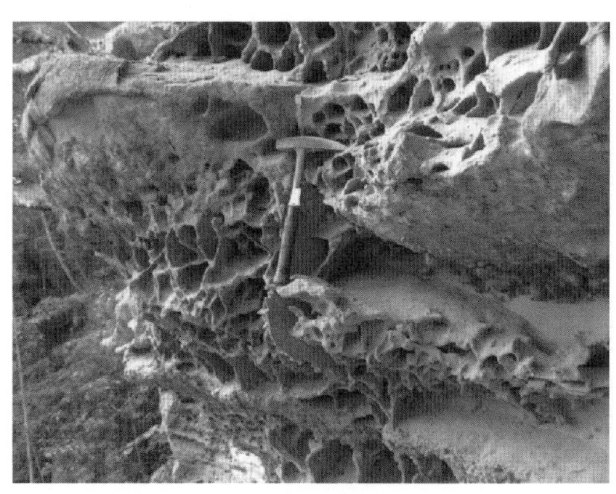

写真 5-4　双石山のタフォニ(宮崎市)

タフォニは海岸地域の砂岩や凝灰岩によく見られる現象であるが、双石山は海から約 10 km 離れ、太平洋との間には、山地がある西向きの山中である。したがって、海からの影響はほとんどないと考えられる地域である。

双石山のタフォニの下には白色の粉末が堆積しているが、この白色粉末は砂岩からの塩類が析出した物質と考え分析が行われた(赤崎ら 2009)。その結果、

砂岩表面の白色結晶は硫酸マグネシウムであり、その主な元素はマグネシウムが35%を占めていることが明らかにされた(**図 5-9**)。また、ナトリウムやカルシウムは1%しか含有されていなかった。

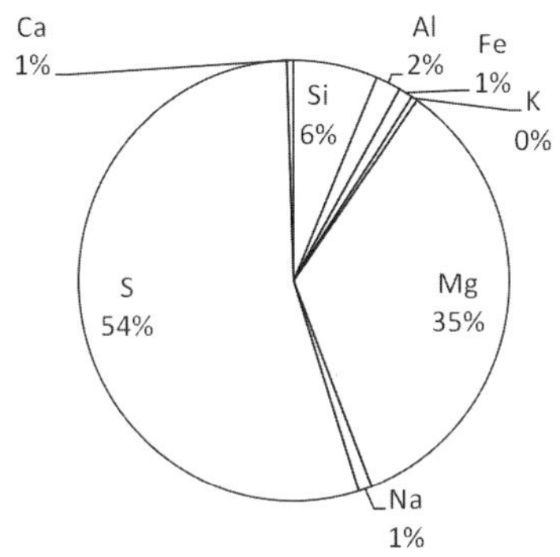

図 5-9　砂岩層から析出した白色結晶の元素分析(赤崎 2009)

宮崎層群の泥岩からは硫酸ナトリウムが析出することが明らかとなっているが、砂岩、泥岩の堆積するのは同じ海水中であるにもかかわらず、砂岩からは硫酸マグネシウムが析出し、泥岩からは硫酸ナトリウムが析出している。この相違であるが、泥岩は黄鉄鉱や生物起源の泥物質から構成されている。これに対し、砂岩は石英、長石、雲母などが砂粒子となっている。このような物質の違いが、溶出物質の相違になっていると考えられる。

(b)　泥岩

近年、コンクリートへの硫酸ナトリウムが集積し、コンクリートが劣化する被害があることが明らかになっている。この現象が最初に発見されたのは、昭和 40 年代の始め、宮崎市の住宅団地で家屋床下で壊れた束石が発見された。束石は、住宅の床を支えるコンクリートのブロックで、もともとは自然石であったが、自然石の高騰から昭和 40 年代にコンクリート製に変わり、この束石が壊れている現象が見いだされた。

研究の結果、団地として整備された段丘を構成していた泥岩中の硫酸塩が、床下で結晶となるときにコンクリートを破壊することが判明した(高谷 1983)。このときにできる結晶は、硫酸ナトリウムを主成分とするテナルダイト(Na_2SO_4)およびミラビライト(Na_2SO_4・$10H_2O$)で、その周辺にはエトリンガイトが生成していることも明らかにされた(吉田 2010)。

この現象が生じたのは、新第三紀に堆積した宮崎層群中の泥岩であったが、その後、同じ現象が千葉県の上総層群、三浦半島の三浦層群からも見いだされている(蟹江 1996)。また関東地方の各地でも、住宅基礎に対する塩類集積によるコンクリートの被害が見いだされているが、多くの場合、建築会社と個人の間の補償で解決され、明らかにされていない。したがって、住宅基礎が泥岩起源であるような地域は、注意が必要である。

外国の例では、アメリカのカリフォルニア州には多くの実例があるが、被害の多くは訴訟問題になっているとのことである(吉田 2008)。

(c) 頁岩

宮崎県の南部に分布する日南層群(古第三紀層)の頁岩のボーリングコアーを保管中に、コアーの表面にカビ状物質が生じる現象が見られた。カビ状物質は綿状で乾燥すると粉末となったが、この物質はX線回折によりテナルダイトと判明し、その主成分は硫酸ナトリウムであることが明らかにされた(田所2008)。

宮崎層群の泥岩からも硫酸ナトリウムが析出することが明らかになっていたが、頁岩からも同様な現象が起こり、同じ物質であることが判明した。このため、今後、泥を起源とした粘板岩や泥質片岩からも、同じような塩類の析出が起こることが想定される。

これまでに発表された塩類の析出が見いだされた岩石種と、塩類の種類をまとめると、**表 5-5** のようになる。

表 5-5　泥岩、頁岩からの溶出成分と鉱物

堆積年代	岩石種	主な成分	主な鉱物	場所	文献
新第三紀宮崎層群	泥岩	$NaSO_4$	———	宮崎	高谷(1983)
———	泥岩	$NaSO_4$	テルナドダイト	東京	吉田(2008)
古第三紀日南層群	頁岩	$NaSO_4$	テルナドダイト	宮崎	田所(2008)
新第三紀宮崎層群	砂岩	$MgSO_4$	———	宮崎	赤崎(2010)

5.4 熱水風化作用

火山の周辺には、温泉の湧出や噴気が見られるが、このような現象は火山活動の後期に生じる現象なので、後期火山作用と呼ばれる。熱水変質は、このような火山活動に伴う現象の一つで、マグマから供給される熱水の上昇に伴う周辺岩石の変質である。

熱水変質には、表層部から降水の浸透がある浅層部で起こる変質と、浸透水の影響がない深層部で起こる変質がある。

地表近くでは、浸透した雨水が地下から上昇してきた硫化水素ガスや亜硫酸ガスと反応して、硫酸を含む強酸性の水となる(**図 5-10**)。

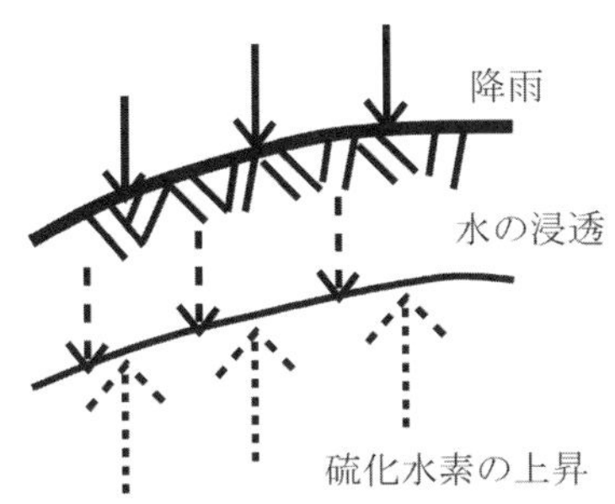

図 5-10　降水の浸透と硫化水素ガスの上昇

この反応は次式によって表される。

$H_2S + O_2 \rightarrow SO_2$

$SO_2 + O_2 \rightarrow SO_4$

反応に必要な酸素は降雨から供給され、この作用によって生じる強酸は、岩石中の塩基(Na、K、Mg、Ca)を溶出させる。溶出によって岩石の風化が進行し、岩石は主にAl、Siから構成されるカオリン鉱物となる。

地下深くでは熱水が上昇し、上昇に伴い熱水の温度低下が起こることにより、熱水の沸騰と熱水中の硫化水素ガスや亜硫酸ガスなどの分離が起こる。地下 2〜3 km では、マグマから供給される熱水中には高濃度の溶存成分が含有され、この熱水が浅部に上昇するときに、岩石の節理や鉱物の粒子間を移動しながら周辺の鉱物と反応、変質し粘土鉱物を生成する。

地下深くの高温部では、斜長石の曹長石化や、輝石、角閃石の緑泥石化などが行われプロピライトに変化する。このような現象が生じる地帯をプロピライト帯と呼ぶが、プロピライト帯は熱源に近い場所に生じ、熱源から遠くなるとスメクタイトや沸石(ゼオライト)が生じスメクタイト・沸石帯と呼ばれる(**図 5-11**)。

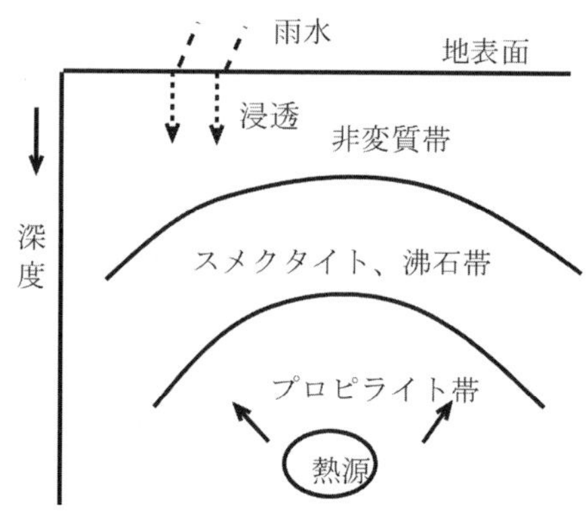

図 5-11　明礬地すべり地における粘土の分帯(由佐 1969)

このような変質のメカニズムと分帯の状態は、大分県別府市の明礬(みょうばん)地すべり地で明らかにされた(由佐 1969)。明礬地すべりは別府市の北西部の明礬地区にあり、地すべりは 1966(昭和 41)年の台風 24 号の通過直後に発生し、その規模は幅 120 m、長さ 80 m であった。明礬地すべりの基盤岩は安山岩であるが、主な造岩鉱物である輝石、角閃石は分解して全体的には灰色を呈し塊状で、一見すると灰色の堅硬な岩石のように見えるが、実際には粘土化している。

5.5　物理的風化作用

物理的風化作用には熱、乾湿、凍結破砕、塩類風化、除荷作用などが挙げられる。温度変化による風化作用は、鉱物の有する膨張係数、収縮係数が熱によって変化し、これにより歪みが生じ岩石が破壊される現象で、その原因として気温の上昇、降下、山火事、スコールなどが挙げられている。これらは加熱による表面の剥離のように視認することができるため、重要視されがちであるが、その進行は化学的な風化のあとに起こる現象である。これらのうち、熱による風化については否定的な実験が知られている。

Griggs(アメリカ)は、1936 年に温度変化による風化を実証するため、次のような実験を行った。花崗岩を磨き上げた上 200℃に熱し、この後、直ちに 0℃に冷却する実験を、太陽熱に換算して 200 年分繰り返した。しかし、この実験では、岩石の表面には変化は見られなかった。これに対し、水の作用を実証するために、岩石を加熱した後、冷却するのに水を使った場合、花崗岩の表面は光沢を失うという、風化の初期現象が見られた。Griggs は、この実験によって、太陽による熱（温度）は風化を促進するものではなく、むしろ水分がその主役であると結論している（Griggs 1936）。

花崗岩では、火事による加熱により、表面が剥離する現象がある。岡山城は戦災により天守閣が焼失したが、城壁の一部が残されている。この城壁の表面には、加熱による剥離現象が見られる（**写真 5-5**）。

写真 5-5　火災を受けた岩石の風化（岡山城）

実際に物理的風化作用を受けている岩石を見ると、それらは亀裂の発達、酸化鉄の沈着など化学的風化作用を受けている。したがって、物理的風化と化学的風化は、化学的風化が進行した後で物理的風化が進むと理解するべきである。

第6章　風化を進める岩石の構造

風化の定義については多数あるが、それらに共通する言葉は「地表面の環境で起こる変質」ということである。岩石は高温、高圧下で生成するが、地表面では常温常圧のため、岩石はこの環境に適応しようと変化する。岩石の変質は温度と圧力に基づき風化作用、変成作用、火成作用に3分類されているが、風化作用は、我々が日常経験する常温常圧下での変質である。また変成作用は、岩石が溶けない約900度以下で起こる変質で、火成作用は岩石が溶ける1000度以上で起こる変質である。

岩石には特有の割れ目や層構造があり、風化はこれらの構造から進行する。

6.1　岩石の構造

地表面に露出する岩石には、地表での重力の作用や地震動、また岩石が生成したあと、現在の位置に達するまでに受けるプレートの動きにより、不規則な力がかかり亀裂が生じている。

(1)　層理

層理は、堆積岩が堆積したときに、堆積物の粒子の大きさや、組成、配列状態などが異なることによって生じる直線状の模様である。一般的なものは、砂岩と頁岩が交互に堆積している砂岩頁岩互層である(**写真6-1**、カラー口絵参照)。

砂岩と頁岩の層理間は密着しているが、これは圧力によって固着しているだけで、特別な接着剤のような物質があるわけではない。したがって地層が一定の傾斜を超え、下部の支えがなくなるとすべり落ちる。層厚が数mを超える厚い砂岩層の分布する四万十層や和泉層群では、層理面に沿った岩盤すべりが発生する。

写真 6-1　和泉群の砂岩頁岩互層

(2)　亀裂

亀裂は岩石に生じた不規則な割れ目で、岩石ができたあとに受けた外力によって生じる。割れ方は岩石の性質や受けた力の大きさにより異なり、割れた後の時間の経過によって、開口部があるものやさらに割れ目に粘土が生成している場合もある。

亀裂が原因となって起こる崩壊は小規模なものが多いが、亀裂が集中する部分は、水の通路となるため風化が促進される。

(3)　鏡肌

岩石が断層運動による摩擦で生じた光沢のある面を鏡肌（かがみはだ）と呼び、英語ではスリッケンサイド(Slickensid)と呼ばれる。光沢のある面には条痕または条線と呼ばれる線状の傷が生じ、これは断層が動いた方向を示している。鏡肌は、元々は鉱山地質の用語である。

地すべり地でも同じような光沢のある岩盤面が見いだされることがあるが、表面に残された線状痕は、地すべりの移動方向を示すと考えられている。

鏡肌ができる岩石は、比較的堅硬で岩石の色が濃緑色から黒色系な岩盤である。したがって、変成岩によく見られる。スリッケンサイドの断面形態については緑泥片岩で調べられ、岩石薄片を作成し顕微鏡で観察することにより、その断面が厚さ40～60μmの緑廉石が長柱状に重なっていることが報告されている(図 6-1)。

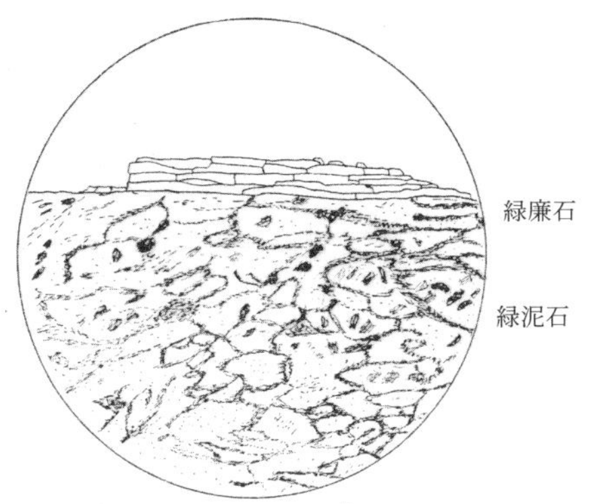

図 6-1　スリッケンサイドの断面（出典：髙谷 1971）
（表面は長柱状の緑廉石から構成されている）

(4)　節理

(a)　火成岩の節理

節理は規則的な割れ目で、面の両側で相対的な変異がないものをいう。主に花崗岩、安山岩、溶結凝灰岩のような、火成岩が冷却するときに形成され、柱状の場合は柱状節理、板状の場合は板状節理、中心から放射状に並ぶ節理は放射状節理と呼ばれる（**写真 6-2**）。凝灰岩に見られる湾曲した節理は、エンターブレッチャーと呼ばれる。火成岩にできる柱状節理は、斜面崩壊との関連性が大きい。

写真 6-2　柱状節理（川南長：宮崎県）

(b) 砂岩の節理

節理は主に火成岩に対して使用され、「規則的な割れ目」と定義されている。しかし、「規則的な割れ目」という定義に従えば、砂岩層や石灰岩層にも見られる。日南海岸(宮崎市)には、層厚10～20 mの厚い砂岩層が見られ、この砂岩層には縦方向の亀裂が見られる。この亀裂は、火成岩に見られるほどの規則性はないが、全体的には縦方向の亀裂が規則性と見なされる。このため筆者は「砂岩の節理」と考えている(**写真6-3**)。

写真6-3　層厚約20 mの砂岩層に見られる縦方向の節理
(下部は薄い砂岩泥岩層)

(c) シーティング節理

写真6-4　表層崩壊跡に現れたシーティング節理(鹿川渓谷：延岡市)

シーティング節理は、花崗岩地域に見られる地表面に平行に生じた割れ目である。成因は、地表面の浸食によって荷重が減少することにより、応力が解放されるために生じるので、除荷節理と説明されている。花崗岩分布地域における斜面崩壊は、シーティング節理が原因となる場合が多い。実際の節理は山腹に見られ、谷方向に傾斜している(**写真 6-4**)。

1999年に発生した広島市豪雨災害時の斜面災害でもシーティング節理が見られ、崩壊の発生原因としてシーティング節理との関連性が指摘されている(浜中 2007)。

(d)　潜在節理

潜在節理は、風化岩や土層中に形成される規則的な割れ目である。潜在節理が見られるのは山地の切土面や崩壊面で、斜面に平行に形成される(**図 6-2**)。潜在節理は、その方向が斜面に平行なため、斜面内に水が浸透したときには水の通路となり、また崩壊発生の場合には、崩壊面の頭部になる。

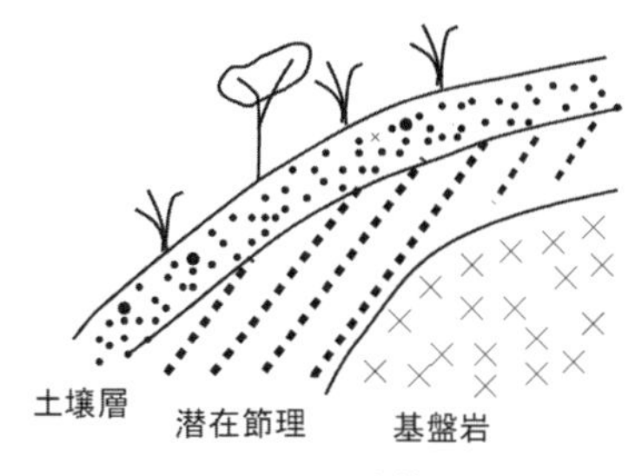

図 6-2　潜在節理

(潜在節理は、風化層の中に斜面にほぼ平行に形成される)

潜在節理の幅は数 cm から十数 cm で、節理の境界には酸化鉄の薄膜が挟在している場合が多く、このことは水の浸透と滞留があることを示している。

潜在節理は土壌層と基岩との間にある土層中に形成されるが、その形成因は重力で、土層重量の斜面方向成分によって生じると考えられる。

潜在節理が見られるのは林道などの工事現場であるが、場所が表層に近く風化しているため、法面保護工によって被覆されてしまうことが多く、現地で見る機会は限られている。しかし、山地災害の発生を考える上で重要な現象である。

(e)　方状節理とコアーストーン

花崗岩、安山岩、玄武岩などの火成岩の風化過程で見られる特徴のある節理で、四角形または長方形である。このような四角の節理は方状節理と呼ばれる(図 6-3)。方状節理は節理の周辺から風化が進み、四角形の中に球状をした新鮮な部分が残される。

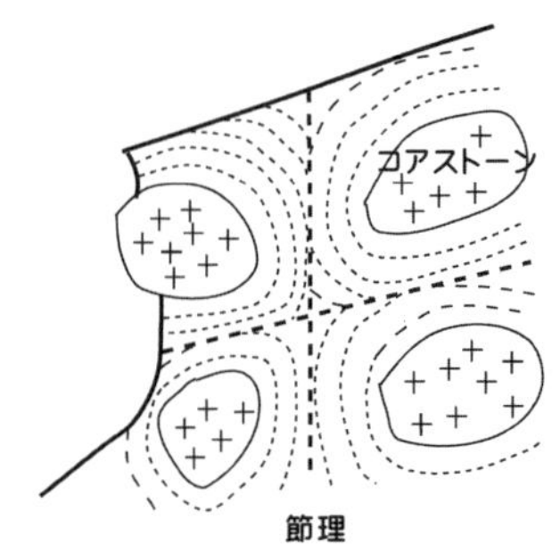

図 6-3　コアーストーンの形成と節理

このような球状岩は核岩またはコアーストーンと呼ばれる。コアーストーンの周辺は、花崗岩が風化した大きさが数 mm の石英や長石が溜まった砂質土が分布する。コアーストーンは、斜面が崩壊すると円礫が抜け落ちて溜まり、特異な景観を作り出すことがある。

6.2　断層と破砕帯

(1)　断層

地すべり地の滑落崖やすべり面は、岩盤や土層が相対的にずれたもので、これは地層中で起こる断層と同じ現象である。このため断層を理解しておくことは、地すべりを理解する上で重要と考えられる。

地質学では断層を、地質構造形成の影響により生じた断層と、そうでない断層を区別して、テクトニック断層とノンテクトニック断層に分けているが、この意味から地すべりや崩壊に伴う断層は、ノンテクトニック断層に分類される。

岩盤や地層に力がかかると内部に応力が発生し、応力が岩石の破壊強度を超えると相対的にずれて応力を解放する。したがって断層は、地層や岩盤の破壊面であり力の緩衝面ということができる。

断層は、断層面の上位にある部分を上盤、下位にある部分を下盤と呼ぶ。また断層面を境にして、上盤が上がったものを逆断層と呼び、上盤が下がったものは正断層と呼ばれる。正断層は断層面を境に引張り力が働いたことを意味し、逆断層は断層を境に圧縮力が働いたことを意味している(**図 6-4**)。地すべり地の滑落崖で見られるズレは、正断層タイプである。

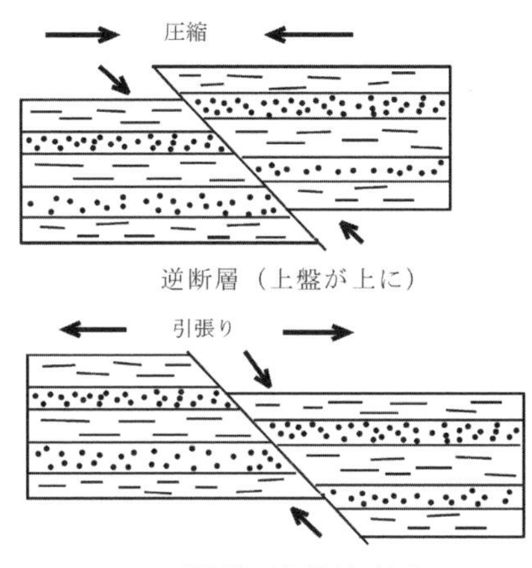

図 6-4　正断層と逆断層

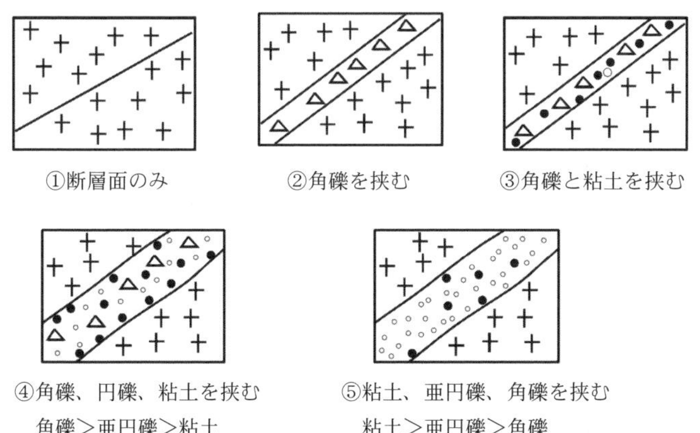

図 6-5　断層のいろいろ

断層は、地層が新しく未固結の場合はゼラチンをナイフで切ったような直線状になる。しかし、地層や岩石はいろいろな岩石で構成され、これらは異なる物性を有し、さらに岩石中には大きさや硬さの異なる造岩鉱物が含有されるため、断層面には凹凸が生じる。また、断層が複数回繰り返されると、断層の上盤、または下盤の岩石が摩擦により角礫化する。断層内の角礫は、断層の動きが繰り返されると摩擦により円礫となる(**図 6-5**)。

① 岩盤の強度低下場所である

② 水の通路となる

③ 岩盤の風化を促進する

(2) 水の浸透と遮断

断層は、岩盤の切断面のため、水の通路となり岩盤の風化を促進する。岩盤は水を通さないが、岩盤中に生じた断層は水の通り道となる。水の浸透によって岩石中の元素が溶出すると、新しい粘土鉱物が生じる。

断層中に生じた粘土は、透水性が低いことから地下水を遮断する地下の遮水壁となり、帯水層を形成することもある。このような粘土層が遮水壁となり帯水層を形成する例は、トンネルの掘削中に見られ、地層中に粘土を含有する礫が多くなり、これを通過すると出水することが知られている。

したがって、断層は地下で水の遮水壁になる場合と、水の通り道になる場合がある。これは反対の作用である。

断層中を浸透する水は、粘土と接触し元素を溶出し、そのうち鉄分は還元状態では灰色であるが、地表面の酸化環境になると赤褐色化する。断層周辺や破砕帯周辺では、赤褐色の酸化鉄の沈着が見られることがあり、これは水の存在を示している。

(3) 破砕帯

断層は岩盤に力がかかったときにできる破壊部で、ここには破砕され角礫化、円礫化、粘土化した岩石片が含有される。これらは断層角礫、断層粘土と呼ばれるが、最近は断層ガウジ、断層ゴージとも呼ばれる。

断層が形成されたときは面であるが、力が何度もかかると周辺の岩石は摩擦により破砕され、粘土をベースにして礫、砂が混在する。このようにしてできた礫や砂、粘土が混ざった部分は破砕帯と呼ばれる。破砕帯を構成する礫や粘土の比率は、断層を構成する岩質と断層の動く頻度により変化し、岩質が堅い場合は角礫が多く、軟質な場合は粘土が多くなる(**図 6-5**③参照。破砕帯は上下盤の岩質により角礫質、粘土質となる)。

断層の動きが繰り返されると、礫は摩砕され角礫から、亜角礫、亜円礫、円礫と円礫化を進めながら、同時に粒径を減じ粘土粒子化する。このようにして断層中には、粘土中に角礫や円礫が混在した粘土が生じているので、破砕帯中に含有される礫の形を分析することから、断層運動が多数回繰り返されたか、少数回であったかという比較が可能となる。

このような例として、砂岩頁岩で構成された四万十層中に生じた断層中の破砕帯の粘土中に含有される礫の形を観察すると、主に亜円礫が見られた(**写真 6-5**)。また礫の造岩鉱物は石英、長石が多い。

(スケールは 2 mm)

写真 6-5　破砕部に含有される亜角礫と亜円礫

破砕帯の幅は断層の規模によって異なり、断層幅が数 cm の小規模な場合は、破砕帯の幅は数 cm であるが、幅が数十 cm から 1 m を超える規模になると、破砕部の形は複雑となり、粘土、角礫、円礫とともに、断層を構成する上盤、下盤の岩塊が混在する(**図 6-6**)。

破砕帯の特徴は、下記のようにまとめられる。

① 断層に伴い岩石が破砕された地質構造である
② 破砕部分は断層に沿って帯状に延びる
③ 破砕部分には水の浸潤があり風化が進行する
④ 原岩が破砕され、粘土粒径となった粘土鉱物が挟在する

破砕帯に対する考え方や認識は研究分野によって異なり、ダムの基礎岩盤や、地すべりの原因となるような断層の破砕帯の場合、数 m から数 cm であるが、構造地質のような広域を対象としている分野では、幅数 km の破砕帯をイメージし、その形成年代も数百万年を考えている。

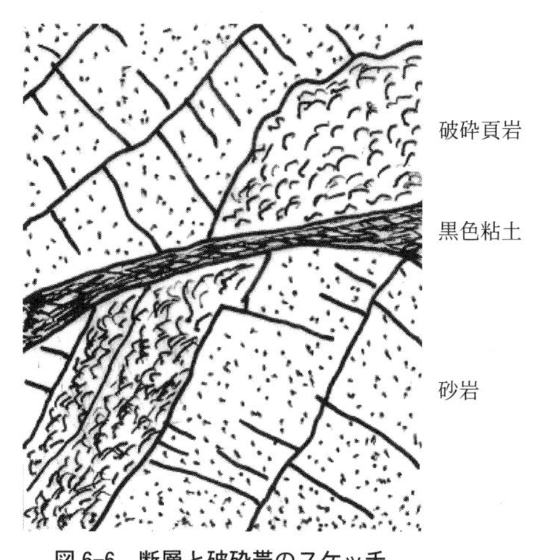

図 6-6　断層と破砕帯のスケッチ

(a)　破砕帯中の粘土鉱物

破砕帯中を充填する粘土鉱物の成因は、次の三つが考えられる。

①　断層の上下盤を構成する岩石の粘土粒径化

②　断層を構成する岩盤の両盤からの溶出により、岩盤とは異なる粘土鉱物の形成

③　断層中に貫入した熱水から形成された粘土鉱物

①は、断層の上下または左右の岩盤を構成する岩石が、摩擦により粘土粒径となったものである。三波川帯の緑泥片岩分布域では、緑泥片岩が粘土化したクロライトが含有され、また泥質片岩分布域では、泥質片岩が粘土化したイライトが含有される。さらに緑泥片岩と泥質片岩の互層の場合、粘土には緑泥片岩起源のクロライトと泥質片岩起源のイライトが混在する。

②の断層の上下または左右の岩盤と異なる粘土鉱物が含有される原因は、破砕された礫や粘土中を通る水の溶出作用により、新しい粘土鉱物が形成されたものである。その例として、2005 年に大規模な崩壊と土石流を起こした天神山崩壊地（三股町：宮崎県）には、崩壊方向に直交方向に断層が見られ、この断層

中の粘土にはスメクタイトが含有されていた(**図 6-7**)。

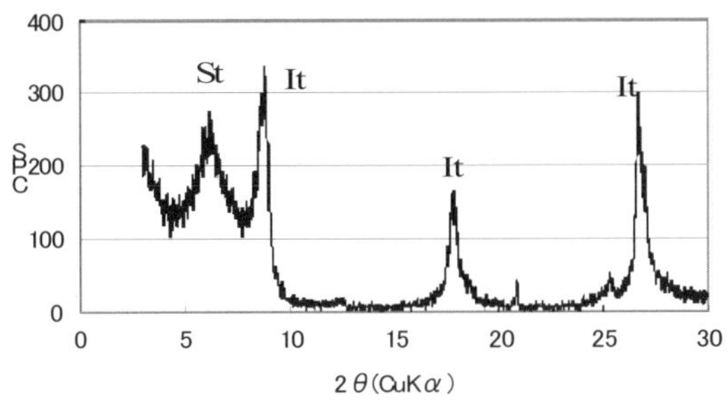

図 6-7　天神山の例：四万十層中の断層に含有される粘土
(イライトと結晶度の良くないスメクタイトを含む)

このスメクタイトは 14 Åに幅の広いピークを持ち、エチレングリコール処理により17～18 Åに移動するため、結晶度の悪いスメクタイトと考えられる。スメクタイト以外のピークはイライトである。したがって天神山崩壊地で見いだされた粘土鉱物は、イライトと結晶度の良くないスメクタイトといえる。

天神山崩壊地を構成する岩石は、四万十層の砂岩、頁岩であるが、これらの岩石中にはスメクタイトは含有されない。したがってスメクタイトは、断層中で新しく生成された粘土鉱物と考えられる。このことから四万十層の砂岩頁岩分布地域では、地中での還元域での風化によってイライトが形成され、さらに進行するとスメクタイトの形成に至るということができる。

このような四万十層中から見いだされたスメクタイトの例はこれまでなく、今後イライトからスメクタイトを生成する過程を明らかにする上で、考慮すべき結果と考えられる。

③の断層中に陥入した熱水より分離した粘土鉱物の例としては、1995(平成7)年に発生した阪神・淡路大震災において、淡路島北部の轟木(とどろき)の斜面で大きな断層の動きがあり、このとき、竹林内に断層が生じた。この破砕帯を充填する粘土には、スメクタイトが含有されていた(**図 6-8**)。

この断層は、その後、竹の落ち葉にカバーされ、2010(平成 22)年の調査時には傾斜の緩い竹林の一部となっていた。

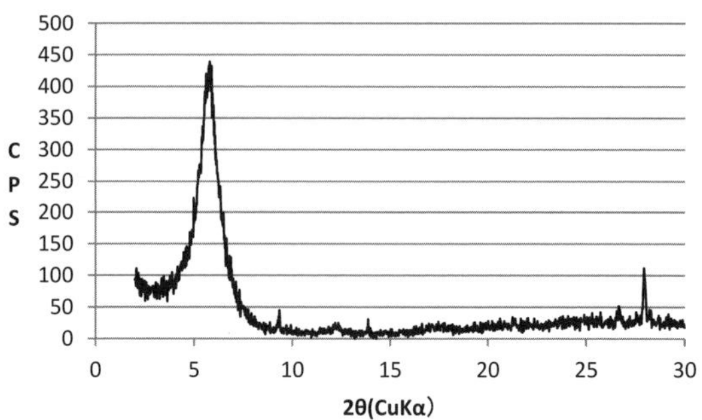

図 6-8　スメクタイトの X 線回折パターン(淡路竹林)

第 7 章　岩石の風化速度

風化現象は、一部の地質学あるいは地形学者から研究上の興味を持たれる程度の現象であった。風化が研究対象として関心を持たれるようになったのは、土木工事で発生した土石を現場で使用することによりコスト低下を図ることが行われるようになったが、その結果、石礫が急速に風化して、期待される強度を得られない現象が知られるようになったためである。

昔、石材は石工の経験によって選定されていたため、スレーキングを起こす泥岩や蛇紋岩が石材として工事に使われることはなかった。また道路の掘削場所の選定も、経験者によって判断されていたために、泥岩分布地域を掘削するようなことはなかった。しかし、掘削技術の進歩と法面保護技術の進歩によって、ほとんどの斜面処理が可能となったため、泥岩や蛇紋岩のような、急速風化を起こす岩石の分布地域でも切土や掘削が行われるようになり、この結果、施工後数年にして剥がれ落ちる法面など、技術の過信というべき現象が起きている。これらの原因の多くは、岩石の風化によるものである。

7.1　自然環境下での風化速度

石碑や墓石は作られた年代がわかっているので、風化の研究にとっては良い研究材料となる。宮崎県宮崎市では 1662(寛文 2)年に外所(とんどころ)地震があり、宮崎平野の一部が海中に没する被害を受けた。この被害を忘れないために、被災した地区住民の子孫が 50 年に一度、石碑を建てている地区がある。2012(平成 24)年は 350 年目に当たり、2007 年に 7 基目の石碑が建てられた(**写真 7-1**)。

この石碑の風化状態を観察すると、200 年前のものは風化が進み、砂岩の表面が浮き上がり、打撃により容易に破壊される状態になっている。また地震後 50 年後(現在から約 300 年前、1712 年)と 100 年後(同 250 年前、1762 年)のものは、すでに砕け岩塊になり石碑としての形をとどめていない。100 年前(1912 年)のものは、表面に地衣類が付き風化が始まっていることがうかがえる。しかし、岩石の表面には目立った変化はない(**表 7-1**)。

写真 7-1　外所地震記念碑(熊野：宮崎市)

表 7-1　石碑の風化状態

	建立年	岩石種	石碑の状態
300 年前	不明	砂岩	石碑は壊れ塊状化し文字は読めず
250 年前	不明	砂岩	石碑は壊れ塊状化し文字は読めず
200 年前	文化 7 年	凝灰岩	石碑の一部大きく欠損、表面に地衣類付着
150 年前	安政 6 年	凝灰岩	石碑の一部分欠損、表面に地衣類付着
100 年前	明治 41 年	砂岩	地衣類付着、刻印文字が読みにくい
50 年前	昭和 32 年	砂岩	風化は認められない
現在	平成 19 年	花崗岩	新鮮

石碑に使われている石材は、地震(1662 年)から 50 年および 100 年後のものは、宮崎層群の砂岩で作られているが、3 回目(150 年後)からは凝灰岩になり、最も新しい 2007 年のものは花崗岩製である。

この石碑の形は通常の墓の形で、風化環境は降雨時以外は乾燥状態に置かれているが、このような風化環境では 200 年から 250 年経過すると、目に見える風化が進行するということができる。

7. 2　風化速度の測定例

大部分の岩石の風化速度は数百年から数千年に数 mm 程度の微少なもので、これまでに墓石や城郭の石垣など、造られた年代のわかっている構造物の風化速度について測定した例が挙げられている(**表 7-2**)。

表 7-2　人工構造物の風化速度

	速度(mm/1000y)	対象物	地域
凝灰岩(大谷石)	250-33	墓石、石塀	日本
凝灰岩	130	石垣	日本
石灰岩	200	ピラミッド	エジプト
石灰岩	1320	要塞	ウクライナ
石灰岩	100-50	墓石	ヨークシャー(イギリス)
花崗岩	15	墓石	日本
花崗岩	9	墓石	エジンバラ(イギリス)
花崗岩	7.1-2.4	石塔	日本
花崗岩	5.7	ピラミッド	エジプト
大理石	6-1	墓石	オーストラリア
砂岩	14-11	墓石	日本
安山岩	9-5.6	墓石	日本

(松倉公憲『土と基礎』No.46.9(1996)に一部加筆)

測定対象とされた石垣、墓石などは地表面に存在し、常時は乾燥状態で降雨時に湿潤状態となるような環境に置かれている。水分が供給されるのは、降雨時のほかに、多湿時や、秋期から冬期の夕方に急激に気温が下がると結露による水滴の付着が起こる程度である。

表 7.2 の風化速度を 100 年割合に換算してグラフに表すと**図 7-1** となる。多くの岩石は 100 年間に 1 cm 程度で、最も速度が小さいものはオーストラリア産の大理石で、100 年で 0.1～0.6 mm である。このうち凝灰岩は部分によって構成物や溶結度が変わり、場所によっても風化速度は大きく変化する。このため、測定された数値を一般的な数値として適用することは危険である。

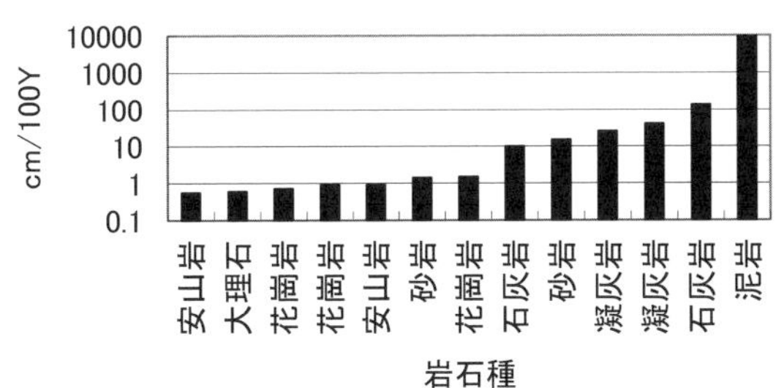

図 7-1　岩石種と風化速度の比較

図中の泥岩は筆者が測定した例で、岩石は宮崎層群の泥岩である。100 年間に 100 m は、自然状態で約 200 日測定した値を 100 年に換算した値であるが、風化速度としては破格に大きい値である。

風化速度は対象とする岩石に影響する水や温度などによって変化するが、同じ岩石で、同じ場所に置かれた岩石でも、部分によって岩石組成や造岩鉱物が異なっているため、風化程度は異なる。

砂岩は構成する砂粒子の粒径が比較的揃っているために、同じ場所の砂岩はある程度似通った程度の風化を受ける。しかし凝灰岩の場合、軽石が入り、また溶結程度も異なっているため、ある場所では数十年で数 cm の浸食を受けるが、隣接する部分ではほとんど風化が生じていないことがあり、このため凝灰岩特有の数値を示すのは困難である。

測定された風化速度の測定値はミリ単位なので、現在の測定技術によれば、容易に測定できる値である。しかし風化速度の測定は、基準となる点も風化を受けているため、基準点を設定することが難しく、一般的には基準点を仮定した上で測定される。したがって、測定値も仮定の上に求められた値となっている。このため多くの場合、再測することが難しく、発表された測定値がそのまま長く引用し続けられる。

7.3　砂岩の風化形態

(1)　砂岩の表層剥離

砂岩のうち、中生代に堆積した和泉砂岩は石垣や城壁に使われているが、これらのうち、江戸時代末期から明治初期に造られた石垣や石碑を観察すると、表面から剥離する剥離型風化が見られる。剥離の厚さは 1～2 cm で、造られた年代が江戸時代末期のため、約 150 年で 1～2 cm 風化が進むと推定される。

砂岩の風化は、砂岩を構成する砂の粒子が分離されることによって進行する。分離には砂粒子を接着しているケイ素やカルシウムの溶出が必要で、これは雨天時に砂岩表面を流れる雨水によると考えられる。

砂岩風化は、最初に砂粒子を接着しているケイ素やカルシウムが溶出することにより、砂粒子が浮き上がるが、この浮き上がりは指の触感ではザラザラとなる。その厚さは砂粒子の大きさ程度なので、1 mm 以下と推定される。この砂粒子の浮き上がりは、指で軽く摩擦すると剥がれ落ちる程度であるが、砂粒子の剥がれ落ちは自然状態では強風雨時によると考えられる。

風化がさらに進行すると、面積が広がり浮き上がり「かさぶた状態」となる(**写真 7-2**)。おそらく、このような状態になったときに、風による振動、豪雨による水の流れなどの外力が働くと、剥落すると考えられる。

写真 7-2　砂岩製の灯籠の脚部に生じた「剥がれ落ち」

宮崎市の観光地である青島(位置 N31°48'17"、E131°28'30")には、観光客が島へ渡るために長さ約 50 m の小さな橋(弥生橋)がある。この橋は 1951 年に造られたが、橋脚に使われた砂岩には、特徴的な「窪み」があり、この窪みが風化の例として詳細に研究された(松倉 1996)。

窪みの深さは最も深いものでは約 15 cm あり、これは平均すると 1 年当たり約 4 mm となる。この「窪み」の原因としては、塩類風化を受けたためとして、窪んだ深さを風化速度として測定している(**写真 7-3**)。

写真 7-3　砂岩の窪み

しかし現地での観察によれば、橋がある場所は周辺に砂浜があり、台風や冬期の強風時には飛砂がある。強風が吹いたあとに観察すると、砂岩の表面は研磨されなめらかになっている。しかし飛砂により表面が研磨された後、数カ月経過すると砂岩表面は、塩類風化により砂粒子が分離しザラザラした状態となる。したがって砂岩表面の「窪み」は、①塩類風化による砂粒子の浮き上がりが生じたあと、②飛砂による風食により「表面が研磨される」、という二つの営力が関与しているといえる。

(2) 砂岩のリング構造

四万十層の砂岩には、酸化鉄によるリング構造が見られる(**写真 7-4**)。リングは年輪のような完全な円ではなく、部分的に交錯する部分も見られる。リングの色調は赤色で薄い色調から濃い赤色を示すものも見られる。砂岩に見られるリングは外側が密で、この部分から剥離している現象があることから、酸化鉄の膨張により外側からの剥離現象が起こっていると考えられる。リング構造が見られるのは四万十層の砂岩で、新第三紀の砂岩には見られない。

写真 7-4　砂岩のリング構造

7.4　泥岩の乾湿風化と崖錐の堆積速度

泥岩は水による浸潤と乾燥を繰り返すと急速に風化する。この風化現象はスレーキングとも呼ばれるが、本書では乾湿風化という日本語を使用する。

泥岩は乾湿風化をするときに、堆積時に泥岩中に含まれていた化学成分を溶出する。同時に泥岩の細粒化が起こる。溶出は化学的な変化であり、細粒化は物理的な変化のため、泥岩の乾湿風化は、化学的風化と物理的風化を同時に行っているということができる。

(1)　泥岩のオニオンストラクチャー

泥岩は、表面からタマネギをむくような剥離構造を示す。このような構造はオニオンストラクチャー(タマネギ状構造)と呼ばれる(**写真 7-5**)。オニオンストラクチャーは泥岩のほかに、安山岩や花崗岩などの造岩鉱物が均質な岩石に見られる。オニオンストラクチャーの成因は、表面から水の浸透による膨張が繰り返されるためと考えられる。

写真 7-5　タマネギ状構造

(2)　乾湿繰返しによる泥岩の細粒化実験

(a)　実験上の注意点

泥岩は水による浸潤と乾燥の繰返しによって起こる。このため泥岩の風化速度は湿潤、乾燥の繰返し回数によって表すことができる。泥岩は通常、1、2回の浸潤と乾燥の繰返しによって粘土化するが、このように1、2回で乾湿風化する泥岩は、この泥岩が地表に現れた後、自然環境の中ですでに十分に雨と乾燥の繰返しを受けていたためで、泥岩本来の乾湿風化ではない。このため真の泥岩の風化速度を知るためには、地下深くの未風化の泥岩を得る必要がある。

泥岩以外の岩石では、野外の露頭より得た岩石試料を「新鮮な」試料と考えて差し支えない。これは泥岩以外の岩石では、風化速度が100年あるいは1000年に1 mmなどのオーダーのため、岩石が数十年露出していたとしても「新鮮」

と見なして差し支えない。しかし泥岩は、現存する露頭から得た試料は、すでに十分な風化を受けた試料と考えなければならない。

地表面の風化の影響を受けていない泥岩は、トンネルの掘削現場より得ることができ、筆者は掘削中のトンネルのズリをもらい受け実験試料とした。トンネルは新第三紀層宮崎層群の砂岩泥岩互層地域に掘削していたもので、試料の位置は地表から約50 mの深さであった。この深さから得た泥岩を試料として、乾湿の繰返し実験を行ったが、乾湿の繰返しは、泥岩を水に浸潤し 24 時間静置したあと乾燥炉で8時間乾燥させ、その後フルイにかけた。

(b)　泥岩の乾湿繰返し実験

・試料：泥岩(新第三紀宮崎層群)

・フルイ：4760、2000、1000、840、500、250、149、105、74、74μmの10段階

・実験の終了：74μm以下の粒径が試料重量の70%を超えたところで終了とした。

74μm以下の粒径が70%を超えるまでに要した乾湿の繰返し回数は、12回であった。粒径加積曲線は、乾湿の繰返し回数が増加するに従い細粒側に移動し、細粒化が進行していることを示している(**図 7-2**)。

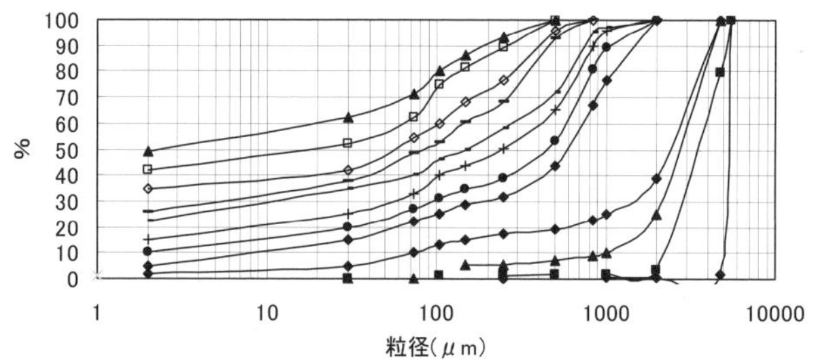

図 7-2　泥岩の乾湿細粒化

細粒化の進行の指標として、粒径加積曲線より平均粒径(50%粒径)を読み取りプロットすると、細粒化は指数関数的に進行し、乾湿を 12 回繰り返すことにより平均粒径は 12μm となった。近似式は、$y=12067e^{-0.5665x}$が得られた。相関係数は0.9942である。

さらに、この直線を延長すると、平均粒径が2μm(粘土粒径)となるのは15回目であることが推定できる(**図 7-3**)。

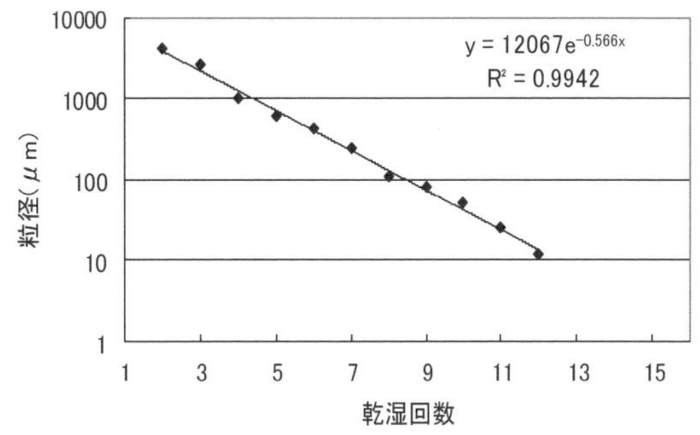

図 7-3　泥岩の乾湿風化(平均粒径の変化)

(c)　現地における崖錐の堆積速度

崖錐は、岩石が風化し自然に落下し斜面に堆積した地形であるが、面積が大きい場合、多くは林野となり開発が進むと道路用地や宅地として利用される。しかし堆積年代が新しく十分圧密されていないため、道路工事などにより掘削されると移動が始まり、工事期間や工法の変更が必要となることがある。

崖錐は斜面上部から、風化した岩石や砂、礫、粘土が落下し下部に溜まった形態で、崖錐の典型的のものは、その形が、平面的にも断面的にも三角形となる(**写真 7-6**)。崖錐の傾斜は、堆積が始まった初期からほとんど変化はなく、一定の傾斜で堆積する。

写真 7-6　砂岩泥岩互層の崖に形成された崖錐

崖錐が示す傾斜は安息角と呼ばれ、その形成過程については多くの研究がある(松倉 2008)。しかし日本のような温暖多雨な気候下では、植物が繁茂するため崖錐が存在する場所が不明瞭で、その形成過程を観察することは難しい。

実際に崖錐の堆積過程を観察し、その速度を求めた例を挙げると、2004 年と 2005 年に、宮崎県の日南海岸の同じ場所で発生した地すべりがあり、この地すべりにより砂岩泥岩の互層で構成された崖が形成された。その規模は傾斜約 70 度、高さ約 70 m、延長約 300 m であった。崖は層厚 5〜30 cm の薄い砂岩泥岩からなる互層であったが、形成直後から乾湿風化により、崖の表面が剥落し、崖下に堆積し崖錐を形成し始めた。崖の変化は、砂岩泥岩互層の崖面の後退と、崖錐堆積高さが高くなる現象として認められた。

崖錐の形成は、砂泥互層の表面が剥離するような形でくずれ、続いて上部の砂岩層がくずれるという過程の繰返しである。剥がれ落ちる泥岩の厚さは、1 回につき 20〜30 cm なので、崖は 1 回につき 20〜30 cm 後退し、落下した砂岩泥岩は崖錐として堆積していった。

この堆積物は崖錐として、いずれ崖を覆うことが予想できたので、崖錐が崖下に堆積する速度を測定したが、その結果、3 月から 5 月までの 2 カ月間の観測により、1.6 cm/day が得られた。これは年間に換算すると 5.8 m となる。この崖の元の高さは約 70 m なので、年間 5.8 m の速度で堆積が進むと、12 年で崖が埋まると計算された。

その後、崖錐の堆積高さを継続的に観測し、崩壊後 10 年の変化を見ると、崩壊発生後約20カ月までは急速に堆積が進み、堆積高さは約30 mとなったが、その後、堆積速度は鈍化し始めた。60 カ月(5 年)経過後から 120 カ月(10 年)までの堆積高さの変化はほとんどなくなった(**図 7-4**)。

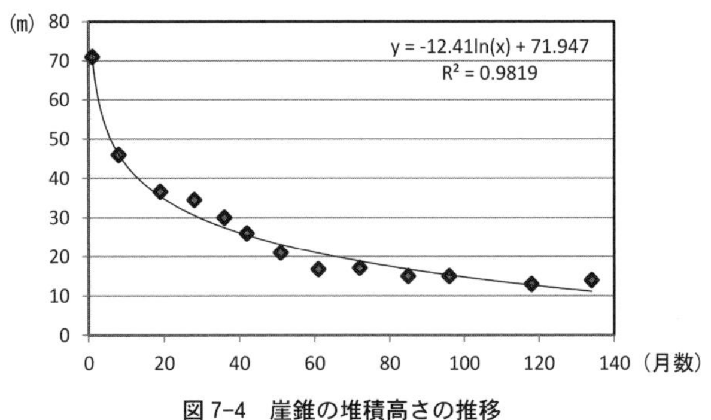

図 7-4　崖錐の堆積高さの推移

60カ月(5年)以後、堆積速度が小さくなるのは、崖錐が堆積して崩壊面積が小さくなり、崩壊土量が減少したためと、豪雨時に崖錐表面が流出するようになったためである。さらに60カ月(5年)を過ぎる頃から、上部の厚い砂岩層を支持していた砂泥互層が乏しくなることにより、砂岩層の落下が起こるようになった。崖錐を形成する崖面の変化を概観すると、4つのステージに分類することができる(図7-5)。

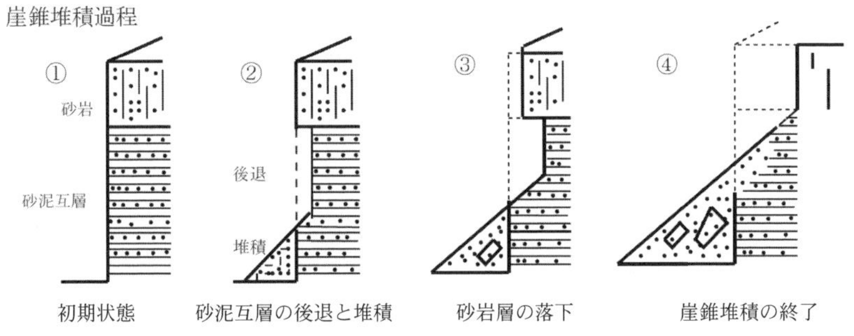

図7-5　崖面の後退と崖錐の成長

第1ステージは垂直の崖の形成である。第2ステージは砂岩泥岩層の乾湿風化による崖錐の形成で、その後、上部の砂岩層が厚さ1～2 m、長さ5～10 mの岩柱として落下し始めた。第3ステージは、落下した砂岩塊が、しばらくすると泥岩の落下物に埋められた。また、このステージになると植生(ダンチク)の侵入が見られるようになった。したがって、現在(2016年)の様相は第4ステージにあり、植生による崖錐の固定化が始まり、また上部からの流水による浸食も生じる段階といえる。なお、崖錐の発生した2005年から2015年までの10年間における砂岩泥岩互層の後退幅は約2～3 mとなり、年平均では20～30 cmとなった。崖錐の写真は、下記のブログに公開している(サボ南崩壊)。

http://hibari1977.blog108.fc2.com/

(3)　岩柱周辺の堆積速度

崖錐の実際の堆積速度を測定することは困難であるが、その最も大きな原因は、崖錐堆積物となる岩石の風化速度がわかっていないためである。しかし泥岩は、数カ月という短期間のうちに乾湿風化するので、適当な観察地があればその速度を測定することは可能である。

このような観察地が、2004年の地すべりによって得られた。これは地すべりによって崩壊した岩盤の一部が岩柱として残されたもので、高さは約6 mであった。岩柱は斜面に直立し、形成された直後から乾湿風化し始め、周辺に崖錐を形成した(**写真 7–7**)。

写真 7–7　乾湿風化を測定した砂岩泥岩互層の岩柱(宮崎県)

崖錐堆積の測定は、岩柱の周囲に落下して堆積する崖錐の高さを測定したもので、期間は2004年1月から8月までの200日間である。その結果、堆積速度は3.4 mm/dayが得られたが、これは年間に換算すると126 cmとなり、10年では12.6 mとなる。

砂泥互層の崖下に形成される崖錐と、砂岩泥岩互層の岩柱周辺にできる崖錐の速度を比べると、前者は年間5.8 mで、後者は12.6 mとなった。この数値は岩石の風化堆積速度としては非常に大きいが、堆積がこの速度で継続するのではなく、崖面が崖錐に覆われると乾湿風化は停止する。このため実際の崖面では、乾湿風化は数カ月から数年で終わる。

(4)　崖錐堆積物の分級

層厚が10～30 cmの砂岩泥岩互層からなる急な斜面で、乾湿風化によって形成される崖錐は、斜面の上部から転動してきた比較的粒径の大きな石礫と、流水によって運ばれた粒径の小さな砂や粘土が堆積している。

崖錐の構成物は十数cmの岩塊から砂、粘土まで、いろいろな粒径のものがランダムに分布しているが、大きな礫は重力によって斜面下方まで転動し、砂や粘土分のような粒径の小さなものは流水によって運ばれる。このため崖錐は二つの営力により造られると考えられ、一つは重力でほかの一つは斜面の流水による運搬である。

崖錐は、主に岩石が重力により転動落下してできたものなので、一般的には崖錐の下部の粒径は大きく上部では小さくなる。これは崖錐の分級と呼ばれる。

砂岩泥岩互層の崖下において、形成されつつある崖錐で測定した例では、粒径分布は平均粒径(50％粒径)で比較すると、下部では10 cm、中部では5 cm、上部では3 cmとなった(**図7-6**)。崖錐の傾斜角は、35～38度でほぼ一定している(**写真7-8**)。

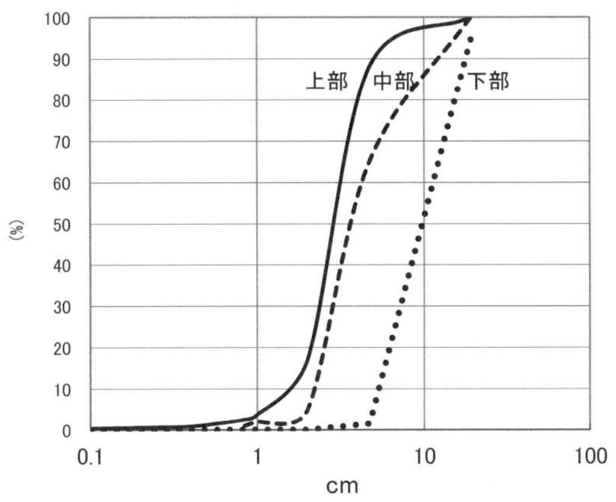

図7-6　崖錐堆積物の粒径分布(泥岩、宮崎層群)

写真7-8　泥岩崖錐の堆積面

7.5 実験による泥岩の溶出

(1) 泥岩の溶出実験

砂泥互層が風化し、崖下で崖錐が成長する速度を測定すると、年間 5.8 m から 12.6 m という値が得られた。崖錐の成長と同時に、泥岩の色調である灰黒色が、短期間で黄褐色になる過程も観察することができた。このため、実験室でも短期間に風化過程を再現できるのではないかと考え、水による溶出実験を試みた。

泥岩が乾湿を繰り返すことによって崩壊する現象の原因については、次の 3 説がある。

① 泥岩中に含まれるスメクタイトの膨張する説

② 泥岩中の孔隙へ水が浸入したときに、孔隙中の空気が圧縮され破壊される説

③ 粒子を接着している元素の溶出説

このうちスメクタイトが膨張して壊れるという説については、宮崎県に分布する新第三紀層の泥岩や四万十層の頁岩にはスメクタイトは含有されていないにもかかわらず、乾湿風化を起こす現象が見られることから、スメクタイトによる膨脹のみが乾湿風化現象の主な原因とは考えられない。

次に「孔隙に空気が侵入し、内部の空気が圧縮され崩壊する」という現象については、泥岩を水浸すると「ボッという音がして、泥岩が壊れた」という報告がある(東 1963)。しかし、このように泥岩が水浸により瞬間的に破壊されるのは、露頭において十分な風化を受けていたためと考えられ、したがって空気圧縮説は、もともとの泥岩に空気が入るような孔隙があるかについて、明らかにする必要がある。

第三の粒子を接着している元素の溶出説については、泥岩を水に浸潤すると乾湿風化を起こし急速に崩壊するが、このとき多量の元素を溶出する。このことは E.C.値が上昇することから確認できる。

泥岩からどの程度元素が溶けるかを知るため、溶出実験を行った。溶出実験に使用する泥岩は、表層の風化を受けていない泥岩を使う必要がある。このような試料は入手し難いが、掘削中のトンネル内から得ることができた。

試料の泥岩は、表層の風化の影響を受けていない掘削中のトンネル内から得たもので、実験は 6 年 3 カ月間行った(高谷 2000)。試料とした泥岩の化学組成は**表 7-3** に示した。

表 7-3　泥岩の化学組成

SiO_2	62.0
TiO_2	0.69
Al2O3	15.9
Fe_2O_3	5.16
MgO	2.22
CaO	2.97
Na_2O	1.58
K_2O	3.27
Ig	6.65
	100.3

実験は、泥岩を砕き粉状にしたものをフルイにかけ、粒径を 104 μm 以下にした試料を、長さ 16 cm のエンビ管に入れ、ここに蒸留水を通し出てくる水を分析した(**図 7-7**)。

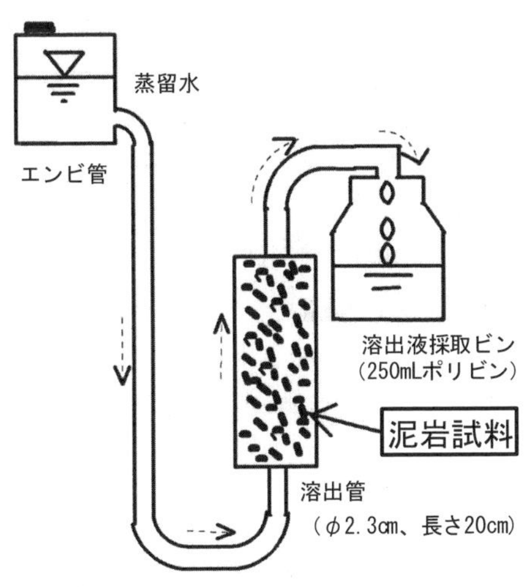

図 7-7　溶出実験の概要

分析の対象とした元素はカルシウム(Ca)、マグネシウム(Mg)、ナトリウム(Na)、カリウム(K)、硫酸(SO_4)、塩素(Cl)である。溶出実験の結果は**図 7-8** に示した。

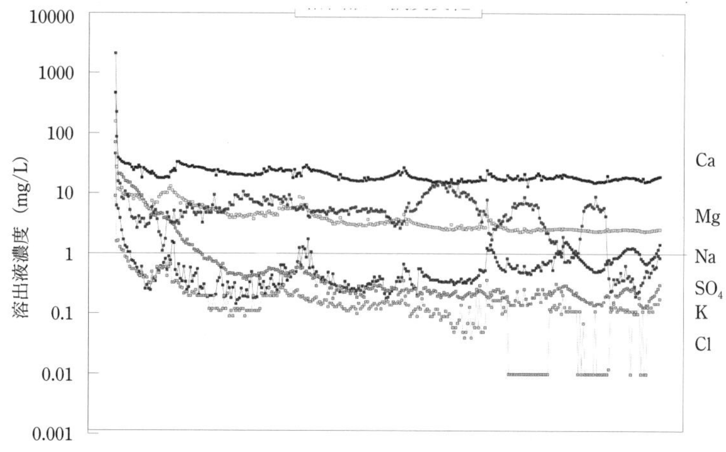

図 7-8　溶出液の濃度変化（高谷精二 2000）

実験の結果、各々の元素の溶出には下記のような特徴が見られた。

① SO_4は溶出初期には多量に溶出し、1 回目の溶出濃度は 2129 mg/L であった。これは細粒となった岩石の形状が不規則なため、粒子の周辺から急速に溶出が進行したためと考えられる。このような実験初期に起こる多量の溶出を、初期溶出と呼んだ。硫酸の初期溶出は急速に減少し、約 1 年後には 1 mg/L 以下となった。

② Ca は初期溶出の後、濃度 20～50 mg/L の状態が実験の終了まで継続した。

③ Mg は初期溶出の後、濃度は 10 mg/L 以下になるが、漸減を継続し 5 mg/L 程度で継続した。

④ K は初期溶出の後、約 2 年間にわたり漸減する。カリウムのゆっくりした溶出濃度の低下は、他の Ca、Mg、Na とは異なり、溶出しにくい元素と考えられる。

⑤ Cl は急速に溶出し、溶出濃度もほかの元素より低い。

⑥ 実験終了時の元素の濃度は、下記のようになった。

　　Ca＞SO_4＞Mg＞K＞Na＞Cl

実験開始後の溶出量は大きく、濃度は高い。これは、試料の粒径が小さくなったため表面積が大きくなり、溶出量が一時的に増加したものと考えられる。溶出の継続とともに、溶出濃度は急速に低下し、順次小さくなりながら低下する。

その後、濃度は小幅な増減を繰り返す。

このような溶出濃度の変化は、次の 3 段階に分けることができる。

① 初期溶出：溶出開始後の急速な低下

② 漸減溶出：初期溶出の次に来る緩やかな低下

③ 定常溶出：漸減溶出後、一定濃度を保ちながら溶出が継続する。自然状態では、定常溶出の状態であると考えられる(**図 7-9**)

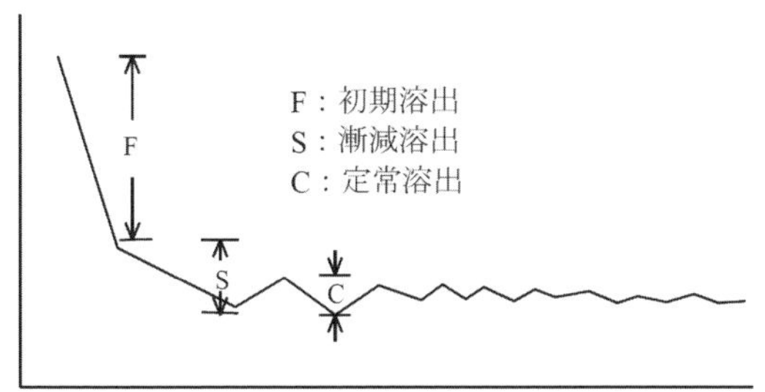

図 7-9　溶出形態の変化

初期溶出が大きいのは、泥岩試料の粉砕により表面積が大きくなったためで、その後、濃度がゆっくり低下する漸減溶出は、試料中の比較的大きな粒子からの溶出と考えられる。安定的な溶出となる定常溶出では、濃度の小幅な増減が見られるが、これは溶出管の置かれた実験室の温度変化や、溶出管中での試料の圧密による粒子の微小な動きにより、泥岩試料が細粒化され、溶出量が変化したものと考えられる。

初期溶出は採水回数で 2〜3 回、通過水量では 300〜500 mL の段階で終了するが、Na は 9 回(1418 mL)を要した。漸減溶出は元素によって異なり、大略 10〜20 回の間に終了した。しかし、K のみは緩やかな低下を続け、約 9 カ月間継続した後定常溶出となった。この間の通過水量は 15 L で、採水回数は 80 回に達した。

溶出した各々の元素の総溶出量は**表 7-4** に示した。表によれば、Ca が最も多く塩素が最も少なかった。

表 7-4 泥岩からの総溶出量

元素	総溶出量(mg)
Na	51.6
K	90.3
Mg	311
Ca	1508
SO_4	733
Cl	13.1

(2) 溶出の難易度と移動度

岩石を構成する元素が溶出する速度は元素によって異なり、速度を直接測定することは難しい。このため、総溶出量に対する1回目の溶出量を溶出の難易度と仮定し、これを比較すると、硫酸が最も大きく、1回目の溶出量は総溶出量の45%となった。Naがこれに続き、最も少なかったのはCaで4.8%であった。この結果は下記のような順となる。

SO_4＞Na＞K＞Cl＞Mg＞Ca

なお、Caはほかの元素に比べると1回目の溶出量は小さいが、総溶出量では最も大きくなるため、Caは泥岩中からゆっくりと長期間溶出する元素といえる。

元素の溶出速度は元素によって異なり、移動度、移動率、可動率と呼ばれる。移動度の実験は各種の岩石を使って行われているが、Al_2O_3を基準とした移動度では、下記のように示されている。

Na＞Ca、St＞Mg＞K＞Rb、Ba、Si

また流紋岩を使用した溶出実験では、下記のように報告されている(Kawano 1999)。

Na＞Ca＞K＞Si＞Fe＞Al＞Ti＞Mn

元素の移動度は岩石によって異なるのは、岩石を構成する造岩鉱物によって化学構造が異なるためと考えられる。一般的にはNa、K、Mg、Caなどの塩基

－コラム－

[溶出現象におけるK(カリウム)の特殊性]

Kは地球を構成する重要な8元素の一つで、周期表ではアルカリ金属に分類され、8元素中では2%を占めている。Kのイオン半径は2.16 Åでほかの元素に比べると大きく、溶出現象において溶出されにくい。溶出実験によれば、Na、Mg、Caは初期溶出が大きく、その後、一定の溶出量を維持し定常状態になるのに対し、Kは長期間漸減を続け、異なる溶出形態を示す。

の溶出が早く、アルミニウム(Al)と鉄(Fe)が遅く、下記のように表されている(一国 1989)。

Na、Ca＞Mg、K＞Si＞Al、Fe

各元素の移動度については、移動度が大きい元素、中程度の元素、移動しにくい元素として**表 7-5** のように分類されている。

表 7-5　移動度と元素

移動度	元　素
移動度大	Ca、Na
中程度	K、Rb、Mg、Sr、Ba、Si、P
移動しにくい	Se、Zr、Hf、Th、V、Nb、Ta

(一國雅巳 1989)

一般に、塩素(Cl)と硫酸(SO_4)は溶出しやすく、溶出順序は下記のように考えられている。

Cl＞SO_4＞Na＞Ca＞K＞Si＞Fe＞Al

この溶出順は岩石が風化して粘土鉱物を形成する過程を示し、溶出しにくい鉄とアルミニウムは土中に残り、ケイ素と結び付き、粘土鉱物のカオリナイトになる。カオリナイトは、さらに溶出が進むと鉄鉱物となる。

溶出実験は、これまでは溶出を素早く行うために、自然状態にはないような強酸性状態で行われていることが多いが、現在は分析精度が向上しているので、少量の造岩鉱物からの溶出実験も可能となっている。

(3)　塩素を基準とした可動率

元素の溶出は水によって行われ、溶出した元素は周辺の河川に流出する。このため、岩石中の元素と、周辺の河川の成分を比較することにより、元素の可動率が求められる(**表 7-6**)。これによれば、塩素を基準とした場合、硫酸は約 50％で、アルミニウムや鉄は 0.01％となり、移動が困難な元素といえる。

表 7-6　塩素を基準とした可動率の比較

元素名	Cl	SO_4	Ca	Na	Mg	K	SiO	Al_2O_3	Fe_2O_3
可動率	100	57	3	2.4	1.3	1.25	0.20	0.04	0.02

(船引 1978)

岩石から元素の溶出による移動は塩素が最も早く、次に硫酸で、アルミニウムと鉄は最も遅い。塩基については岩石によって含有率が異なり、岩石種によっても異なる。

7.6　泥岩法面の強酸性化

土木施工の現場では、第四紀洪積層の泥層や新第三紀層の泥岩の斜面保護工が、数年を待たず表層剥離する現象が知られている。この現象は、洪積層の泥層や新第三紀層の泥岩分布地に道路、宅地などを造ったときに、保護工のために植生工を施工すると、翌年は緑化するが 1、2 年後には植生がすべて枯死し、表面から剥離する現象が起こる。

これは泥層や泥岩が強酸性化して、表面の植物が枯死する現象である。強酸性化のメカニズムは、昭和 20 年代に干拓地の土が強酸性化し、農作物が枯死したことから、土壌学で研究されてきた(村上 1967、佐々木 1977)。

土木建設関係で「土の酸性化」が知られるようになったのは、昭和 40 年代に多くの道路建設が行われ、ここに多数の法面保護工が施工されたためである。

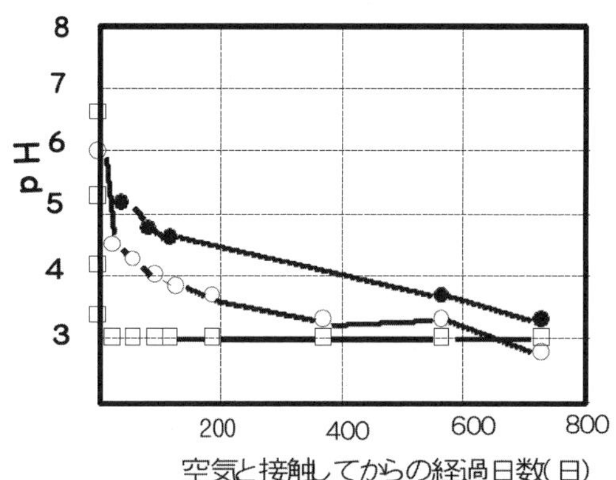

図 7-10　泥岩の酸性化(佐野ら(2004)の原図を簡略化)

土の強酸性になる過程については、石川県河北郡津幡町の道路法面の暗灰色粘土層の酸性化についての報告で、「酸性化は温度と時間の経過によって変化し、初期には pH6.5 であった土は、約 100 日経過で 4.7 に低下し、500 日経過で pH3 にまで低下し安定した」と述べられている(佐野ら 2004)。

また、酸性化へ進む時間は温度の影響が大きく、「0℃よりも 20℃、20℃よりも 40℃で保存した方が比較的短い期間で土の pH が 3 まで低下している」と述べている。したがって温度が高い方が pH の低下は早く、また pH と硫酸イオン含有量との間には、高い相関があることを認められている(**図 7-10**)。

しかし酸性化の程度や時間は、泥岩中の Na、K、Mg、Ca などの塩基含有量が異なるため、泥岩の堆積環境によって異なる。

7.7　泥岩の風化速度の推定

自然環境の中で進行する風化は、最初は岩石の色調によって表される。泥岩の場合、未風化では灰黒色である。これは泥岩が堆積するときに、海水成分を取り込みナトリウム、カリウム、マグネシウム、カルシウムや硫化鉄から変化した黄鉄鉱(パイライト)から構成されているため、還元状態になっている。このことは、新鮮な泥岩を摩砕して水に溶かすと pH が 9 以上のアルカリ性を示すことからもわかる。これが風化して土壌となると、黄褐色から赤褐色となる。このような赤褐色、黄褐色は鉄分が酸化した色であるが、このような色調の土層があると、一般に「風化している」、または「風化土がある」と表現される。このため泥岩の風化実験は、泥岩の赤褐色化をもって「風化」と考えた。

自然環境下で泥岩の風化過程を観察すると、色の変化は、泥岩は初期には灰黒色であったものが、2、3 カ月で薄い紫色となり、1 年を経過すると白っぽい灰色となる。さらに 1 年経過すると赤みがかった部分が生じる。

泥岩の溶出実験において、赤色化が現れるまでに要した水の量は約 19 L であった。溶出管の断面積は 3.61 cm^2 なので、ここに 19 L の水が作用して泥岩の赤色化が生じたので、これは 1 cm^2 当たり 5.2 L の水が作用したことになる。ここで宮崎県の平均降水量を 2500 mm とすると、その水量は単位面積当たり 2500 mL なので、赤色化が生じた水量を宮崎県の平均降水量で除すると、下記のようになる。

5252/2500＝2.11(年)

このことは2500 mLの降雨があった場合、赤色化には約2年を要することを示している。

しかし実際の山地における泥岩の色の変化は、実験よりも早く、泥岩の元の色である灰黒色から、さらに赤褐色となる過程は約半年で生じている。したがって赤色化の段階は、実験よりも自然状態の方が早く起こっている、ということができる。

この実験では、泥岩が「赤色化」することを風化の指標としたが、「赤色」にも薄い、濃いがあり、客観的に決めるのは困難である。今後は、土色を客観的に決める方法が求められる。

－コラム－

[泥岩は風化速度の研究に適している]

泥岩は風化が早く、風化速度を研究するのに適した岩石である。しかし注意しなければならないことは、風化が早いため、偶然行き会わせた露頭から得た泥岩は、自然状態では、すでに十分な風化を受けている可能性が高いことである。花崗岩や玄武岩の場合は風化速度が遅いので、露頭が数年前にできたものであっても、表面を削れば新鮮な試料が得られるが、泥岩ではそうはいかない。また、泥岩はスメクタイトの含有の有無も調べておく必要がある。

第8章　山地斜面の構造と動き

山地は地質によって浸食の形態が異なり、この結果、地形が違ってくる。また斜面の表層を構成する土層の厚さも異なり、これは崩壊のタイプに影響する。

8.1　山地斜面の残積土と運積土

山地斜面には岩石が風化してできた土の層があり、これは土層または風化層と呼ばれる。土層は土を主体とした層を意味し、土の堆積過程により、残積土と運積土に分けられる(図8-1)。

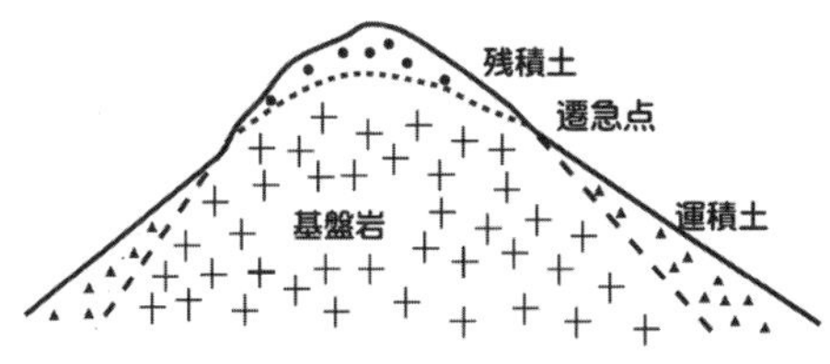

図8-1　残積土と運積土

残積土は、風化した岩石がその場所で堆積してできた土層で、ほとんど移動していない土である。その分布は尾根部の周辺に限られる。尾根付近では降水の流下距離が短く、したがって浸食力が弱い。このため、尾根付近の土層は厚く、傾斜の緩い斜面が形成される。

尾根付近での浸食の有無は、テフラが残存するか否かによって判定できる。南九州各地では7300年前に堆積したアカホヤが分布しているが、尾根周辺にはテフラの分布が見られる場合が多い。このことは、尾根の周辺は7300年以降浸食を受けていないと考えることができる。

運積土は、風化した岩石や土が下方に移動し堆積してできた土層である。山地の浸食作用は、降水が斜面を流下することによって行われるが、尾根部付近では流下距離、流量、集水面積ともに小さく浸食力は弱い。これに対し、斜面の八合目付近からは浸食力が大きくなり、谷地形が形成される。山くずれは、一般に斜面の八合目付近からくずれが始まる場合が多いが、ここは残積土と運積土の境界付近に当たる。

斜面には傾斜が変化する傾斜変換点があり、このような遷急点は残積土と運積土の境界に生じていると考えられる。急傾斜から緩傾斜に変わる場合を遷緩点、緩傾斜から急傾斜になる場合は遷急点と呼ばれる。残積土、運積土は主に土壌に対する概念で、運積土は地形学では崖錐と呼ばれる。

8.2　斜面の三層

山地斜面は通常、表層の土壌層と土層、および基盤となる岩層の三層に分けることができる。

斜面の表層には土壌があり土壌層と呼ばれる。ここは植物の生育の基盤となり多くの小動物、微生物の生育場所となっている。土壌層の下位は土層で、生物の生息は乏しいが、土壌層で分解された腐植物による化学物質の影響を受ける層で、風化層とも呼ばれる。生物の生育はほとんどない。土層の下位は基盤岩となり、ここは風化岩の場合や、新鮮な岩盤の場合もある(図 8-2)。

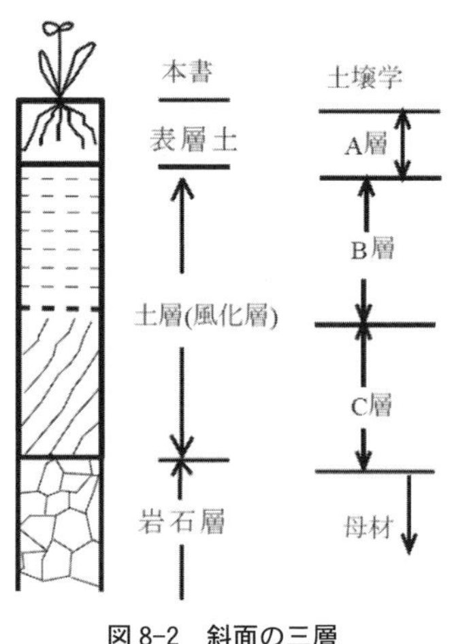

図 8-2　斜面の三層

斜面の三層は個別に研究され、土壌層は土壌学から、土層は構造物の基礎になるため、土質工学の分野の研究対象である。基盤は地質学の研究領域となっている。一般に使用される表層土という言葉は、単に表面部分という位置を示す言葉で、堆積物やその内容物を説明する言葉ではない。

(1)　土壌層

斜面の最表層は土壌で、土壌学ではA層と名付けられている。最上位には落葉落枝が堆積し、リッター層とも呼ばれる。そこには多くの生物相が生育し、落葉落枝の分解を行っている。したがって生物層とも言える層である。A層中で活動する生物は呼吸作用によって炭酸ガスを排出し、それは土壌中の孔隙に滞留している。ここに浸透してきた水は炭酸ガスを溶かし、弱酸性の溶液となる。また土壌中の昆虫やバクテリアの排泄作用により、排泄物も浸透水として溶け弱酸性となる。このように弱酸性となった浸透水は、岩石に作用し風化を促進する。

(2)　土層

土層は土壌学でいうB層に当たり、表層土(A層)で作られた弱酸性の水の浸透によって岩石が風化変質した層で、風化層とも呼ばれる。土層の色調は、褐色、黄色、赤褐色などで赤、黄色が主体である。このような赤や黄色を基調とした色は、鉄分やアルミニウムが酸化した酸化色である。

土層は風化により粘土化が進んでいるため難透水層となり、山くずれの多くはこの層から発生する。山くずれ跡が黄褐色をしているのは、このためである。層の厚さは多様であり、薄い場合は数十cmで、数十mの厚い層の場合もある。

土層は、クリープ性のゆっくりした断続的な下方移動や地震動により、石礫と粘土が混在し、「礫混じり粘土」「粘土混じり礫」層となっている。土層の固さは堆積後、長時間経過し固化しているので、土壌硬度で表現すると大略20(山中式土壌硬度計)以上となっている場合が多い。これは指で土層を押した場合、人差し指が圧入できない程度の硬さである。

(3)　土層と岩層の境界

山くずれは、岩層の上位にある土層がくずれる現象である。一般に土層と岩層の境界は漸移的で、土層中には岩盤由来の礫が混入し、これが漸増しながら風化岩盤となり、やがて新鮮な岩盤へと続くと説明されている(**図8-3**)。

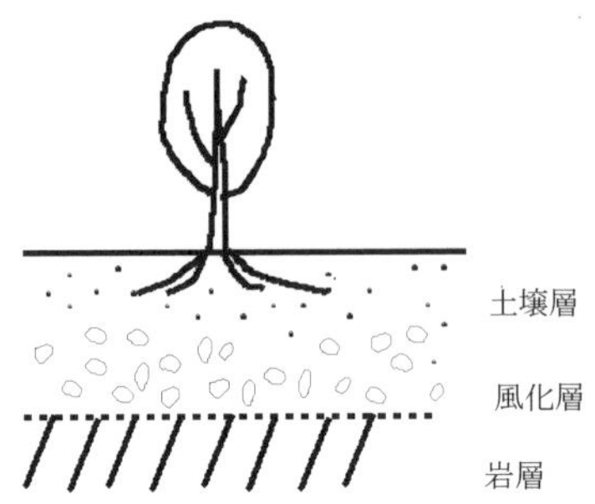

図 8-3　地表面がフラットな場合の土層断面

しかし、このような層順は平野のように土層が静止している場合であって、斜面の場合は傾斜方向に力がかかっているため、重力、クリープ移動、地震動などによって断続的に下方に移動している。このため土層が風化岩層上を動き、土層と岩層の境界の形はフラットに近い形態と凹凸の多い形になる場合がある。

堆積岩の場合は、砂岩と頁岩のように、硬さの異なる岩石が交互に堆積しているので、風化に対する抵抗性も異なっている。このため、土層と岩層との境界は、地層構造に影響を受け、流れ盤構造では土層と岩層の境界は直線状となり、受け盤構造の場合、頁岩部分は深部まで風化を受けるが、砂岩では浅いため境界は凹凸となる(**図 8-4**)。

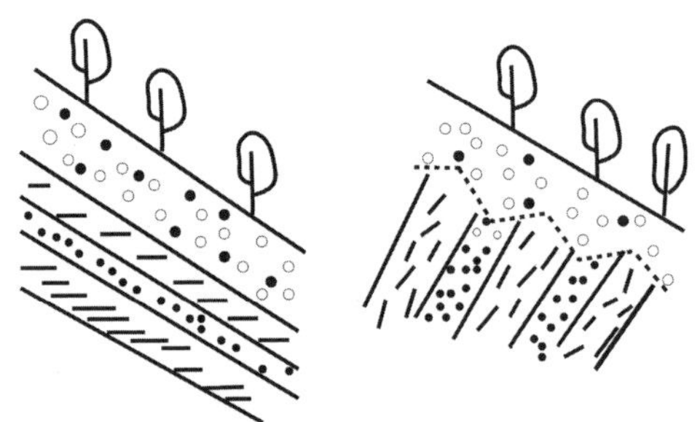

地表面と平行な土層(流れ盤)　　凹凸のある土層（受け盤）
境界形態は地層構造により異なる。

図 8-4　土層と岩層の境界

また四万十層のような付加体では、地震や造山作用による地層の変形や、頁岩中に見られるブーディン構造のような規則性を乱す地層があるので、周辺の岩石との強度差により大きな凹凸が形成される。このため、厚い頁岩の分布する地域では厚い土層が形成され、地すべりの原因となる場合がある。

新第三紀層の宮崎層群には厚い砂岩層が分布しているが、岩盤と土層との関係は直線状である(**写真 8-1**)。土層は砂岩層の上に堆積し、その層厚は 2〜3 m あり、ここに植物が生育している。このような土層と岩盤の関係は、見るからに不安定であり、この地域では数百年間隔で土層が岩盤上をすべる崩壊が発生している。

写真 8-1　厚い砂岩層上に載る土壌層(鵜戸神宮：宮崎県日南市)

写真 8-2　表層土とマサ土の境界(鹿川：延岡市)

花崗岩のような造岩鉱物が比較的均質な岩石では、マサ化した土層全体が斜面下方にクリープ的に移動するため、岩盤と土層との境界は緩い曲線となっている場合が多い(**写真 8-2**)。

(4) 土中孔隙の働き

表層土中には多種類の生物が生息し生態系を形成しているが、これらは表層の土中に孔隙を造っている。土壌中の生物の活動によって造られた孔隙には、空気が入っているが、降水があると孔隙は水に置き換えられる。このような孔隙中の空気や水は液相、気相、固相と呼ばれ、全体として土の三相と呼ばれる(**図 8-5**)。

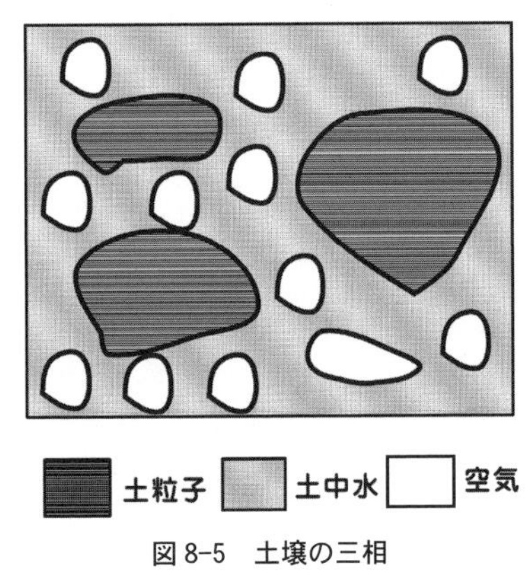

図 8-5 土壌の三相

液相は土中の水で、水は重力水、毛管水、結晶水(結合水)に分類される、このうち土中を移動し植物に吸収される水は、重力水と毛管水である。重力水は降雨によって土中に達し、表層から下部へ浸透する水である。毛管水は土中の毛管を移動する水で、地表面が乾燥した場合は、下部から上部へ移動する。結晶水は土中の化合物を構成する H_2O で、植物は吸収できない。

土中の水分には、土中の可溶性成分が含まれ、これらは塩類と総称される。雨は海水が蒸発して雲になったものなので、H_2O のみであるが、実際には雨滴が空中を落下するうちに空中の塵埃やガスを溶かし、E.C.値では 10～20 μS/cm 程度の濃度になっている。海岸地域では、海からの風によって運ばれる塩分のため、ナトリウムや塩素が多く含有され、また都市部では硫酸が多く含有され、E.C.値は高い。

降水が地表に達し土層中を浸透するに従って、土中の鉱物成分や生物起源の腐植などを溶かし濃度を増す。土壌中に生息する微生物の呼吸作用によって生じた炭酸ガスは、水に溶けると弱酸性の水となり、これは岩石との化学反応により風化を促進する。したがって土層は、岩石を変質させる地中の化学工場ということができる。

気相は土の間隙にある気体で、土中の気体は大気に比して炭酸ガス(CO_2)に富み、大気と比較すると10〜100倍濃く、0.3〜3%である。炭酸ガスの原因は、土中に生息する小動物、昆虫、細菌、カビのような生物の呼吸作用による。土中の気相は植物の生育との関係が大きく、気相中の酸素が不足すると根の呼吸が阻害され、土壌中の有機物が酸素不足となり嫌気的な分解を受け、生成された還元性物質は植物の生長を阻害する。

三相のうち固相を構成するのは主として鉱物粒子で、鉱物は粒子の細かい粘土、シルト、砂など各種の粒径から構成されている。土中の鉱物は表層から浸透する弱酸性の水によって風化し、イオン化した元素は植物によって吸収される。したがって、固相も変化しているといえる。

(5)　難透水層の形成

土層の下部には粘土分の含有量が多い、透水係数の小さな難透水層がある。難透水層は岩石の風化により粘土化した粒子が集積した層で、このような層は、物理的に集積する場合と、生物が関与する場合がある。

物理的に形成される難透水層は、風化により細粒化した粒子が、斜面の下方への動きによってある深さに堆積し、難透水層になる場合である。細粒化の目途は粒径が0.1 mm以下で、この粒径になると透水係数は10^{-4} cm/sec以下となり、難透水層となる。砂粒子でできている砂丘でも、池が存在することがあり帯水層もあるが、これはこのような細粒土の集積のためである(このような帯水層を、地質学では宙水と呼ぶ)。

生物的な要因としては、アリは土中に穴をうがち生活の場を作っているが、このような孔隙へ表流水が流入すると、表流水中に含有されていた粘土粒子のような細粒土が懸濁水として孔隙に流入し、細粒物が孔隙中で堆積する。このような現象が継続すると、土中には細粒土の層が形成される。

8.3　斜面のバランス

斜面の安定性については、土質力学で計算される。しかし、これは土の重量のみを考えた安定で、実際の土層は降雨によって水を含み、木の生長によって重量を増している。また積雪のある地域では雪の荷重も受ける。これらは季節によって変化する変動荷重である。

(1)　斜面の変動荷重

地すべりや山くずれは、土層のバランスがくずれ斜面を下方へ移動する現象である。斜面のバランスに影響する要因は、斜面に対して一定の重量として働く定常荷重と、常に変化する変動荷重に分けられる。変動荷重は、樹木の生長のように漸増する荷重と、降雨による土中水のように変動する荷重がある（**表8-1**）。

表 8-1　斜面に作用する荷重

定常的な荷重	→	土層重量
漸増荷重	→	樹木の生長による加重
短期変動荷重	→	降雨による土中水の重量変化、積雪

土層と風化岩層は斜面に対し一定の荷重を保っているので、定常荷重と言うことができる。これに対し変動荷重は、地表に成育する植物や降雨、積雪などを言い、これらは重量が変化する。

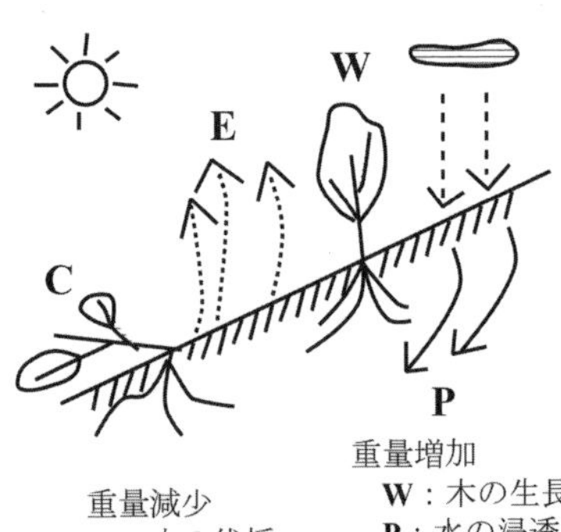

図 8-6　斜面のバランスに影響する四つの要因

植物は生長によって重量を増し続けるが、樹木の伐採による運び出しは、土層にかかる重量を軽減する。また斜面に浸透した雨水は土層の重量を増すが、乾燥が続けば蒸発によって重量を軽減する。降雨による重量の増加は、一度の降雨による短期日の変化と乾期・雨期による年変化がある。

植物の葉からの蒸散作用も、土中の水分を軽減する作用となる(**図 8-6**)。

(2)　浸透水による土層への加重

土層中の気相、液相、固相のうち、固相は鉱物粒子なので短期間での重量の変化はないが、液相と気相部分は絶えず変化している。変化の要因は、土層に浸透する水である。

降雨によって浸透した水は、孔隙を占める気相部分の空気を液相に置き換える。これによって土層は重量を増す。しかし晴天が続くと水分は蒸発し、孔隙中の液相は気相に置き換えられる。

(3)　木の生長による荷重増加

植物は種子のときには、その重さは 1g にも満たない小さいものである。しかし樹木は毎年生長し、その重量は毎年増え、大木になれば数 t から 100 t を超え、世界最大と言われるギガントセコイアは樹高 84 m で、その重量は 1358 t と推定されている。

このような樹木の重量増加は、樹木が枯死するまで継続する。また樹木は大量の葉を付けているが、これは木全体の重量として加えられ、降雨があると葉面に付く雨滴も樹木の荷重となる。積雪も葉面や枝に付着することによって荷重となるが、これは雪の付着により樹木の幹や枝が折れることがあることで知ることができる。

樹木の重量は樹種、樹齢によって異なるが、測定例によれば、スギの場合、20 年生で 280 kg、30 年生で 700 kg、50 年では 2 t となる(**図 8-7**)。

このような木の重量が、土中にどの程度の応力が生じるかを、木の重量を集中荷重と仮定してブーシネスクの式で計算すると、**表 8-2** のようになる。

$$\sigma z = \frac{3P}{2\pi} \quad \frac{Z^3}{R^3}$$

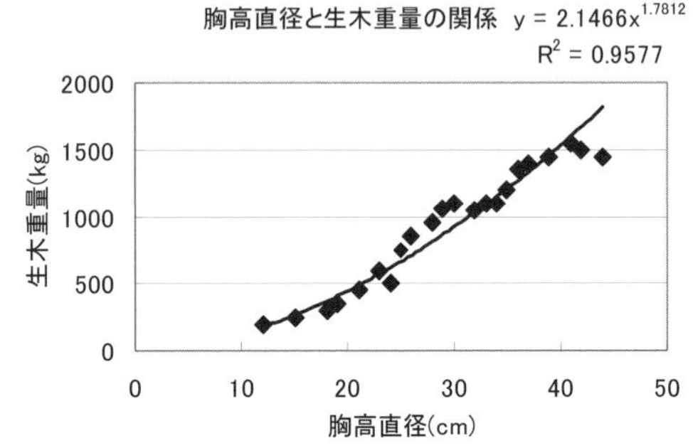

図 8-7　森林のエネルギー利用

（樹木全重量整理表および葉枯らし後重量表より抜粋）

表 8-2　木の直下に発生する応力

樹令(年)	木の重量(kg)	木の直下の応力		
		1 m	2 m	3 m
20	280	134	67	44
30	700	344	167	111
50	2000	955	477	318

（単位：kg/m^2）

計算によれば50年生で、重さ2tの木は、深さ3mでは318 kg/m^2の応力を生じている。これは樹木の重量を集中荷重として計算したものであり、実際の木は横に伸びた根張りにより力は分散されるので、これほど大きくはない(**図8-8**)。

樹木の重量は、土に対する上載荷重として漸増的に加わり、樹木が伐採されたり枯死するまで増え続けるが、このことはすべり方向の力も増え続けることを意味している。

斜面に影響する力としては、突発的な力として地震動がある。斜面を破壊する力として地震動は非常に大きく、震度が4を超えると崩壊が多発することが知られている。また崩壊に至らなくても、土壌層や土層内には小さな亀裂が発生し、これは地震後の降雨による浸透水の水ミチとなり、崩壊の原因となる。

土層の破壊は、このような水の浸透と乾燥による土重量の増減、さらに樹木の生長による重量増によって進行し、破壊の瞬間は、豪雨による急激な荷重増によると考えられる。このように、物質の破壊強度よりも小さな力を繰り返し受けた後、破壊する現象を金属工学では疲労破壊というが、土層の破壊現象も長期的な疲労破壊の状態に置かれていると考えられる。

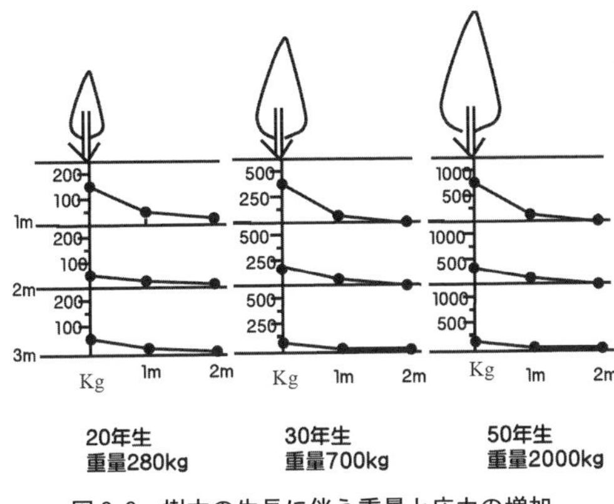

図 8-8　樹木の生長に伴う重量と応力の増加

(4)　雪の荷重

積雪地域では雪による影響も大きく、融雪期に地すべりが起こることから、融雪による地下水が影響すると考えられている。新潟県下の季節による地すべり発生数は、融雪期の 3、4 月に最も多くなり、4 月は 28％で発生件数は 752 件である。5 月は減少傾向となり、3 月とほぼ同じ 10％である（**図 8-9**）。

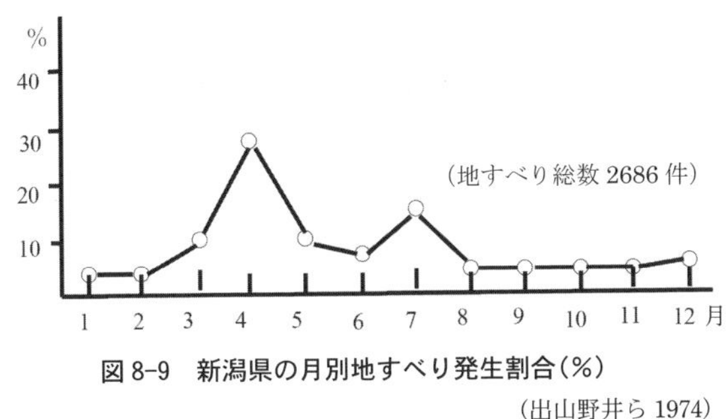

図 8-9　新潟県の月別地すべり発生割合（％）

（出山野井ら 1974）

雪の荷重は湿った重い雪では 0.1～0.2 g/cm^3 程度であるが、圧密されると密度は氷に近い 0.5～0.6 g/cm^3 となる。したがって圧密された積雪がある場合、その重量だけ斜面への荷重となっている。これは 1 m^3 につき 500～600 kg となるので、積雪深が5 mの場合には2.5〜3 tの荷重となる。

積雪は斜面に対する荷重となり、樹木への積雪は枝が折れたり倒木が発生することがある。また屋根への積雪で家が圧壊されることがあるが、これは雪の重量によるものである。

8. 4　斜面のクリープ

斜面の土層は重力によって下方へ移動しているが、それは斜面のクリープ現象として知られている。クリープ現象は、もともとはヨーロッパの寒冷地で、傾斜の緩い斜面において年間数 mm から数 cm という動きがあることが観察され、クリープとして報告された。その主な原因は、土層が凍結と融解により、重力によって下方へ移動するためと説明されている。

日本でも西日本のような温暖多雨な地域では、土層へ浸透する水の重量や、生長する樹木の重量増加がクリープの原因となる。クリープ現象は動く速度、距離ともに小さく、動きとしてほとんど感知されない。したがって直接災害とはならない。

クリープ現象を示すものは、斜面上で傾斜する樹木である。植物はもともと引力と反対方向(鉛直)に生長する性質を持っているが、斜面が下方にズレると樹木は傾く(**写真 8-3**)。ズレが早い場合、傾斜は修復されないまま、生長に従い傾斜を増し、やがて傾斜がある程度大きくなると、樹木自体の重さによって倒れる(**図 8-10**)。

写真 8-3　斜面に生育する傾いた樹木(竜ヶ水：鹿児島市)

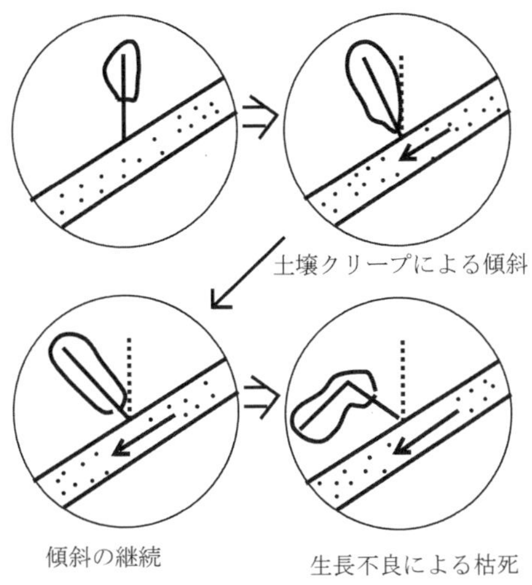

図 8-10　クリープの進行による樹木の傾斜

このような例は竜ヶ水地域(鹿児島市)で見られた。竜ヶ水地域は鹿児島湾を取り囲む姶良カルデラの火口壁で、斜面は急傾斜である。地図上で計測すると傾斜は平均 32 度であるが、実際の斜面はステップ状となっていて、斜面傾斜は場所によって 45 度を超える急斜面である。このような傾斜地の表土は非常に薄く 10～20 cm 程度である。

この斜面に生長する樹木は、この地方に多い常緑樹でタブ、クスノキ、ヤブニッケイ、ヤブツバキなどであるが、これらはほとんどが谷側に傾斜し、樹木の傾斜角は、その直径が増すに従い大きくなる傾向が見られる(図 8-11)。

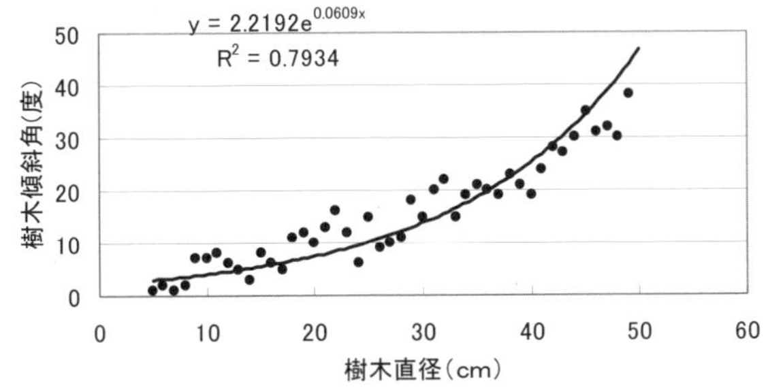

図 8-11　傾斜地の樹木の直径と樹幹傾斜角との関係(竜ヶ水：鹿児島市)

この原因は、樹木の生長に伴う重量の増加により、土層が下方にずり落ちるクリープ現象によるものと考えられ、また直径が50 cm程度以上の樹木が見られないのは、樹木がこの程度の大きさになると不安定になり、このときに台風や冬期の強風があると、倒れてしまうためと考えられる。

高山（こうざん）におけるクリープ量については、表層土の移動量を測定した例によれば、移動があるのは深さ30～50 cmの間で、移動距離は年間数cmから10 cmとのことである。また、地表面に植生がある場合は移動しないことが報告されている（岩田 1997）。

8.5　霜柱と浸食

霜柱は地表面の現象で極めて小規模なため、直接山くずれの原因にはならないが、小規模な崩壊によってできた裸地の拡大に影響する。霜柱は秋から翌年の春にかけて、地表面が零度以下になると地表の水分が凍り、土中の水分を吸い上げる。霜柱は、このような現象が連続してできる現象である。

霜柱が表土の安定に与える影響は、固結していた土をほぐし細粒化することにある。霜柱は土を持ち上げ、温度が上昇し霜柱が溶けると、持ち上げられた土は泥土となる。このため昼間の気温が上昇すると泥土となり、泥土は降雨があると流れされる。

霜柱の表面には多くの土や土粒子、礫が載っているが、平地にできた霜柱の場合、重さ750 gの礫を載せて約5 cm成長しているのを観察したことがある（**写真8-4**）。

写真8-4　砂礫を持ち上げた霜柱

韓国岳（1700 m：宮崎県）での観察によれば、霜柱による浸食は、霜柱のできる2月から4月までは昼間の温度上昇により泥土となり、これらの泥土はその後の降雨により流失するため、表土は一冬に3～5 cmの浸食を受ける場所も見られる。

霜柱による浸食は、斜面に小規模な裸地が生じると継続的に発生し、自然回復は難しい。霜柱による浸食地の拡大を防止するためには、表土を枯れ草で覆ったり、樹木の植栽、丈の高い草類の植栽が効果的である。

霜柱ができるには、土中に水分があることと、土粒子に適当な間隙があることが必要で、このため霜柱はシルト質の土層に生じるが、粒子間隙の大きな砂質土や間隙の小さい粘土では霜柱は生じない。このため、礫径の大きな砂や礫で地表面をカバーすることも、霜柱を防ぐ方法である。

第 9 章　斜面崩壊に関わる水

我々は、血液検査や尿検査など、体液の分析から病気に関する情報を得られることを知っている。体内に入った液水は、人体の活動のために必要な栄養素を人体の各所に送り、また不要なものを排出する働きをしている。血液や尿検査は、これを分析することにより、病巣から出されている信号を見いだそうという考え方である。

同じように、雨水が山地に達した後、地中に浸透し、やがて地表に湧出する過程で水は岩石と化学反応をしながら岩石中を移動するため、ここから様々な情報が得られるはずである。地すべりや山くずれの起こる場所は、岩石が細粒化され粘土化しているので、ここを通る水は粘土中を通過する。このため粘土粒子と反応して高濃度になる。したがって、地すべり地や山くずれ跡から湧出する水の分析によって、斜面の異常を知ることが可能となると考えられる。

9.1　地表流と浸透水

(1)　地表流

降雨は地表に達すると二つの流れになり、一つは地表面を流れる表面流であり、もう一つは土中に浸透する浸透水である(図 9-1)。

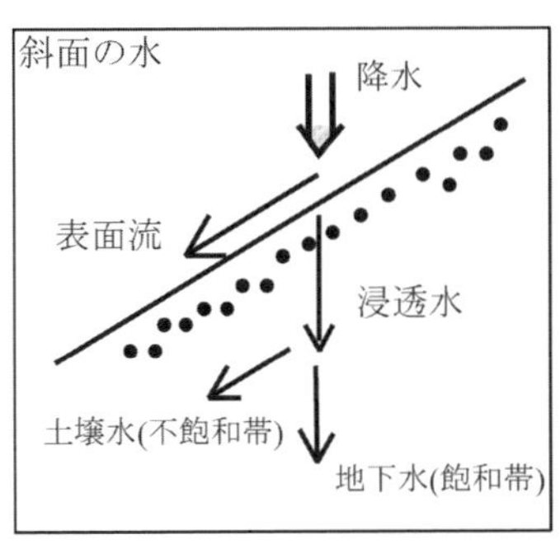

図 9-1　斜面の水の動き

表面流は、地表を浸食しながら地表を流下するが、浸食の度合いは流速が大きくなるほど大きくなり、これは浸食、堆積、運搬を流速と粒径の関係で示したユールストロームダイヤグラム(以下 HSD)で表される(**図 9-2**)。HSD は、水の流れによって生じる浸食、堆積、運搬と水の流速と粒径の関係を図にしたもので、ある流速の下で、ある粒径の土粒子が浸食を受けるか堆積するかを考える上で目安となる。

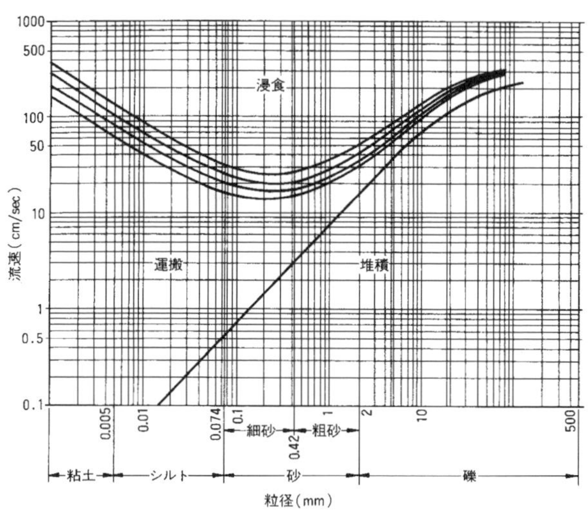

図 9-2 ユールストロームダイヤグラム

HSD は、河川での物質の動きについて、実験的に作られたものであるが、斜面上の水の流れと土粒子の動きについても定量的に考えることができる。斜面に達した降水は、地表面を流速を増しながら流下し、このとき、地表面に対し浸食作用を及ぼす。浸食力と粒径との関係は、小雨のときは流速は小さく、粒径の小さなものを浸食するが、流速が大きくなると、粒径の大きな砂や礫を浸食するようになる。

(2) 浸透水

山地斜面に浸透する水の挙動は、複雑で未解明のことが多い。それは山地斜面が複雑な構造を持つため、その複雑性は、地表には植生があり、植生の下には腐植層がある。さらにその下位には土壌層が形成され、土壌層には多くの孔隙があり、ここは保水層にもなる。さらに、土壌層の下方には難透水層が形成されている。浸透水はこのような層中を通過するが、孔隙の大きな場合は容易に飽和し、小さな場合は気相の置き換えに時間を要する。降雨が継続すると、浸透水は孔隙の気相を排除しながら深さを増す。このように、浸透水は表層より深部へと広がっていく。

地表に植生があると、雨水は木の葉や幹に遮られ一部は蒸発する。しかし葉の間を通過した雨水は落葉落枝に達するが、落葉落枝層は保水性に乏しいため、ほぼ全量が土壌層に達し浸透水となる。浸透水は、孔隙の多い土壌中を拡散しながら不飽和水として浸透し、粘土分の多い難透水層に達する。難透水層は主に粘土粒子で構成され、透水係数が小さいため、浸透水は土壌中の孔隙を飽和する。

降水が地表に達し、浸透したあと岩盤に達して地下水となるまでの透水係数の変化は大きく、対数で表される(**図 9-3**)。

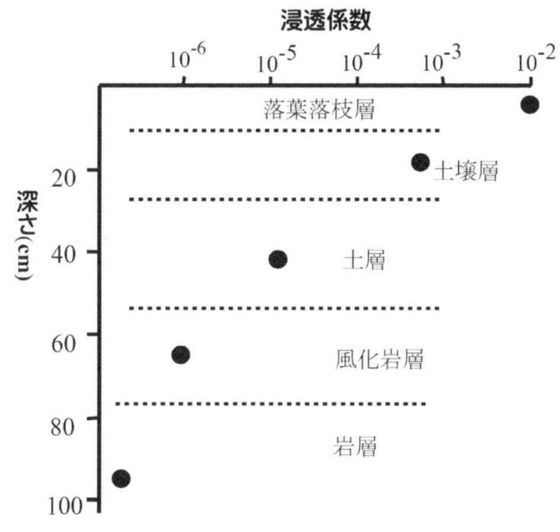

図 9-3　深さによる透水係数の変化

土層の下位は岩盤層で、ここでの水の移動は、岩盤中の亀裂や節理、断層などの空隙によるため、さらに小さくなる。

浸透水は、土層中では水面は表層の空気と接し水面が自由に上下するので、自由面地下水と呼ばれ、さらに深く浸透し、上層と下層が不透水層で区切られ、大気圧以上の圧力を有する場合は、被圧地下水と呼ばれる。

9.2　土壌中の孔隙と水の浸透

落葉落枝層には保水機能が乏しく、ここを通過した水は、ほぼ全量が土壌層に達する。土壌層は固相、液相、気相の三相で構成され、これらの三相は深さによって変化し、表層部は孔隙に富み60～80％が気相である。このような孔隙は、土壌中に生息している土中生物が生息することによって造られる「生活孔隙」である。

生活孔隙は、土壌中の昆虫や小動物、植物の根跡などが作る微少な孔隙で、ミミズやアリなどの孔隙は数mm程度である。ミミズは孔隙を作る生物としてよく知られているが、ミミズは土を食べその中から栄養物を摂取し、その排泄物はカルシウムが豊富な団粒を作る。ネズミやモグラの掘った穴は数cm大となり、表層土の撹乱に影響していると考えられる。

生活孔隙は地表の植物の生長によっても変化するが、これは植物の生長によって生息する生物も変化することから、これに伴い生物を補食する小動物も変化するためである。

土中水は、このような土壌中の生物の作った生活孔隙中を浸透し、孔隙が大きな表層部では重力水として上部から下部へ浸透するが、孔隙が小さくなると、水の一部が毛管水となる。毛管水の特徴は、地表面が乾燥すると毛管作用により上方に移動することである。

土壌層の下位は粘土分に富み難透水層となり、浸透能は小さい。このため地表から水の供給が続くと土層は飽和し、水の動きは斜面方向に沿った流れとなり、これは側方流と呼ばれる(図9-4)。

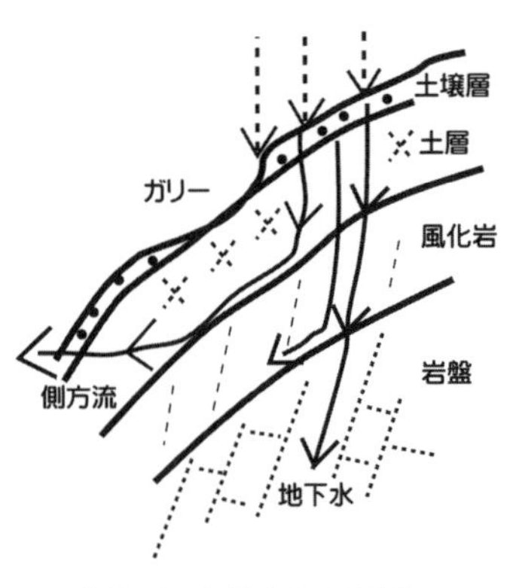

図9-4　山体中の水の流れ

土層の下位にある風化岩層も浸透能は小さく、さらに風化岩層の下位は岩層となるため、浸透は亀裂や節理、断層などによって行われ、浸透能はさらに小さくなる。

9. 3　土壌中の水の保持

土壌中に保持される水の保水力を表現するために、pF 価が使われる。pF 価は土の湿り具合を表す数値で、水を十分に含んだ土の pF は低く、土が乾燥すると pF は高くなる。畑土の場合、pF 価 1.5〜2.7 で、pF 価がこれより大きくなると水分が多すぎて保水できなくなる。

山地の土壌には、孔隙の大きな粗孔隙から細孔隙まで、いろいろな大きさの孔隙が存在し、水はこの孔隙中に保持される。しかし土壌層が保水できる量には限界があり、その量は降雨量に換算すると数十 mm から数百 mm で、平均的には 200〜300 mm 相当と考えられている。したがって、これ以上雨量があった場合、保水されず表面流となる(**図 9-5**)。

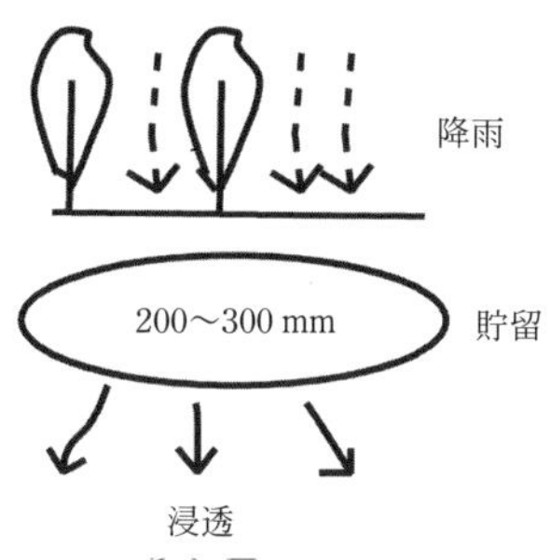

図 9-5　山地土壌が保水する貯留量

山地での土壌の pF 価と孔隙と水の状態とは一定の関係がある。pF2.7 に相当する孔隙より小さい場合、水は毛管水となって重力による移動はなくなり、この大きさの孔隙は細孔隙と呼ばれる。pF が 2.7 より小さい場合は、水は重力水として移動し、この孔隙は pF 値によって巨大孔隙、大孔隙、中孔隙、小孔隙に分類され、それに対する孔隙径(mm)が求められている(**表 9-1**)。

表 9-1　pF 価と孔隙径の関係

孔隙名	pF	孔隙径(mm)	水の状態
巨大孔隙	0 以下	3 mm 以上	重力水
大孔隙	0〜0.6	0.6〜3	重力水
中孔隙	0.6〜1.7	0.06〜0.6	重力水＞毛管水
小孔隙	1.7〜2.7	0.006〜0.06	毛管水＞重力水
細孔隙	2.7 以上	0.006 以下	毛管水

(竹下敬司「森林のもつ水土保全機能と今後の課題」林野時報 2、18-24、1984)

pF 価の p は対数で、F は自由エネルギーを表し、水柱高さでは pF1 は 10 cm、pF2 は 100 cm、pF3 は 1000 cm に相当する保水力を表す。

9.4　気相と液層の置換

地中に浸透した水は、土壌中の生物が穿孔した「生活孔隙」を満たしながら、重力水として下方へ拡散しながら浸透する。ここでの水の特徴は、孔隙中の空気と共存しているので、このような水は不飽和帯の水と呼ばれる。水の浸透が続くと、土壌中の空気(気相)は水(液層)に置き換えられる。

空気と水との置換は、土層の表層部では孔隙が大きいため短時間に行われるが、土壌層の下部では孔隙が小さく難透水層となり、時間がかかる。同時に土層の下部にある気相は、上部から浸透してきた水にカバーされるため、置換に時間を要する。しかし降雨が中断すると、上部からの圧力が下り空気と水の交代が促進され、水で満たされやすくなる(図 9-6)。

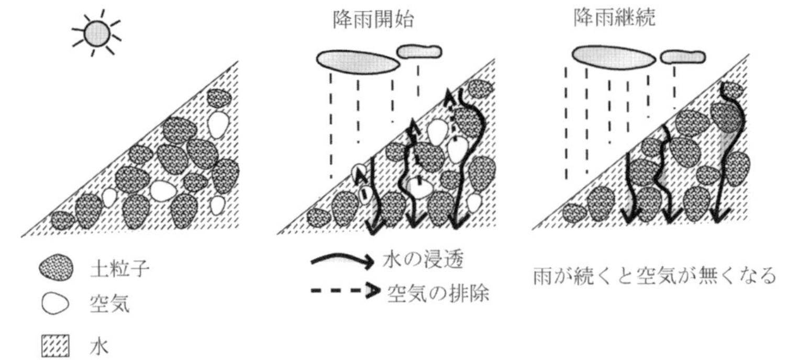

図 9-6　降水の浸透と気相の置換

このことは、崩壊が発生するときの降雨現象として「長時間の降雨があったあと、降雨が中断し、その後の降雨によって崩壊が起こる」という経験的な事実を説明することができる。

9.5　土層中の貯留水

山くずれの跡地には、崩壊直後「一定期間流れる水」があることはよく知られている。2005 年に宮崎県で、2011 年には紀伊半島で大規模な崩壊が発生したが、これらの崩壊地では湧水や湧水跡が認められた。このような湧水は、土層と岩盤の間にできた「透水係数の高い」層に貯留された水で、貯留される場所は、崖錐中の礫や岩塊が堆積した空隙が多い層である。この水は、地表流のように降雨と連動するものではなく、また地下水のように定常的に流出しているものでもない。この水は長期間の降雨や豪雨のときに土層中に貯留されるが、貯留限界を超えると、その水圧により表層崩壊の原因となると考えられる。

朝陣野（宮崎県宮崎市）では、2005 年の災害後、斜面を大規模に切り取る工事が行われた。このとき、深さ約 5 m の場所で幅約 3 m にわたって地下水が流出した。ここは礫や岩塊が集積した層となり、地下水はある幅を持ちながら地中の川のような形状で流れていた（**写真 9-1**、カラー口絵参照）。

写真 9-1　朝陣野崩壊地の湧水（宮崎市：宮崎県）

崩壊後の湧水量は崩壊地の規模と比例関係があると考えられるが、実際の崩壊地で湧水量を測定することは困難なため、湧水量の指標として湧水の継続期間を測定した。

その結果、崩壊規模が数百 m^2 の場合、湧水は数日で終了するが、規模が大きくなり数千 m^2 になると2、3週間継続し、さらに崩壊規模が数万 m^2 規模（島戸崩壊：宮崎県美郷町）では、湧水は2年間にわたって継続した（**図9-7、表9-2**）。

崩壊地における湧水の量とその継続期間は、復旧工事に影響があるため、今後調査項目に加える必要があると思われる。

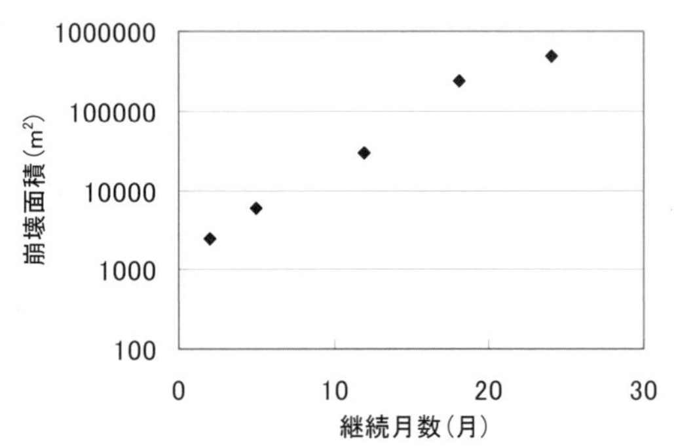

図 9-7　湧水継続期間と崩壊面積

表 9-2　湧水の継続期間と崩壊面積の関係

場　所	湧水継続期間（月数）	崩壊面積（m^2）
堀切峠（宮崎市）＊	2	2000
朝陣野（宮崎市）	5	6000
天神山（三股町）	18	240000
島戸（美郷町）	24	500000

＊：新第三紀宮崎層群
表のデータ中、堀切峠は第三紀層宮崎層群の砂岩泥岩互層であるが、ほかの三つは四万十層である。

9.6　崩壊地の水質

崩壊の発生と水質については、北野（1995）が六甲山の崩壊地の湧水を調べ、「重炭酸濃度の高い所が風化が進行し、崩壊を起こす」と述べている。その後、吉岡（1978）は一宮地すべり（宍粟市：兵庫県）で水質の調査を行い、崩壊地の中には周辺の沢よりも高い重炭酸濃度の湧水があることを報告している。これは岩盤内で岩石が破砕され粘土化が進み、岩石と水との反応する面積が大きくなり、地下水に溶ける元素濃度が高くなったためと考えられる。

このため、地下に断層や亀裂がある場所では、岩石が破砕によって粘土化されると、粘土中を移動する地下水の速度は小さくなり、同時に粘土粒子と水との反応時間が大きくなり、水の元素濃度が高くなる。このことから、地下深くに断層や亀裂などがある場所では、周辺の河川水よりも高い濃度の水があると考えられている。

電気導電率(以下E.C.と表記)は、液体中にイオン化した物質がどのくらい含有しているかを示す指標で、E.C.値を測定すると、対象とする水にイオンがどのくらい溶けているかを知ることができる。

2005年に崩壊があった天神山(宮崎県三股町)において、崩壊地周辺の湧水の水質調査を行った。地質は四万十層の砂岩頁岩地域である(**図9-8**)。この結果、E.C.値の高い湧水は、崩壊地のほぼ中央付近にあり、その深さは元の地表面からは約80 mの深さで、湧水のE.C.値は25 mS/cmを示した。これに対し、周辺渓流の沢水のE.C.値は7～17 mS/cmであった。

また天神山から約7 km東側に位置する鰐塚山崩壊地(宮崎市)で、雨水と周辺の沢水、および深さ40 mのボーリング(以下B40と表記)による深井戸からの採水分析が行われたが、これによれば、B40地点での深さ40 mから採水された水のE.C.値は17.45 mS/cmと高い濃度を示した(恩田2005)。

図9-8　天神山と鰐塚山の位置図

これらのE.C.値はA、Bの2グループに分けることができ、AグループはE.C.値が7～17 mS/cmの低い周辺の沢水で、Bグループは崩壊地内の湧水とB40で、E.C.値は高く17～25 mS/cmであった。

E.C.値は、雨水では1.3 mS/cmであったものが、沢水(尻無川)では6.6 mS/cmと上昇し、さらに深さ40 mのボーリングからの採水では17.45 mS/cmと約3

倍となっている。また、深さ 80 m からの湧水では 25 mS/cm となる。したがって E.C.値は、①雨水、②沢水、③40 m ボーリング、④湧水(深さ 80 m)の順に濃度が増加していることがわかる。

さらに含有元素について水質分析を行うと、大きな差異が見られたのはカルシウムと硫酸であった。沢水と湧水で比較すると、湧水の方が約 5 倍濃度が高かった。一方、ナトリウム、マグネシム、カリウム、塩素については大きな差異は認められなかった(**図 9-9**、**表 9-3**)。

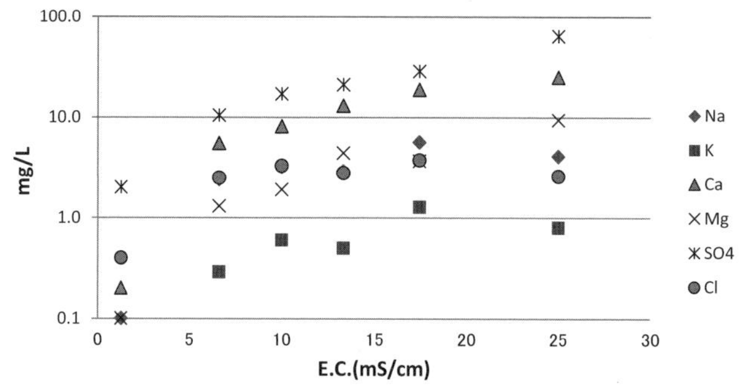

図 9-9　天神山と鰐塚山の水質

表 9-3　四万十層地域の E. C. 値と溶存元素濃度

場所	雨水	沢水	境川本流	片井野	左支沢	湧水 t1	湧水 t2	B40
E.C.	1.3	6.6	7.4	10.0	13.3	25	22.6	17.45
Na	0.1	2.41	2.9	3.2	2.9	4.1	3.9	5.66
K	0.0	0.29	0.5	0.6	0.5	0.8	0.8	1.28
Ca	0.2	5.5	5.7	8.1	13.0	25.0	24.0	18.78
Mg	0.1	1.3	1.6	1.9	4.4	9.4	8.8	3.68
SO_4	2.0	10.4	13.0	17.0	21.0	64.0	60.0	28.66
Cl	0.4	2.51	3.0	3.3	2.8	2.6	2.5	3.76

［単位］ 各元素：mg/L、E.C.：mS/cm、B40：40 m 深ボーリング、湧水：約 80 m 深

(作成資料：雨水、沢水、B40 (恩田 2010)、湧水 t1、t2 (高谷 2010))

このため、一つの仮説として、「崩壊地の地下には高い濃度の貯留水があること」が考えられ、崩壊の可能性のある斜面を探索する方法としては、周辺の沢水より高い E.C.値を持つ「水」を探す方法が考えられる。高い E.C.値を示す水は、四万十層の砂岩頁岩分布地域では 20 mS/cm 程度が目安となると考えられるが、地質が異なる場合は基準となる沢水の測定が必要である。

第10章　地すべりに関わる粘土鉱物

10.1　粘土粒径と粘土鉱物

岩石が風化してできる最も小さい物質は粘土である。地すべり地に粘土があることは、地すべりが研究されるようになった初期から知られ、関心が持たれていた。地すべり地に見られる灰白色の粘土を「地すべり粘土」と呼んだのは小出博(1955)である。

現在、粘土に対する研究には三つの方向があり、一つは工学からのアプローチで、粘土を力学的な観点から研究する手法である。もう一つは岩石学の一分野としての粘土鉱物学で、三つ目は土壌学の一分野としての粘土鉱物学である。

粘土の粒径は分野によって異なった定義があり、土壌学では2μm以下、土質工学では5μm以下、堆積学では3.9μm以下(通常4μmと表記される)となっている。この粒径は光学顕微鏡の識別範囲を超えているため、長くその形態を知ることはできなかった。粘土が鉱物の一種であることがわかったのは、X線回折装置が使われるようになってからである。

このように、粘土は粒径が小さいため、粘土鉱物の研究は岩石の研究とは異なっている。岩石の研究には、フィールドでの「肉眼鑑定」や室内での「顕微鏡観察」、さらに「電子顕微鏡」と各レベルでの鑑定方法があり、それによって名前が付けられているが、粘土鉱物は同定する方法がX線回折に限られる。したがって、研究は装置を有する研究機関に限定されている。

10.2　粘土鉱物の種類

粘土鉱物はケイ酸塩鉱物の一種で、その基本構造はケイ素(Si)を中心に、四つの酸素を配したケイ素四面体と、アルミニウムまたはマグネシウムを中心に、六つの酸素を配したアルミニウム八面体の二つからなる(**図10-1**)。

粘土鉱物は、このようなSi四面体とAl八面体が、シート状に連続して作られ、四面体がシート状に繋がったものを四面体シート、八面体が繋がったものを八面体シートと呼び、四面体シートが連なった構造は台形で、八面体は長方形で表される(**図 10-2**)。粘土鉱物は、このような四面体シートと八面体シートが層状に重なり構成される。

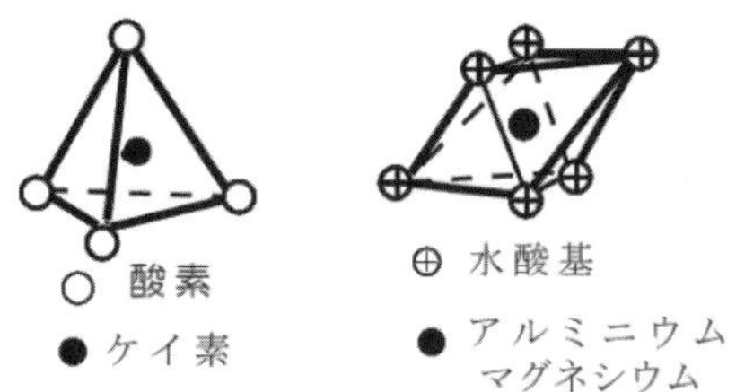

図 10-1　ケイ酸四面体(左)とアルミニウム八面体(右)

図 10-2　ケイ酸四面体シート(左)とアルミニウム八面体シート(右)

粘土鉱物は層状構造を持つことから、その層状構造により二層型、三層型、混層型などに分類される。二層型は四面体シートと八面体シートが層状になったもので、カオリナイトが相当する。カオリナイトは二層型の代表的な粘土鉱物であり、岩石の風化過程で Na、K、Mg、Ca などの塩基が溶出された結果、移動度の低い Al と Si が残されたもので、その層間隔は 7 Åである(**図 10-3**)。

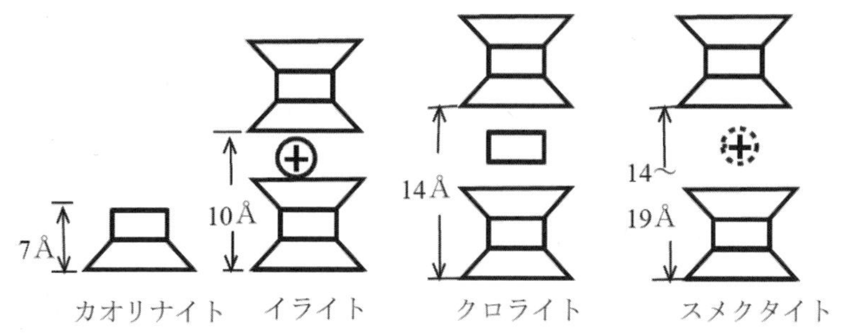

図 10-3　粘土鉱物の層間隔

三層型は二つの四面体シートの間に八面体シートが挟まった鼓(ツヅミ)型の構造が基本単位となり、イライトは、この層間にNa、K、Mg、Caを挟んだ構造を持ち、その層間隔は10 Åである。

クロライトは、四面体シートに八面体シートが挟まれた鼓型の基本単位に、八面体が挟まったもので、層間隔は14 Åである。クロライトの層間に交換性陽イオンが入った構造はスメクタイトで、その層間に交換性陽イオンが入ることにより、層間が14 Åから18 Å程度まで膨張する。この膨張性が、スメクタイトを同定する場合の指標となる。

粘土鉱物の呼称は、構造、グループ(群)、d値などがある。構造は層構造による呼称で、四面体シートと八面体シートが一つずつ重なったものは1：1型または二層型と呼ばれ、カオリン鉱物と蛇紋岩がこれに属する。八面体シートを四面体シート2個が挟んだ構造は、2：1型または三層型と呼ばれ、これにはパイロフィライト、スメクタイト、バーミュキュライト、イライト、クロライトが属する。

このうちスメクタイトグループのモントモリロナイトは、グループ名もモンモリロナイトであったため紛らわしいことから、1972年のAIPEA(国際粘土研究連合)で群の名称としてモンモリロナイトを廃して、スメクタイトを使うことが決められた。同時に、風化岩の一種であるサポナイトという名称も廃止することが決められた(吉永1979)。

粘土鉱物は層状であることから、その層間隔で呼ぶこともあり、カオリナイトは層間隔が7.2 Åであることから7 Å鉱物、イライトは10 Åであることから10 Å鉱物、クロライトは14 Åであることから14 Å鉱物とそれぞれ呼称されることもある(**表10-1**)。

カオリナイトは地表環境で安定な鉱物のため、表層の風化層(土壌層)に広く分布し、表層土壌の主な粘土鉱物である。しかし山地斜面では、カオリナイトが単独で存在することは稀で、造岩鉱物と共存している。X線回折では7 Åと3.5 Åに強い底面反射を持ち、これが示標となる。

クロライトはイライトに次いで多い粘土鉱物であり、三波川変成岩の緑泥石中の主な粘土鉱物で、X線回折では14 Åの底面反射から5次反射まで示す。粘土鉱物のクロライトは、造岩鉱物では緑泥石と呼ばれる。

粘土鉱物の調査で注意しなければならないことは、同じ場所でも深さによって粘土鉱物が異なることである。花崗岩分布地域では、表層ではカオリナイトの分布が見られても、数十cmの深さになるとイライトやスメクタイトになっている場合がある。このためサンプルの採取にあたっては、深さ方向の採取と、その採取深さを記録しておく必要がある。このように、表層部と地下との風化環境の違いにより粘土鉱物が異なるのは、粘土鉱物が比較的短時間に風化することを示している。

表 10-1　粘土鉱物の種類と分類

構造	グループ(群)	鉱物	d(oo1) Å
1：1 型鉱物 (二層型)	カオリン鉱物	カオリナイト ハロイサイト	7.2 10.0
	蛇紋石	クリソタイル ベルチェリン	7.3 7.2
2：1 型鉱物 (三層型)	パイロフィライト	パイロフィライト タルク	9.3
	スメクタイト	モンモリロナイト ノントロナイト サポナイト	12.5～ 15
	バーミキュライト	Al-バーミキュライト バーミキュライト	14.3
	イライト(雲母)	イライト 海緑石 黒雲母	10.0
	クロライト(緑泥石)	スドー石 クリノクロア	14.2
混合層構造	混合層鉱物	イライト/スメクタイト混合層 緑泥石/スメクタイト混合層	26 30
リボン型構造	セピオライト パリゴルスカイト	セピオライト パリゴルスカイト	
無定型鉱物	アロフェン	アロフェン	

(吉村 2004 より抜粋)

地すべりに関連する粘土鉱物の調査ではボーリングコアーより試料を得ることがあるが、泥水使用の有無を確認し、使用した場合はコアーの表面を削り取り、ボーリング時に付着した泥水起源の物質を除去しておく必要がある。実際に X 線回折のための試料として使用する場合は、無水掘りのコアーを使用する方が無難である。

10.3　粘土の性質

(1)　表面積の増大

風化現象によって岩石は礫から砂、砂からシルト、粘土へと粒径を減じるが、粒径が小さくなることにより、岩石の表面積は大きくなる。この結果、温度、圧力、化学反応を受ける面積が大きくなることにより、さらに風化を受けやすくなる。

粒径を減じることによって、表面積がどのように大きくなるかは、今、一辺を1 cmとする立方体を考えた場合、この表面積は6 cm^{2}である。この立方体の一辺の長さを半分にすると、表面積は12 cm^{2}となり、さらにこれを1/4、1/8、…、1/100とすると、表面積は増大する（**図10-4**）。

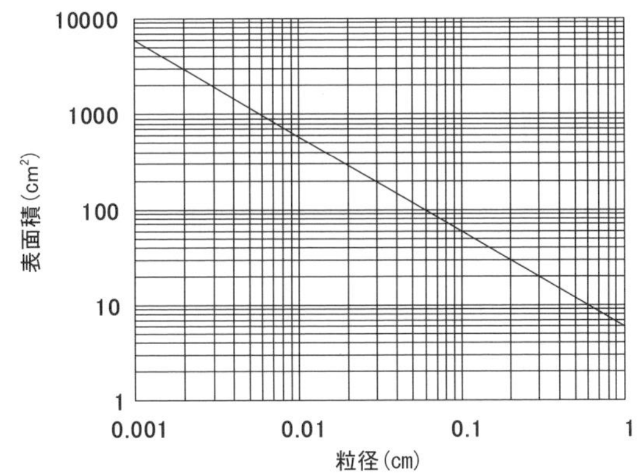

図10-4　粒径の減少に伴う表面積の増大

図によれば1/100、すなわち粒径が0.1 mmになると表面積は600 cm^{2}になり0.01 mm以下のシルトになると6000 cm^{2}となる。さらに0.001 mm以下の細粒粘土では表面積は60000 cm^2、すなわち6 m^{2}となる。このように、粒子が小さくなると粒子の表面積は増大する。このことは、環境の影響を受けやすくなるということを意味している。

(2)　粘土の塑性とコンシステンシー

粘土は、コロコロと丸めたり細長い棒に伸ばしたりすることができる。この性質は粘土が持っている独特の性質で塑性（そせい）と呼ばれる。これに対し金属は、力を加えると曲がるが手を離すと元に戻る。このような性質は弾性と呼ばれる。

粘土は乾燥すると石のように固結するが、水を加えると粘性を得て柔らかくなり、手でいろいろな形に変えることができる。さらに水を加えると液状になる。このように、土が固体から水のような状態へ変化することによって、物理的性質が変化し、また変形に対する抵抗も変わることをコンシステンシーと呼ぶ。

土の中に含まれる水の量を含水比といい、液体の状態から塑性状態になる含水比を液性限界、塑性から半固体になる含水比を塑性限界、さらに半固体から固体となる含水比を収縮限界と呼ぶ(**図 10-5**)。これらの三つの状態を示す含水比を総称して限界含水比(コンシステンシー限界)という。

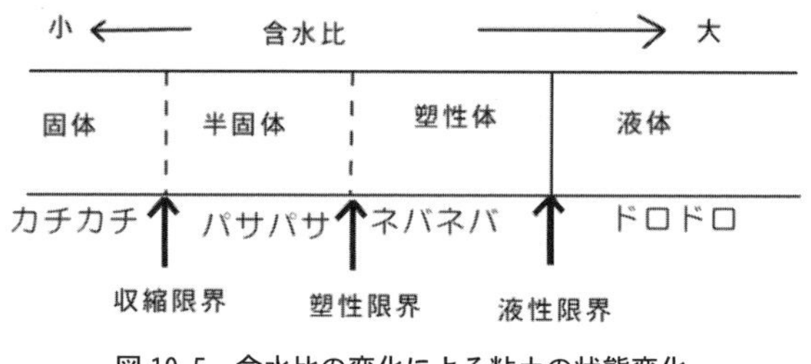

図 10-5　含水比の変化による粘土の状態変化

限界含水比はスウェーデンのアッターベルクによって試験法が考え出されたため、限界含水比のことをアッターベルク限界ともいう。

限界含水比は、粒度分布や構成鉱物、含有有機物、吸着イオンなどによって変化するが、スメクタイトは非常に高い液性限界を示し約 700%となる。これに対し、イライトは 80%、カオリナイトは 60%程度である。

塑性指数は粘土鉱物の種類によって異なり、粘土鉱物の種類ではスメクタイト＞イラト＞カオリナイトの順に小さくなる。スメクタイトの塑性指数は層間のイオンによっても異なり、カルシウムでは Ip＝101、ナトリウムでは Ip＝251となり、ナトリウムの方が大きい(**表 10-2**)。

イオン交換によって塑性指数が変化することは、地すべりの対策工法として注目され、地層中に石灰を注入し、これによってスメクタイトの層間をカルシウムで置き換えることが考えられたことがあった。しかしこの方法は、実際の地すべり地においては実用化しなかった。

表 10-2　層間のイオン交換による塑性指数の変化

	Ca			Na		
	LP	LL	Ip	LP	LL	Ip
スメクタイト	65	166	101	93	344	251
イライト	40	90	50	34	61	27
カオリナイト	36	73	37	26	52	26

(Clay Mineralogy R.E.Grim 1968 より抜粋)

液性限界(LL)と塑性限界(PL)の差を塑性指数(Ip)といい、この数値が大きいほど水を多量に含むことができる。このことは、粘土の状態を長く保てることを意味している。液性限界と塑性限界は％で表され、塑性指数は液性限界から塑性限界を引いた数値で Ip＝43 のように表される。

Ip＝LL－LP

10. 4　岩石の風化過程

(1)　表層での風化

日本のような温暖多雨な山地において、風化の進行は、地表面の酸化環境下では塩基が溶出することによって造岩鉱物(一次鉱物)からカリウムが溶出し、バーミキュライトが生成する。さらに溶出が継続すると、マグネシウムが溶出しカオリナイトやハロイサイトへと変化する(**図 10-6**)。山地斜面では多くの場合、このような風化が進行している。

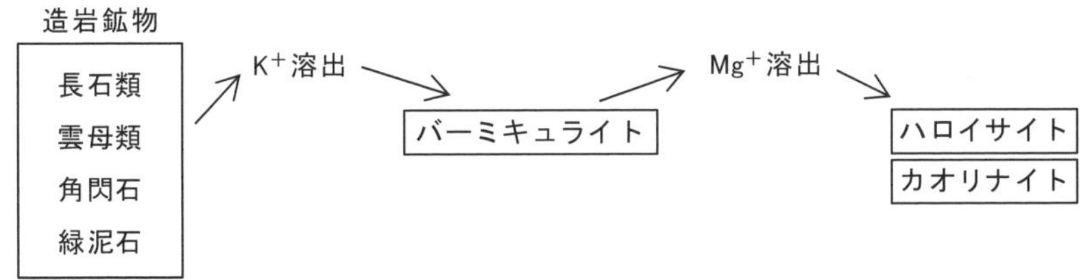

図 10-6　酸化環境での粘土鉱物の生成

実際の例で見ると、三波川変成岩帯の緑泥片岩分布地域では、多くの場合、地表面にはカオリナイトが分布しているが、地下数十 cm より深い層ではクロライトの分布が見られる。一方、泥質片岩分布地域の場合でも、表層部はカオリナイトが分布し、1〜2 mより深くなるとイライトとなる(**図 10-7**)。このことは、表層近くの風化環境では、岩石が異なっても粘土鉱物はカオリナイトになることを示している。したがって粘土鉱物の分析用にサンプルを採取する場合は、表層風化の及んでいない層を採取する必要がある。

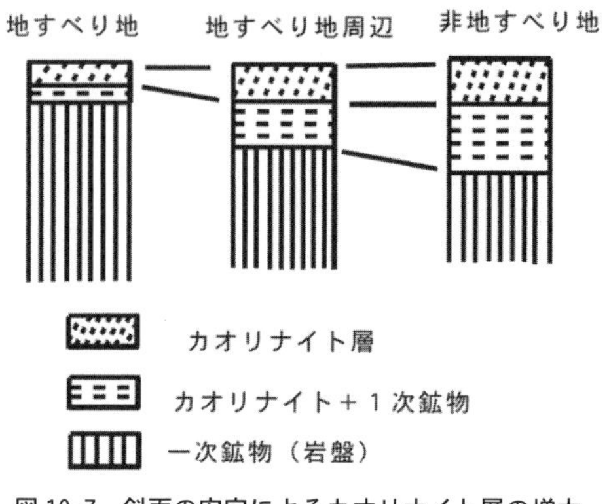

図 10-7　斜面の安定によるカオリナイト層の増大

このように、表層土壌層の粘土鉱物が、カオリナイトとなって安定することとは異なる例も見られる。花崗岩の風化が激しく、明治時代から砂防工事が行われていることでよく知られている田上山(滋賀県)では、表層土壌に含有される粘土鉱物はバーミキュライトである。滋賀県のような気候下での風化過程は、通常は、基盤岩の花崗岩からバーミキュライトを経てカオリナイトになって安定するのであるが、田上山では風化が激しく短期間で表層崩壊を繰り返すため、カオリナイトに至る前に表層崩壊が起こり、バーミキュライトのステージに留まっていると考えられる。山地斜面にカオリナイトが存在することは、長期間地表が安定し風化が進んでいることを意味していると考えられる。

(2)　すべり面におけるスメクタイトの生成

すべり面を構成する粘土鉱物として知られているスメクタイトは、地下の還元的な環境下で形成されている。またその源岩は、第三紀層地すべりのような火山噴出物の影響のある場所では、「火山ガラスを起源としている」と言われている(吉村 2004)。

スメクタイトの構造は、ケイ酸四面体を固定しているカリウムがイライトから溶出し、その後に交換性陽イオンが入ったものなので、造岩鉱物からナトリウムが溶出し、イライトが生成したあと、さらにイライトの層間から、カリウムが溶出することによって生成される(**図 10-8**)。

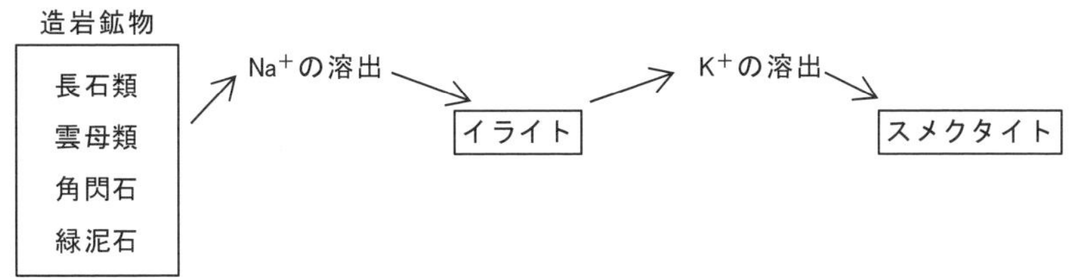

図 10-8　すべり面における粘土鉱物の生成

スメクタイトの成因は、地すべりの分野においては、第三紀層を基盤とする地すべり地では、沸石から生成することが考えられている(守随 1978)。第三紀層地すべり地のすべり面を構成する粘土鉱物は、スメクタイトが多く含有されることから、富山県国見地区の第三紀層を基盤とする地すべり地で粘土鉱物の分析が行われ、「凝灰岩中のスメクタイトの量と斜プチロル沸石の含有量に負の相関がある」ことを見いだし、斜プチロル沸石がスメクタイトに変化したことを示唆している。また、スメクタイトの生成と沸石の影響について「凝灰岩中に含まれるスメクタイトが方沸石から生成したと考えることには、大きな無理はないだろう」と述べている。

一方、高谷(2001)では、宮崎市の周辺に分布する、新第三紀層宮崎層群中の粗粒砂岩層中の長石の粒子を分析することが試みられた。粗粒砂岩は宮崎層群の砂岩泥岩互層中にあり、地質図では「凝灰岩」に分類され、層厚は約 10 cm である。この層の色調は灰色で、周辺の砂岩と同じであるが、構成する砂粒の粒径は周辺の砂岩より大きく、0.5～1 mm で、砂粒の形状は亜円形で、砂粒の色は白色不透明、部分的に濃緑色～黒色の部分が見られた。

さらに、この砂粒を実体顕微鏡で観察すると、白色部分は未風化と見られ、有色部分(濃緑色～黒色)は風化を受けていると見られるので、白色部と有色部を顕微鏡下で分離し、各々の X 線回析を試みたところ、白色鉱物は 4.02、3.77、3.21、3.17 Åにピークを持つ長石で、濃緑色から黒色を呈する有色部はスメクタイトであることがわかった(**図 10-9**)。

このことは、スメクタイトが長石の風化によって生成していることを示している。

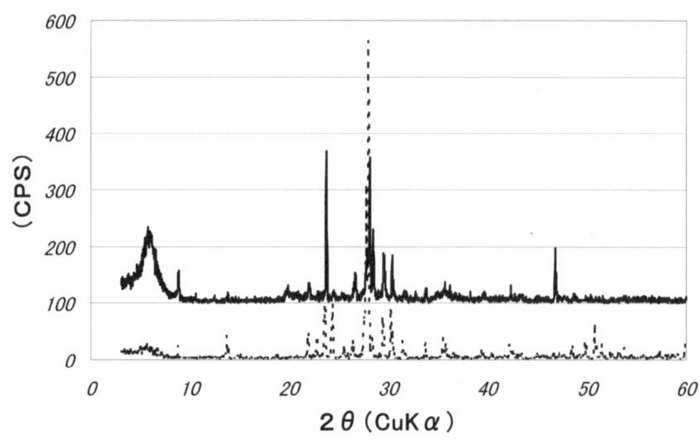

図 10-9　粗粒砂岩の含有長石と風化長石（青島：宮崎市）

このようなスメクタイトを生成する環境には、水と岩石の反応時間の長いことが必要である。そのような環境は地下深くで、水の流速が遅い環境下で溶出が進むと、地下水のE.C.値は高くなる。通常の地下水のE.C.値は$10^2 \mu$S/cmオーダーであるが、地すべり地では$10^3 \mu$S/cmオーダーを示す場合がある。この値は、通常の地下水に比べると1桁大きい。

10. 5　風化による粘土鉱物の生成

三波川変成岩帯を構成する岩石は、変成度の高い点紋帯と変成度の低い無点紋帯に分けられているが、地すべりの発生は変成度の低い無点紋帯に限られている。

無点紋片岩地帯を構成する岩石は、緑泥片岩と泥質片岩であるが、三波川帯でスメクタイトが見られるのは緑泥片岩分布地域で、これは緑泥片岩に含有されるマグネシウムがスメクタイト化を促進するためと考えられる。一方、泥質片岩分布地域ではスメクタイトは見られないが、これは泥質片岩の元の岩石が泥岩のため、泥岩の主な粘土鉱物であるイライトに含有されるカリウムが層間を固定し、スメクタイト化を妨げていると考えられる(**図 10-10**)。

造岩鉱物の風化による粘土鉱物への変化は、ブラディー(Brady 1990)によって包括的に説明されているが(**図 10-11**)、図から下記のことが示される。

① 風化の進行により最終的に鉄・アルミニウム酸化物が生成

② 塩基の溶脱によるカオリナイトの生成

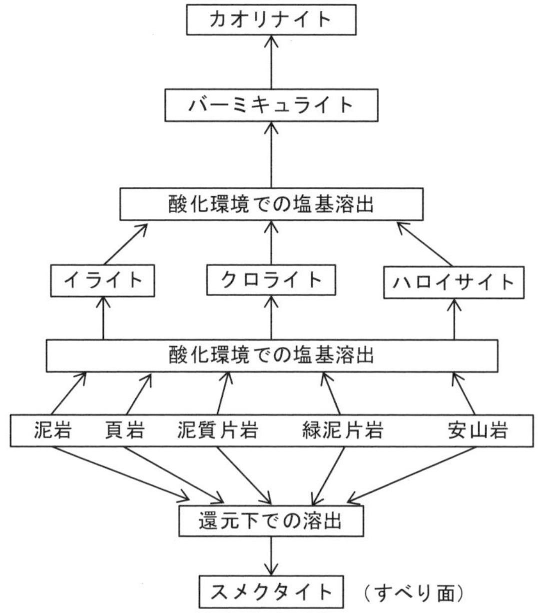

図 10-10　カオリナイトとスメクタイトの生成

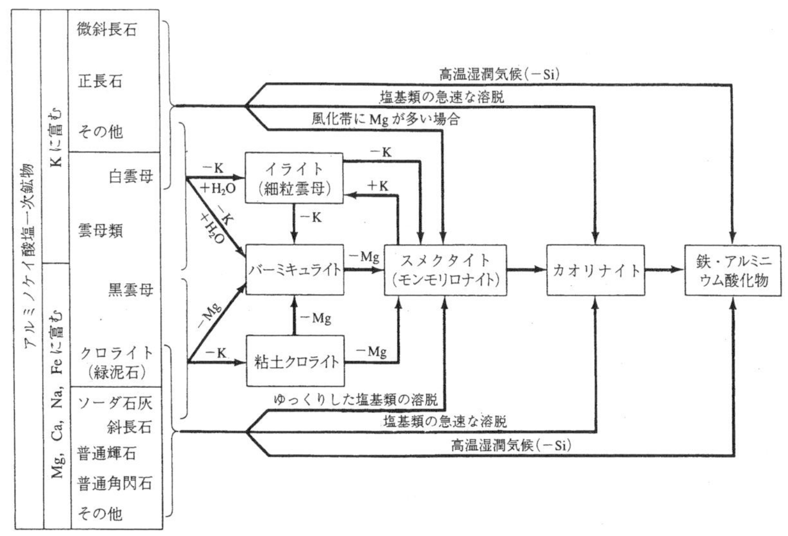

図 10-11　一次鉱物から二次鉱物への風化生成過程（Brady 1990）

③　雲母、長石からのカリウム溶脱によるバーミキュライトの生成

④　バーミキュライトからのマグネシウム溶脱によるスメクタイトの生成

⑤　緑泥石からのカリウム溶脱によるクロライト(粘土鉱物)の生成、さらにマグネシウム溶脱によるスメクタイトの生成

⑥　長石類からの塩基の溶脱によるスメクタイト、カオリナイト、鉄・アルミニウム酸化物の生成

⑦　斜長石、角閃石、輝石からのスメクタイト、カオリナイト、鉄・アルミニウム酸化物の生成

10.6　地すべり地と山くずれの粘土鉱物

(1)　地すべり地の粘土鉱物

地すべり地には、大別すると下記の3種類の粘土鉱物が存在する。

①　表層部の粘土鉱物

②　風化岩石の層間・亀裂間粘土鉱物

③　すべり面粘土鉱物

①の表層粘土は地すべり地の表層部の土壌層と土層を構成する粘土で、対象地域の岩石が風化した粘土鉱物である。地すべり地が長期間安定している場合、岩石は水により塩基が溶出され、カオリナイトを主とした粘土鉱物となる。しかし地すべりの動きがあった場合は土層全体が攪拌され、岩石が細粒化して粘土粒径となったものと、下層の粘土が混合している。この場合、粘土中にはカオリナイトと造岩鉱物が含有され、地域が花崗岩の場合には、カオリナイトと共に石英や長石、雲母などの造岩鉱物が含まれる。

②の風化岩の層間や間隙を浸透する水は、岩石との反応により粘土鉱物を生成する。この結果、表層の粘土とは異なる粘土鉱物が生成する。安山岩の分布地域では、表層粘土にはカオリナイトが含有されるが、節理間にはハロイサイトを生成することが多い。また花崗岩の節理にも、白色～淡褐色の粘土が挟在することがあるが、この粘土にはハロイサイトやイライトが含有されている。またさらに深い還元帯では、スメクタイトを生成することもある。

③のすべり面粘土は、長く「幻の粘土」であったが、最近は集水井が掘られたときに、すべり面が観察される例も珍しくなくなった。すべり面が観察されて、粘土が採取され、分析の結果、すべり面を構成する粘土鉱物はスメクタイトであることが明らかになっている。

ここで、地すべり地に見られる粘土鉱物の代表的なX線回折パターンを挙げる(ここで取り上げたX線回折用試料は、すべて粒径は2μm以下の粘土粒径で、試料作成は定方位法である)。

(a)　スメクタイト

(採取場所：亀の瀬地すべり、大阪府奈良県県境水抜きトンネル内すべり面)

亀の瀬地すべりは、大阪府と奈良県の県境付近、大和川の右岸に位置し、万葉の時代から動いたことが記録されている。明治時代以後にも、関西本線の付替えや、地すべりが対岸を隆起させる川越え現象が生じ、多くの対策工が行われてきた。試料は、ここで掘られた水抜きのためのトンネル内で採取された粘土で、主な粘土鉱物はスメクタイトである。この試料は14 Åに明瞭なピークを持ち、このピークはエチレングリコール処理によって17 Åに移動することから、スメクタイトと同定される(**図10-12**)。

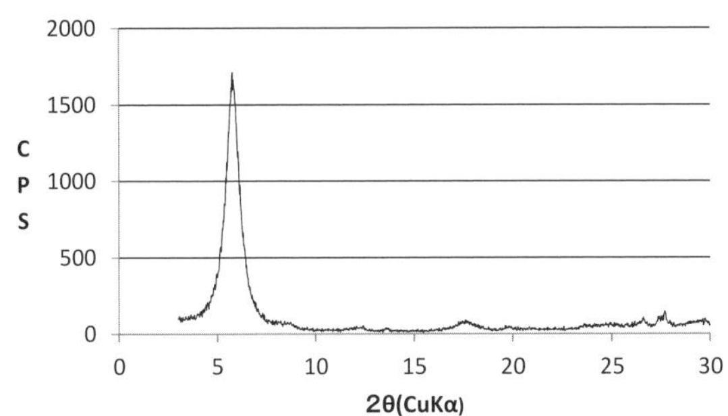

図10-12　スメクタイトのX線回折パターン
(試料：亀の瀬地すべり地の排水トンネル内)

(b)　スメクタイト(採取場所：谷地(やち)地すべり、秋田県平鹿郡東成瀬村)

秋田県と宮城県の県境近くを南北に流れる成瀬川は、北に向かって流下している。谷地地すべりは成瀬川の西側(左岸側)に分布し、東西1 km、南北1.2 kmの広範囲に広がっている。すべり面の推定深さは約20 mである(**写真10-1**)。

地すべりは砂岩泥岩互層で、泥岩の粘土化部分にスメクタイトが含有される。粘土にはスメクタイトと共に泥岩を構成するイライトとカオリナイトが共存する(**図10-13**)。

写真 10-1　成瀬川に面した泥岩層の粘土化部分(秋田県)

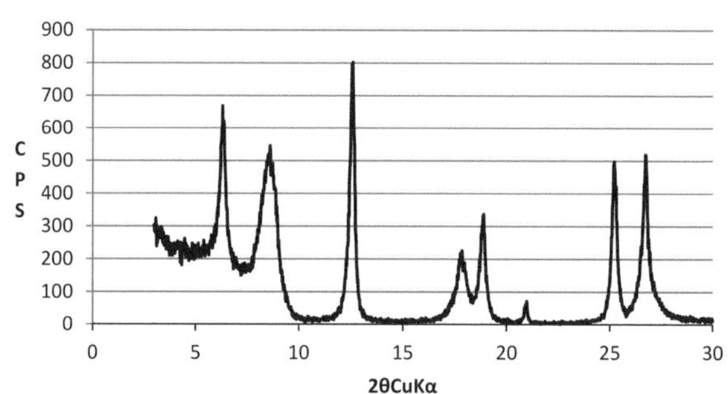

図 10-13　谷地地すべりに含有されるスメクタイト、イライト、カオリナイトの X 線回折パターン(成瀬：秋田県)

(c)　御荷鉾帯のスメクタイト(採取場所：怒田地すべり、高知県大豊町)

御荷鉾帯は四国の三波川帯の南縁に断片的に分布し、分布面積は極めて狭いが地すべりの発生率では非常に大きい。また地すべりのタイプも、三波川帯が崩壊型であるのに対し、御荷鉾帯の地すべりは明瞭なすべり面がなく、ズルズルとすべる粘稠型である。このことは地形や土地利用に現れていて、御荷鉾帯では斜面傾斜が緩く、土地利用が水田となっている。その原因は地すべり地を構成する粘土鉱物にあり、御荷鉾帯はスメクタイトで特徴付けられる(**図 10-14**)。これは、三波川帯の粘土鉱物がクロライト、イライトで代表されるのに対して、異なっている点である。

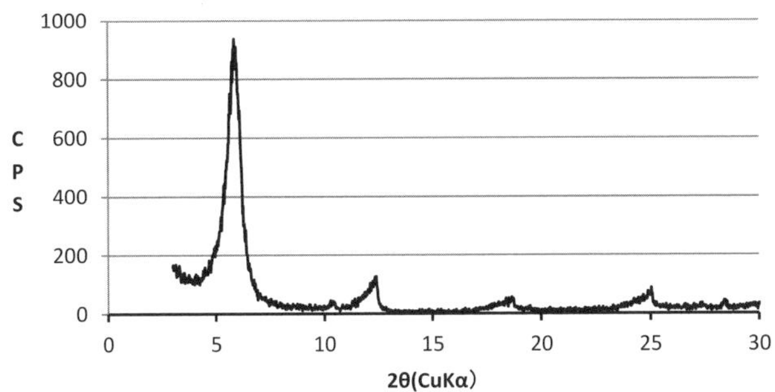

図 10–14　スメクタイトの X 線回折パターン(怒田地すべり地：高知県)

御荷鉾帯は御荷鉾緑色岩と呼ばれる玄武岩起源の緑色岩で構成され、含有粘土鉱物はクロライトとスメクタイトに加えアクチノ閃石(陽輝石)が含有されている。アクチノ閃石は造岩鉱物の一種で、粘土鉱物には分類されていないが、御荷鉾帯を特徴付ける、三波川帯の地すべり地には見られない鉱物である。

御荷鉾帯の地すべり地の粘土鉱物の X 線回折結果を見ると、膨潤性緑泥石という粘土鉱物が記載されている報文がある。膨潤性緑泥石は緑泥石の性質を持ち、14 Åピークで膨潤するスメクタイトの性質を持っていると説明されている。しかし膨潤性緑泥石の存在を報告している実験では、不定方位法で行われている場合と、粘土粒径を分離していない場合がある。不定方位法では、14 Åピークの膨張は確認できない。

著者の行った 2μm 以下の粘土粒径に対する X 線回折では、御荷鉾帯の粘土の特徴は、スメクタイトの明瞭なピークと、アクチノ閃石の小さなピークが存在した。この結果、膨潤性緑泥石は、緑泥石とスメクタイトの混合した試料の分析結果と考えられる。

(d)　三波川帯のスメクタイト(採取場所：善徳地すべり地、徳島県)

かつて三波川変成岩帯の地すべり地には「スメクタイトはない」と言われたことがあった(中川 1972)。実際、三波川帯の地すべり地で、スメクタイトを見いだすことは稀である。

三波川の変成岩帯は多くの岩種で構成されているが、地すべりが発生するのは、大部分は緑泥片岩と泥質片岩の分布地である。緑泥片岩と泥質片岩が風化すると、粘土鉱物は各々クロライトとイライトとなるが、緑泥片岩が地下深くの還元帯で変質するとスメクタイトになる。しかし地すべり地では、クロライトとイライトが混合しているため、スメクタイトのピークは小さく、回折条件によってはこれを見逃すことがある。また粉末法（不定位法）で行った場合には、スメクタイトの膨潤性が確認することができない。このようなため、三波川変成岩帯には「スメクタイトはない」と言われたと考えられる。三波川帯でスメクタイトが見られるのは緑泥片岩優勢の地域であるが、そのピークは小さい。

(e)　四万十帯の不完全なスメクタイト（採取場所：三股町、宮崎県）

四万十層は三波川帯の南側を帯状に広範囲に分布するが、ここの地すべり地の粘土からのスメクタイトの例は極めて稀である。天神山崩壊地（宮崎県三股町）に見られる断層で採取された粘土から、結晶の良くないスメクタイトが発見されている（第6章2節参照）。

四万十層にスメクタイトが稀なのは、四万十層を構成する砂岩と頁岩のうち、頁岩の主な粘土鉱物であるイライトに含有されるカリウムが、粘土の層間を固定してスメクタイト化を妨げていると考えられている。四万十層の地すべり地からスメクタイトの発見例が乏しいのは、四万十層を構成する砂岩、頁岩のうち、頁岩が風化すると黒色の粘土となるが、この黒色粘土はイライトを主成分としている。このため、四万十層の地すべりは「すべりにくい」地すべりになっていると考えられる。しかし場所を選ぶことにより、四万十層からもスメクタイトが発見される可能性はある。

(f)　クロライト（採取場所：善徳地すべり地、徳島県）

クロライトは三波川帯の緑泥片岩の風化粘土として分布し、緑灰色～淡緑色である。X 線回折図では 14 Å、7 Å、5 Å、3.5 Åにそれぞれ一次、二次、三次、四次のピークがある。三波川帯の地すべり地では、ほとんどの場所で含有される粘土鉱物である（**図 10-15**）。

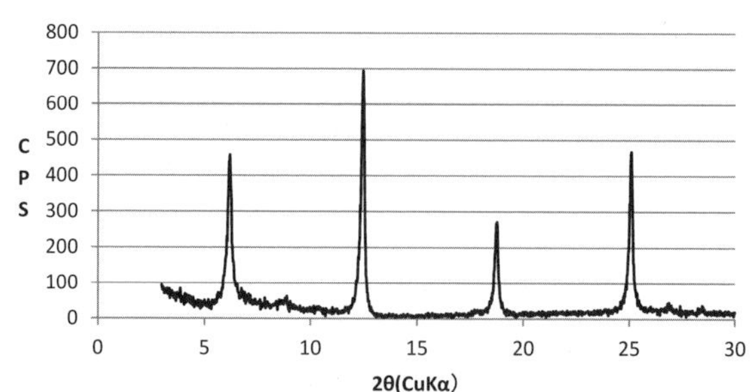

図 10-15　クロライトの X 線回折パターン（善徳：徳島県）

(g)　イライト、クロライト混合粘土（採取場所：善徳地すべり地、徳島県）

三波川帯の緑泥片岩、泥質片岩が分布する地すべり地では、イライト、クロライト両方の粘土鉱物が混合する粘土が分布している。イライト、クロライトが混合しているので両方のピークがあり、このような試料からは、ほとんどの場合、風化粘土鉱物としてカオリナイトも含有されているので、複雑なピークとなる（**図 10-16**）。

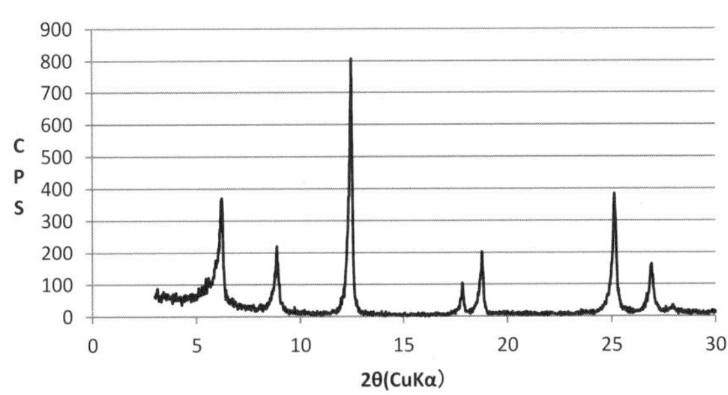

図 10-16　クロライトとイライトの X 線回折パターン（善徳：徳島県）

(h)　イライト（採取場所：宮崎県大藪川地すべり、神門層）

イライトは雲母から風化した粘土鉱物である。したがって、基盤岩が泥岩、頁岩、泥質片岩、花崗岩などの場合、一般的に見られる。イライトが単独で含有されることは稀で、通常はイライトとカオリナイトが含有されている（**図 10-17**）。カオリナイトは、回折図中の 2θ が 12 度付近の小さいピークである。

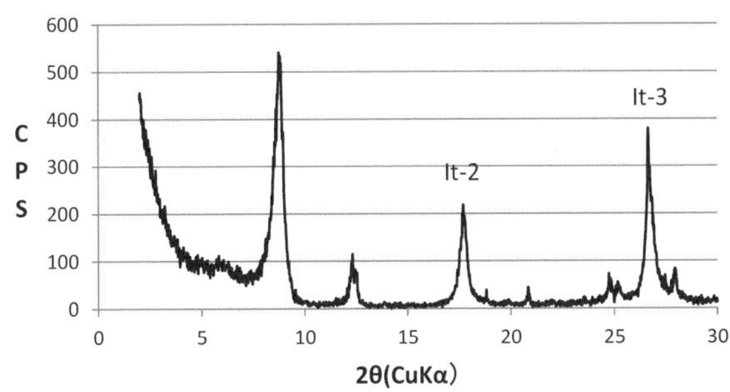

図 10-17　イライトの X 線回折パターン（大藪川：宮崎県）

（i） **カオリナイト**（採取場所：譲葉地すべり、神門層、宮崎県）

カオリナイトは地すべり地の表層部に含有されるが、地すべり地や山くずれ地においてカオリナイトが単独で存在することはなく、イライトやクロライトと共に、原岩の粘土粒子化したものと共存する（**図 10-18**）。

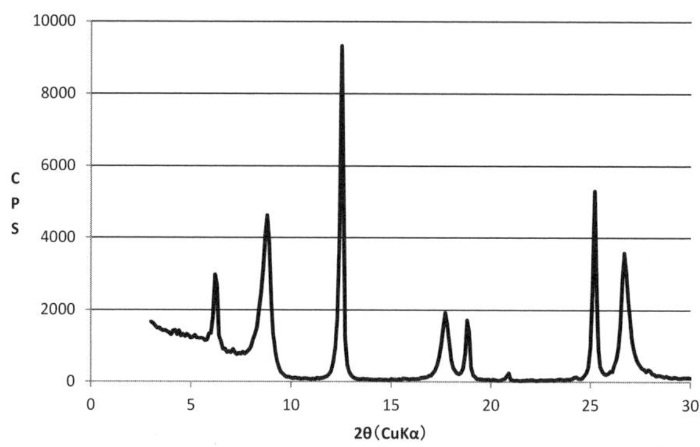

図 10-18　三波川のクロライト、カオリナイトとイライト混合粘土

カオリナイトの一次反射は 7 Å、二次反射は 3.5 Å にあり、これはクロライトの二次、三次反射と重なっている。このため、同定するにはクロライトを分解しなければならない。カオリナイトの生成は緑泥片岩、泥質片岩からの風化によると考えられる。

（j） **ハロイサイト**（採取場所：日向岬、宮崎県）

ハロイサイトは安山岩や花崗岩の風化粘土として生成する。安山岩や花崗岩の節理や亀裂に、白色からピンクの粘土として見られることが多い。ハロイサイトは 4.4～4.2 Å にある山形のピークが特徴で、低角度にある 10 Å のピーク

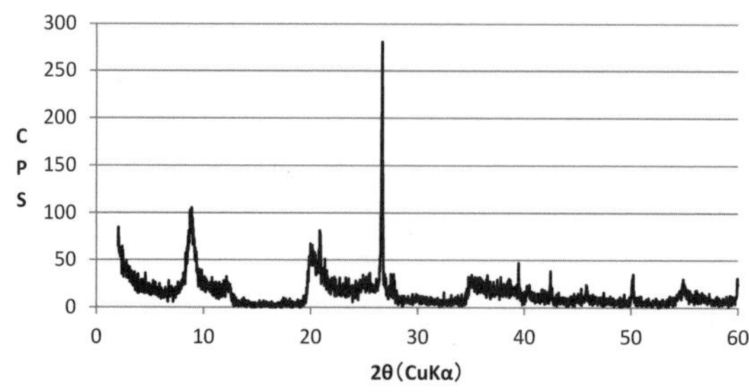

図 10-19　ハロイサイトの X 線回折パターン（馬ヶ背：宮崎県）

はイライトである(**図 10-19**)。ハロイサイトは長石類の風化によって形成されるので、地すべり地で見られるハロイサイトは、ほとんどの場合、長石、石英、イライトと共存している。

(2)　地すべり地現場での粘土鉱物の分布

地すべり地の粘土鉱物は、基盤となっている岩石からの風化によって生じるので、基盤岩の影響を強く受けている。土地は地すべりの動きにより攪拌されており、地すべり地には造岩鉱物と粘土鉱物が混合状態で存在する。また、表層部の酸化的な領域と下部の還元的な領域では、異なる粘土鉱物が存在することを想定しておく必要がある。

表層部分では酸化的な風化が進み、塩基が溶出しカオリナイトが生成するので、表土はカオリナイトと造岩鉱物が混合している。同じ場所で深くなると、還元的な風化によりスメクタイトが生成され、これには造岩鉱物が混合する。

花崗岩や安山岩の火成岩では、風化により生成する粘土鉱物のほかに、熱水性の粘土鉱物がある。またスメクタイトには、地下での変質により生成したスメクタイトと、熱水性のスメクタイトがある。

岩石から生じる粘土鉱物をまとめると、**表 10-3** のようになる。

表 10-3　岩石から生成する粘土鉱物

原岩	粘土鉱物				
源岩	還元層		表層部近く		表層部
泥岩	イライト	⇒	バーミキュライト	⇒	カオリナイト
頁岩	イライト	⇒	バーミキュライト	⇒	カオリナイト
泥質片岩	イライト	⇒	バーミキュライト	⇒	カオリナイト
	スメクタイト				
花崗岩	イライト	⇒	バーミキュライト・イライト	⇒	カオリナイト
	スメクタイト				
安山岩	イライト	⇒	バーミキュライト	⇒	ハロイサイト
	スメクタイト				
緑泥片岩	クロライト		⇒		カオリナイト
	スメクタイト				

還元層：還元的風化層、表層部：酸化的風化層

(3) 山くずれの粘土鉱物

山くずれ地には、地すべり地のような特別なすべり面はなく、崩土は地盤を構成している岩石と、それが風化してできた粘土で構成されている。したがって、そこに含有される粘土鉱物は、ほとんどがカオリナイトで、その他に地域を構成する岩石が細粒化し、粘土粒径化した粘土が混合している。

災害の調査時に、地質の場合は地質図から大体想定できるが、このとき、粘土鉱物も予測できると便利である。粘土鉱物は採取深さによって鉱物種が変化するため、採取試料の大略の深さと、含有されると予想される粘土鉱物の表を作成した(**表 10-4**)。

表 10-4　採取深さと含有が予想される粘土鉱物

深さ	粘土鉱物	岩質との関係
表層	カオリナイト	表層風化層に含有される
	ハロイサイト	安山岩、凝灰岩の表層部に含有される
中間層	イライト	泥岩、頁岩、泥質片岩地域に含有される
深層	クロライト スメクタイト	緑泥片岩(緑色片岩)、風化粘土 泥岩(新第三紀層)、御荷鉾緑色岩

表層　：土壌の酸化域で、表土は褐色～赤褐色
中間層：表層土と深層土が混合した層
深層　：還元域に属し、土の色調は岩石と同系色

－コラム－

[X 線回折による粘土鉱物を判定する場合の注意点]

X 線回折は電子化された方法であるが、粘土鉱物の分析については下記の点について注意が必要である。

① 採取試料について
粘土鉱物は、試料を採取する深さによって含有される鉱物種が変わる。このため、採取場所の深さの記載が大切である。また、同じ露頭でも異なる粘土鉱物が存在し、岩脈でも異なる。

② X 線回折用の試料作成法には、定方位法または不定方位法がある。地すべり地の粘土の分析では、膨潤性粘土鉱物の判定が必要なので定方位法による試料作成が必要である。不定方位法(粉末法)の場合は、造岩鉱物のピークも出てくるため判定は困難である。

③ X 線回折で得られたチャートや回折強度データから鉱物種を判定するが、実験者がどの程度のピークを判定しているかを示すために、チャートの添付が必要である。

第 11 章　植物と地すべり・山くずれ

あらゆる生物にとって、幼少時は生存に対する適応性が低い。植物は芽が出たときには数 mm に満たないため、小石の転動や強い風によって容易に倒れ枯死する。また根は浅いため、短期間の乾燥によっても枯死する。植物は親から守られることはなく、種が落ちた所が水分や肥料分に富む場所であれば育つが、水分のない所では枯死する。植物は、そこが生育する上で良くない環境であっても、より良い環境を求めて移動することはできない。

11.1　斜面における植物の働き

植物の葉は雨滴を受け止め、雨滴が直接土に達することを防いでいる。雨滴の大きさは、風に流される春雨のような場合は小さいが、雷雨のときには顔に当たると痛さを感じる大粒の雨もある。

降水は、雨滴の粒径が 0.1 mm 以上のものを雨滴と呼び、その落下速度は秒速約 9 m となり、この速度は終端落下速度と言われる(武田 2006)。雨滴は、落下するとその衝撃により、飛沫は水滴と共に土をはね飛ばす。飛ばされた土は、粘土分が多い場合、稚樹の幹に付着し、付着した土が多いとその重さによって倒れ枯死することがある。また土の衝撃により損傷を受け、この傷口から病原菌が入り枯死することがある。これは土袴(つちばかま)として林業関係者にはよく知られた現象である。

地表面に植物が生育していると、雨滴は一度葉に受け止められるので、雨滴の落下距離は木の場合は数 m、草類の場合は数十 cm となり、土に対する衝撃力は小さくなる(図 11-1)。しかし、葉面や枝に着いた雨滴は集合して落下するため、林内の雨滴は大きくなる。

地表に達した降水は斜面を流れ、植生がない場合は直接地表面を浸食するが、斜面を流れる水は、流速が早いほど、また水量が多くなるほど浸食力は大きくなる。したがって、斜面上の裸地面積は大きいほど流下距離が長くなり、浸食力も大きくなる。

図 11-1　植物への雨滴の落下
（葉面は雨滴の落下速度を緩和し、幹や茎は地表の流速を緩和する）

しかし斜面に植物があると、斜面を流れる水は、幹や茎に妨げられ流速は抑えられ浸食力は低下する。地表面を覆う植生は土壌を作り出し、土壌の中には小動物、昆虫、微生物、バクテリアが生息し、これらは生息のために孔隙を造っているが、地表面からの浸透水は、このような孔隙中を、ゆっくりと浸透して地下水となる。

11.2　根の働き

(1)　根系の形状

植物の根は、草と木ではその形態が違っている。草は細い毛根が多く出て養分の吸収と植物体を支持しているが、木は幹の下に主根と呼ばれる太い根が垂直に伸び、周辺へは横に伸びる側根が出て木が転倒しないように支えている（**図 11-2**）。

主根は、斜面深くに達しているように考えられているが、斜面に生育する木の根の深さは、土層の層厚に制限されそれほど深くはない。根の伸張する深さは、崩壊地の周辺などで観察すると 1～2 m の場合が多い（東 2014）。これは、根の深さ方向への伸張が、還元層によって制限されるためである。土層は、表層には生物の多い土壌層があり、降水は弱酸性溶液となって浸透し、このとき堆積している土層から塩基を溶出するため、鉄分やアルミニウムが残留して赤褐色となる。浸透水の到達深さは 1～2 m で、ここから下位は還元層となり、植物の根は伸張しない。

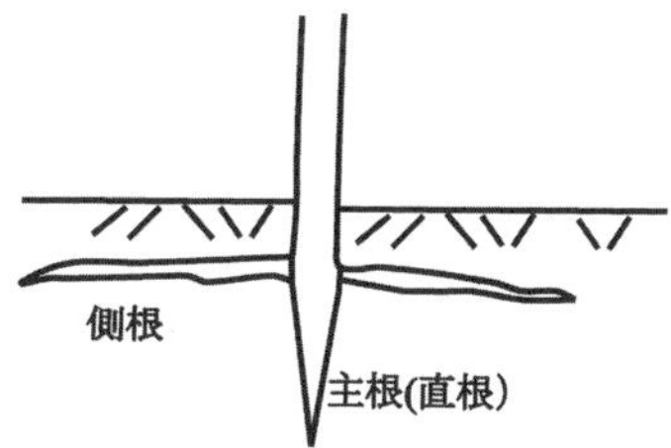

図 11-2　主根と側根

2011 年の東日本大震災の際の津波では多くの海岸林が壊滅したが、この中で一本だけ残った岩手県陸前高田市のアカマツは「奇跡の一本松」と呼ばれ、後に枯死した。このアカマツについて、その後調査が行われたが、その樹高は 27.7 m で、根の広がりは 8 m、根の深さは 2 m であったことが報告されている（苅住 2012）。したがって、樹高と根の深さの比率は 13：1 となる。

主根と側根の深さと広がりは、木の生育する場所の土層深さ、斜面傾斜によって異なり、土層の深さが深い場合は根は深く伸びるが、土層深が浅い斜面では、側根のみでなく主根も斜面に沿って伸張する。**写真 11-1** の木はマツの風倒木で、側根は直径約 3 m に広がっているが、深さ方向には約 50 cm 程度しか伸びない。これは、深さ 50 cm に 4300 年前（ミイケテフラと呼ばれる）に噴火した火山礫の堆積があるためで、根はこれより深く伸びていない。

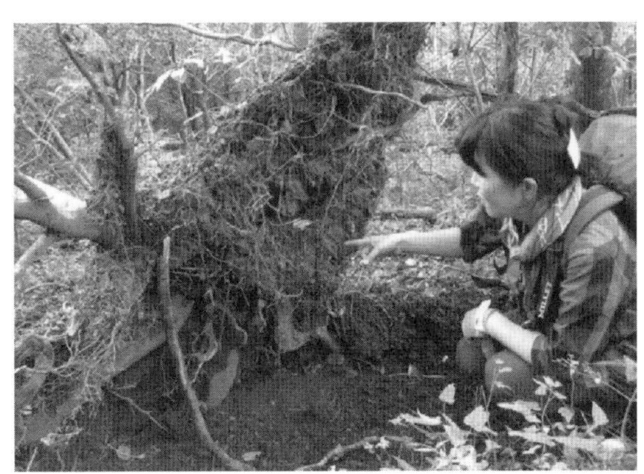

写真 11-1　風倒木の下面（矢岳、霧島山系：宮崎県）

崩壊地の調査では、スギの植林地がよく崩壊することが述べられ、その理由として、スギの根は根本の周辺に密生し、太い主根が出ていないためであると説明されているが、実際に風倒木や林道掘削の際に掘り出されたスギの根を見ると、主根は細く、周辺に細い根が密生している球根型である。スギの根がこのような形態となるのは、スギの植林は土壌条件が良好な土地で行われ、また間伐することを前提に密に植えられるためで、結果として根は広範囲に広がらない。これに対し、広葉樹は根が側方に張り出してタコ足状根系をしているが、これは広葉樹の生育する所は岩塊が多く、表土の薄い土壌条件の悪い土地が多いためである(**図 11-3**)。

図 11-3　球根状の根系とタコ足状根系

このような根系の形態の相違は、畑で十分な肥料を得て育つ植物と、荒れ地で育つ植物に比較することができる。畑で生育する野菜は短い根を密に出しているが、荒れ地で育つタンポポは深く長い根を持っている。

根の形態を直接見る機会は乏しいが、山くずれ跡や台風通過後の倒木が起こったときなどを利用して観察し、事例を集積する必要がある。

(2)　根の深さと広がり

植物の根の働きは、植物本体を支えるとともに肥料分を吸収する。これは、人間にとっては「口であり、歩くことのできない足」ということができる。しかし、植物は生育に不利になるような環境の変化があっても、動物のように移動することはできない。植物は、水分が乏しくなると葉を落とし乾燥に耐え、地表面が傾くと幹の形を変えることによって対応するが、ある限界を超えると枯死する。

木の根は土中にあるため、その全体の形を見ることはほとんどない。このため「木の根は、木の高さと同じだけ土中に伸びている」とか、「根の伸びている範囲は、枝の張りと同じである」など、実証されていないことが常識として信じられている。

崩壊地や林道の工事現場、河岸の浸食、風倒木などでは、根の形を見ることができる。実際に現れた根の形を見ると、深さ方向への伸張はそれほどでもなく、斜面に生育する木の根の深さは1～2 m程度である。この深さは土壌の深さと等しい。これは、木の根は生長のために養分を吸収する役目をしているためで、根の深さは肥料分を吸収できる土壌層の深さまでである。

実際に根を掘り、根系のスケッチが描かれている樹木根系図説（苅住 1979）において、調査された樹木の中から広葉樹10種と針葉樹10種の樹高と根系の関係を求めると、根の平均深さは194 cmであった（**図11-4**）。

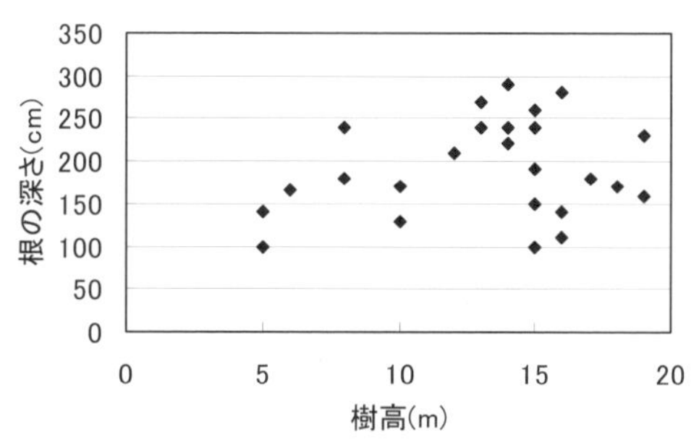

図11-4　根の深さと樹高の関係

（苅住 1979『樹木根系図説』より抜粋）

サワラの例を見ると、水平方向へは8.5 mの広がりが認められているのに対し、深さ方向へは1 mにすぎない（**図11-5**）。

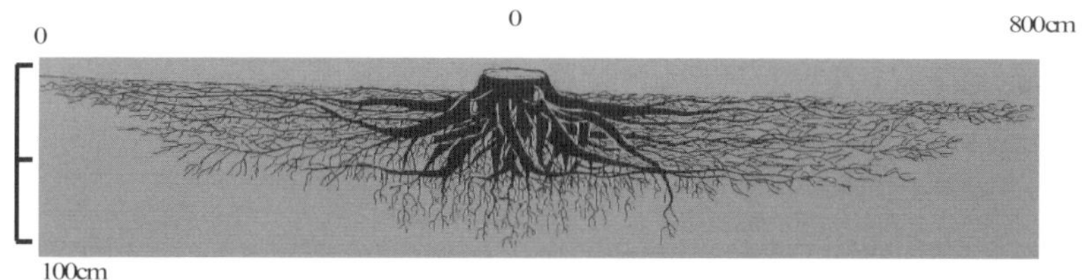

図11-5　面状に広がる根系（サワラ）（苅住 1979）

樹木根系図説で調査された木の多くは旧林業試験場内の樹木で、土壌深度が十分にある土壌条件の良い所である。しかし山地斜面では、土壌層自体の欠如や大きな礫の分布などのため土層厚は薄く、深さ方向への根系の伸びは妨げられている。

(3) 根の土に対する「緊縛作用」

根には幹を支え下に伸びる主根と、周辺に伸びる側根があり、主根は幹の重量を支え、側根は風などによる横からの力に抵抗している。細根は、植物が肥料分を吸収する働きをしている。

植物の根は土を硬く縛り、土層は厚いマット状となる(**写真 11-2**)。これは根の「緊縛作用」として知られているが、実際に根に触れると、根は粘性のある液体に覆われ、この液体に土が付着している。このような粘性は、根が肥料分を吸収するためにイオン交換をすることで生じる。

写真 11-2　根の緊縛作用によるマット状土層

根のイオン交換を受け持っているのは細根で、細根の表面にはH^+(水素イオン)があり、一方、土壌中の土粒子の表面にはナトリウム、カリウム、マグネシウム、カルシウムのような塩基がある。根の表面で塩基とH^+がイオン交換することによって肥料分となり、根に吸収される。また、交換によって土粒子に吸着されたH^+は酸性の要因となり、土粒子の粘土鉱物化を促進させる。

したがって根が土を緊縛できるのは、根が土とイオン交換をしているためなので、割り箸や爪楊枝などの木片を土中に挿入しても緊縛作用は得られない。

最近の工法で、斜面の崩壊防止のために鋼管杭を打設する工法がある。鋼管杭が岩盤に入った様子は、一見すると垂直に入った木の主根と似ているが、鋼管には側根も細根もなく、このため土を固める作用もない。

崩壊によって鋼管杭が露出すると、杭のみが残存し、土を固める作用がないため土圧に抗しきれず鋼管杭は折れ曲がる(**写真 11-3**)。

写真 11-3　崩壊により露出した鋼管杭
(ひと月後、鋼管は折れ曲がった)

(4)　根の生長による土の排除と偏心生長

(a)　土の排除

木は生長すると、その種類特有の樹形となる。これは木の枝が抵抗のない空中に自由に伸張できるためである。しかし土中には、粘土から礫まで大きさの異なる石礫があり、また過剰な水分を保持する粘土層などの存在により、根の自由な伸張は阻害されている。

木の根は幹と同じように肥大生長し、大木になると数 cm から十数 cm を超える太さになる。根が肥大生長すると、土は生長した容積分だけ押し広げられ、また、その分だけ土粒子の間隔は小さくなる(図 11-6)。根の生長により最初に縮小するのは気相部分で、さらに生長すると液相の孔隙部の体積も縮小する。しかし縮小した孔隙は、生物の活動によって再度形成される。

根の無い場合

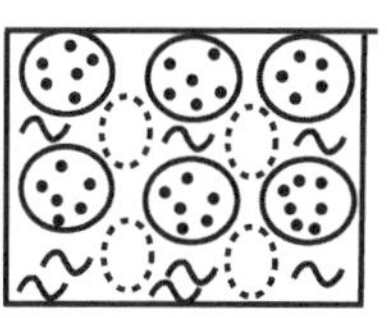

根が入ると気相部分が縮小される

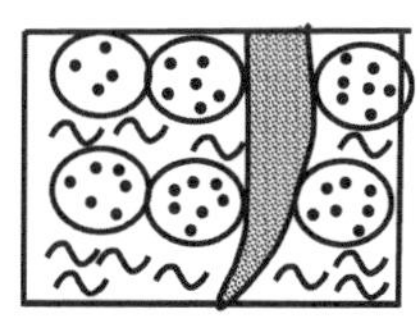

土粒子　空気　水

図 11-6　根の生長による気相、液相の縮小

実際に根の容積を測定すると、樹齢12年、高さ6 m、胸高直径11 cmのスギの根を掘削し、その容積を測定すると12 Lであった。このことは、根の生長によって12年間に土中の空隙が12 L分だけ押しのけられたことを意味している。

(b) 側根の偏心生長

側根は地表面と平行に伸びるが、このとき、根が肥大成長すると土が持ち上げられる。根の肥大生長は、地表面に対して、土の重量は「深さ×密度」のため、根の肥大する力は表層の土を排除するのに十分であるが、地下方向に対しては、根は土を圧縮しなければならない。このため、根は上方に向かって大きく肥大偏心生長する。樹木が大木になると、根が地表に露出する例が見られる。

このことは、2011(平成23)年の東日本大震災の際、東北地方を襲った津波で防潮林が全滅した中で、一本だけ残ったマツの根系を調査した報文中に、「側根の切断面の形状は、上部に広がった楕円状で、縦の直径は横の2倍に達する。平均値は1.5、変動係数は0.34であった」と述べられている(苅住2013)。

山地斜面では、樹木の生長に伴い根系が露出する現象が見られる。これは、根の生長が上部へ向って偏心生長し、土が持ち上げられるためである(**図11-7**)。持ち上げられた土は、よくほぐされているため雨により流され、乾燥時には風によって移動させられる。

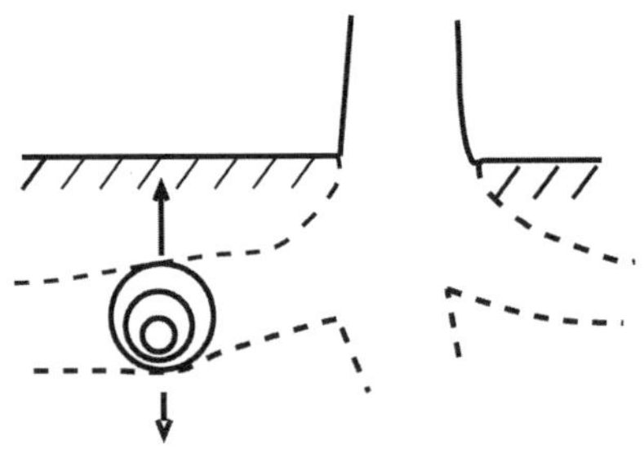

図11-7 根の偏心生長

偏心生長の実例としては、都市の街路樹のように表面をコンクリートやブロックで覆われた場所で、根の生長によりコンクリートやブロックが持ち上げられる現象が見られる。

(5)　樹木の崩壊防止機能と根系

樹木の存在が「山くずれを防ぐ」という考え方は昔からあり、日本人の常識となっている。しかしこのような考え方は恣意的なもので、科学的根拠はない。一方、山の斜面において巨礫が樹木の根元にとどめられている例を見ることがあるが、このような事例では、成木が落石を防止することが認められる。また林内へ流入した土石流が、樹木の存在により拡散している例も見ることがある。このような例は、対象が成木であることを認識しておかなければならない。

樹木は生物で、種のときの大きさは数 mm で、重さは 1 g にも満たない。また、発芽したときの大きさも数 mm 程度である。したがって、小石の転動があれば容易に折れ、枯死する(**図 11-8**)。あるいは、動物などに踏まれた場合や強風によっても容易に枯死する。樹木が外力に対し抵抗性を持つようになるのは、樹高がある大きさ(数十 cm)まで生長してからである。したがって崩壊地のように、絶えず小石が落下するような場所では樹木は生長できない。この意味から、樹木が生長している場所は地表面が安定していると言える。

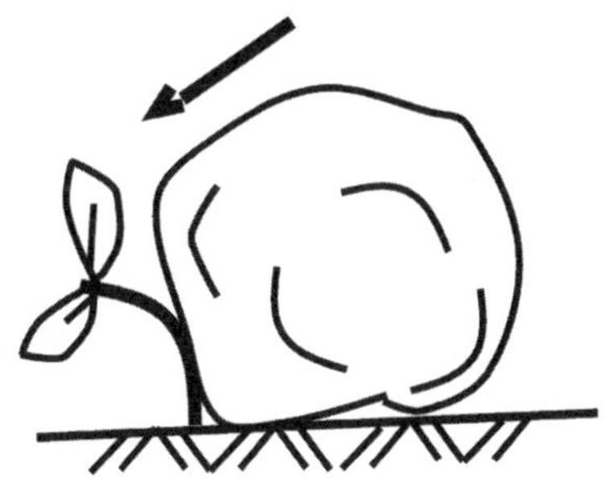

図 11-8　小石の転動による稚樹の枯死

樹木の崩壊防止機能を説明するために、樹木を引き倒し、根の抵抗性を求める試験が行われてきたが、その結果は、スギなどの植林木よりも広葉樹の方が引倒し抵抗が大きいことが報告されている。

広葉樹の方が抵抗が大きいのは、広葉樹の根は面状に広がるタコ足状だからである。広葉樹が生育する場所は、急傾斜で土質は岩塊や礫が多い場所であり、このような所は土壌層が薄いため、根はタコ足状に広がるので、引き抜き抵抗も大きくなる(**写真 11-4**)。

写真 11-4　タコ足状に広がった根系

一方、植林地のスギのように比較的地味の良い場所に育つ木は、土壌層が厚いため根の伸張範囲は狭く、細根が密な球根状となっている。このため、引き抜き抵抗は小さい。

広葉樹の方が「引抜き抵抗が大きい」ことから、植林地を広葉樹に変更しようという考え方もあるが、2014 年 8 月に発生し大きな災害となった広島市安佐南区の源流部は、広葉樹の天然林である。また、2013 年 10 月に伊豆大島で発生した土石流は大きな被害を引き起こしたが、斜面の大部分は天然林であった。

斜面は、一定の雨量を超えると樹木の有無や樹種とは無関係にくずれる、と考えるべきである。

11. 3　幹の変形

地表面が安定していると樹木は鉛直に生長する。しかし、斜面の土層は下方に向って断続的に移動しているため、樹木は地表面の変化を感知しながら生長する。地表の変化を感知した樹木は、斜面の変化に応答し変形するが、その形態は斜面の動きを知る上で重要な情報となる（**写真 11-5**）。

写真 11-5　傾斜したスギ

樹木は地表面が傾斜した場合、傾斜を感じ取り鉛直に戻ろうとして幹を曲げる。この場合、木が小さい頃に傾くと根元が曲がるので、これを根曲がりという。また、木がある程度生長してから傾くと幹が湾曲するので、これを幹曲がり、または樹幹傾斜という(図 11-9)。

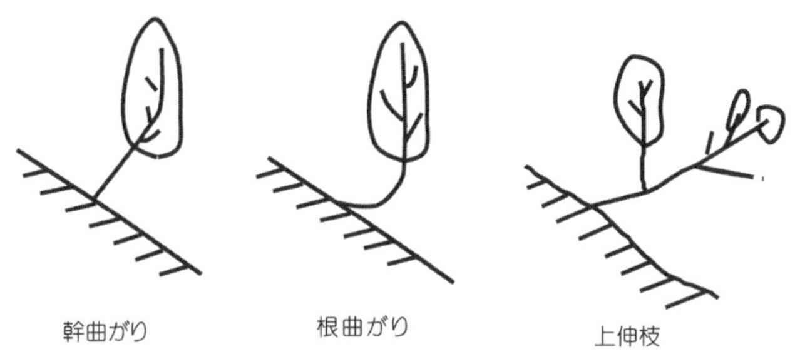

図 11-9　幹曲がり、根曲がり、上伸枝

木が大きく倒れた場合、倒れた幹から上に伸びる枝を出すことがあるが、これを上伸枝という。上伸枝は、木が倒れた翌年に芽を出し生長を始めるため、その年輪数は幹が倒れた年を表している。上伸枝は、ヤマザクラやカキなどの広葉樹によく見られる。

樹木が生長した後で地表面が傾斜すると、地表傾斜に応じて樹木の傾斜が変わる。その変形は次の 3 種類に大別できる(図 11-10)。

① 土層が岩盤上を平行に移動する場合、樹木は垂直のまま移動する。
② 土層の下部の移動が大きい場合、樹木は山側に傾斜する。
③ 土層の表層部の動きが大きいと、樹木は谷側に傾斜する。

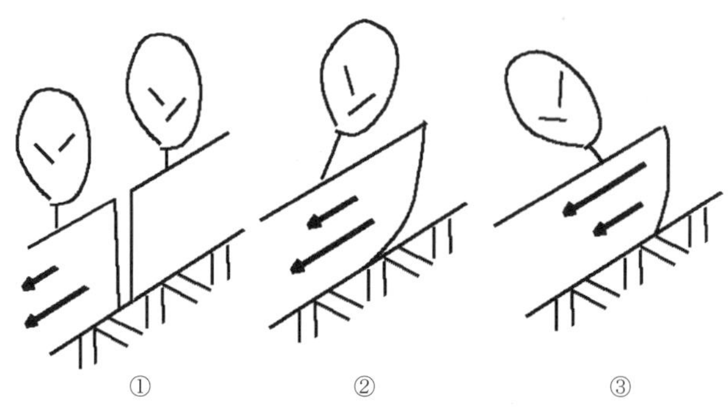

図 11-10 土層の移動と樹木の傾斜方向
①木は垂直：平行移動 ②山側へ傾斜：下部の動きが大きい ③谷側へ傾斜：表層の動きが大きい

注意しなければいけないのは、冬期に積雪のある地方では、雪圧により木が曲がることである。雪圧による根曲がりの場合は、周辺の木全体に同じような曲がりが生じることで判定が可能である。アテによる判定(次節参照)では、アテが毎年同じように生じていれば雪圧であり、不定期な場合やばらつきがあれば、地すべりと判定できる。

11.4 地すべりの動きと年輪

樹木は毎年、生長の記録として年輪を形成する。これは木が置かれていた環境の記録でもある。年輪は、干ばつなどの異常気象や地すべりや台風の強風のような強い外力を受けると、ストレスとして通常の年輪とは異なった赤味がかった年輪を形成する。これはアテと呼ばれ、木がストレスを受けた記録である。

アテは「外力に対する木の反応の記録」で、台風のように一過性の外力の場合、ストレスは翌年にはなくなるため、アテは単独となるが、地すべりのように数年にわたり外力が継続した場合、連続的に形成され地表変動が継続していたことがわかる。

アテは、地すべりによる地面の変動により木が傾くと、翌年の年輪に形成されるので、このことから地すべりが発生したり、消滅した年代を明らかにすることができる。

年輪とアテを使い山地斜面の動きを解明したのは東(1979)である。北海道のように、明治時代以前の記録のない地域で、地すべりの発生、消滅を明らかにする方法としてアテの研究を行い、アテの形態から地表面の動きを下記の 6 種類に分類した(図 11-11)。

① A 型：減衰型(大きなアテが生じた後、順次小さくなる)
② As 型：1 年型(1 年で終わる動き)
③ B 型：漸増減衰型(少しずつ大きくなり、ゆっくり小さくなる)
④ Bs 型：漸増型(少しずつ大きくなる)
⑤ 同行不連続型：同じ方向であるが不連続
⑥ 異方向連続型：異なる方向で、連続して生じる。これは木の倒れる方向が違ったことを意味している

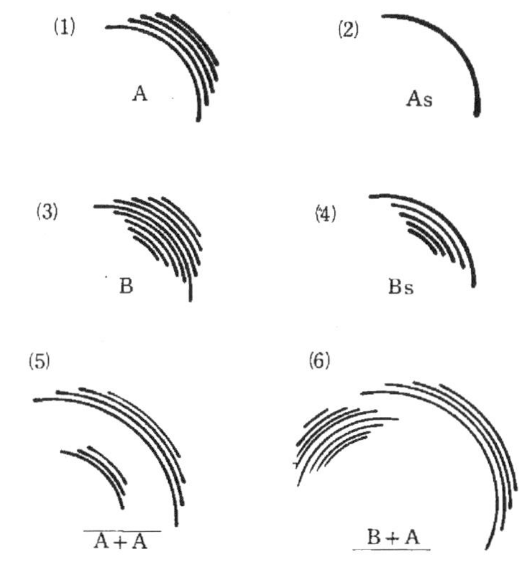

図 11-11　アテの形態による地すべり移動の増減(東 1979)

さらに山地斜面のアテの分析から、地すべりの動きについて下記のことを明らかにしている。

① 斜面は一様に動くのではなく、ブロック状に動く
② 地すべり土塊は下方のみでなく、横方向に動くこともある

樹木の年輪による情報は、木がそこに生長し始めたときからの情報なので、数十年、時には100年を超える時間をさかのぼることが可能である。また斜面全体のアテの分析から、斜面全体の動きを解析することも可能である（**図11-12**）。同図は、造林地内の面積120 m^{2}において、1962年から5年間の地表の動きを分析した結果である。図によれば、地すべり箇所は2年後には斜面全体に広がるが、徐々に収束している状態がわかる（東 1979）。

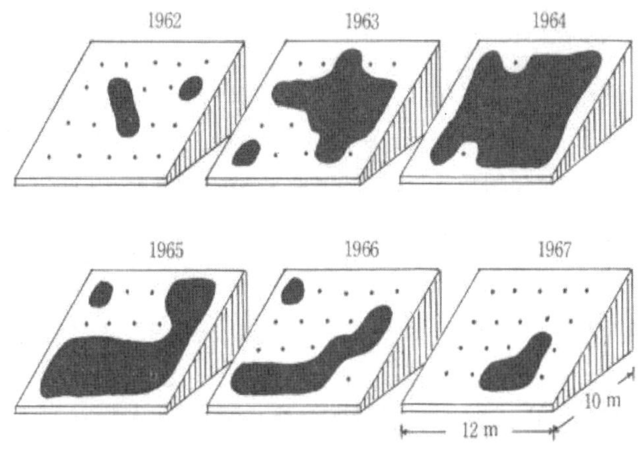

図11-12　アテの分析による斜面移動の消長（東 1979）

地すべりがブロック状に動くということは、一つの斜面では動く所と動かない所があるということで、地すべり地で生活する人々の日常的な経験と一致する。

現在は伸縮計やGPSによって、土地の動きに関係する精密な情報を得られるようになっているが、重要なことは、GPSを設置する場所の選定である。地すべり地が「動いている」という情報を得るためには、「動いている場所」を見いだし、その地点にGPSを設置しなければならない。また「動いていない」という情報を望む場合は、「動いていない場所」を選定しなければならない。重要なことは、地すべり地全体を見て、「どこが動いているか」「動いていないか」を見通す現場感であるが、年輪からは「動いているか否か」という情報を得ることができる。

11.5　木の伐採による林地環境の変化

植林地での崩壊発生について、伐採後「10年ほど経過した後で発生する」現象があると言われ、植林地での崩壊発生原因については「根が腐り、土に対するせん断力がなくなり崩壊する」と説明されている。この考え方の基本には、「樹木の根は崩壊に対して抵抗がある」ことが前提となっている。しかし根の腐り方は、標高、降雨量、植生などによって異なる。高山地域で表層土が薄く、気温も低い所では根系は長く残るが、気温が高く、降雨量の多い地域では、数年で腐植している。土中で根系が腐植する実態を調査することは困難と思われるが、その現象を明らかにしなければならない。

また「10年で根が腐植してせん断力がなくなる」という考え方の背景には、根系が「杭作用」をしているという前提がある。しかし、これまで多くの崩壊地の調査が行われてきたが、実際に地すべりや山くずれによって「樹根がせん断された」という報告は見当たらない。筆者の調査歴においても、すべりに抵抗してせん断された根を見ることはなかった。

樹木の伐採による崩壊の発生は、むしろ林地環境の変化が重要と考えられる。林地を伐採すると、林内気象と土壌環境に大きな変化が起こり、林内気象のうち気温については、植林地では樹冠に覆われているため、林外と比較し夏期の高温や冬期の低温は緩和される。温度変化は同時に湿度の変化となり、林内では湿度の変化も小さい(図11-13)。

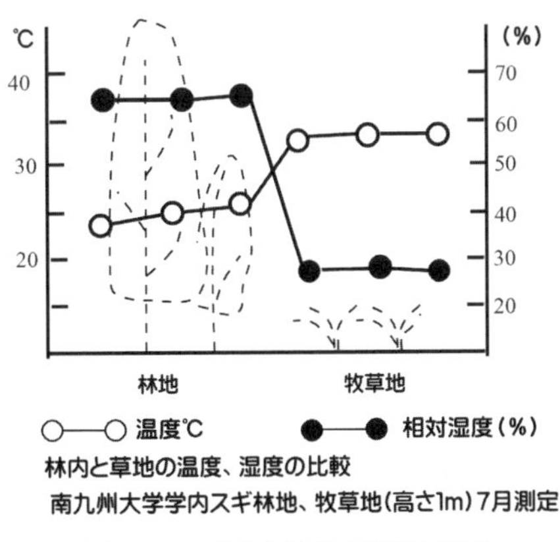

図11-13　林内と林外の温度と湿度

しかし林地が伐採されると、地表面へは直射日光が当たり土壌表面温度が上がる。また、冬期には低温にさらされるようになる。このように気象状態の変化が直接地表面に作用するようになるため、温度、湿度ともに大き変化を受けるようになる。このような温度と湿度の変化は土壌環境に大きな影響を与え、特に土中に生息する生物に影響する。

土中の生物は、バクテリアや菌類のような微生物から昆虫類、さらにネズミ、モグラのような小動物までが生存し、これらは土中で一つの生態系を作っている。このような土中に生息する生物は、生存のために土中に多数の孔隙を作っているが、伐採により林地の乾燥が進むと土中の生物の生存環境が変化し、土壌中に生息する生物が作る土壌孔隙が減少する(図 11-14)。土壌生物が減少することで土壌孔隙や生物による土の撹拌が減少し、表層土の固化が進行して、地表流が発生しやすくなると考えられる。

このように、伐採跡の崩壊発生や植林後の崩壊発生は、土壌環境の変化が関与していると考えられる。

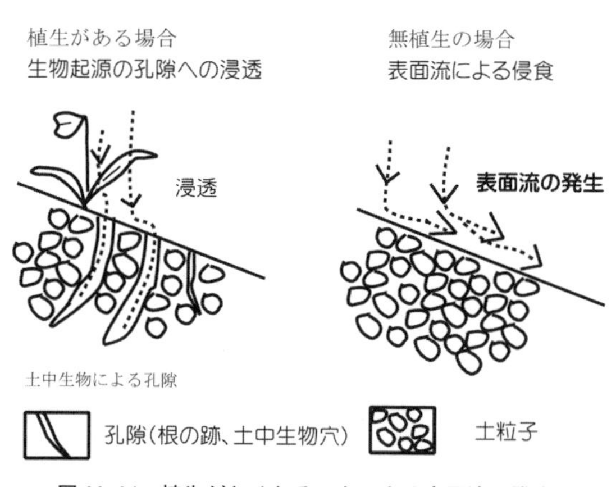

図 11-14　植生がなくなることによる表面流の発生

11.6　植林地と天然林のくずれやすさの比較

スギの植林地は崩壊しやすいと言われているが、植林地はもともと、崖錐や地すべり地などの傾斜が緩く植林作業がしやすい所が選ばれてきた。新第三紀層や四万十層の堆積岩の分布地域でも、泥岩や頁岩の分布地域では、これらの風化により粘土が生成するため、泥岩や頁岩の分布面積が広い所では、斜面傾斜が緩く土壌の発達も良好で、この結果、植林地として利用される。一方、砂岩分布地域では、表層部には砂岩の岩塊が堆積しているため傾斜が急で、また土壌層も薄い。このため植林地としては利用されにくく、広葉樹の天然林となっている場所が多い。

2005（平成 17）年に、天神山（宮崎県三股町）で崩壊土量 400 万 m^3 という大規模な崩壊が発生したが、ここでの崩壊の発生と岩種の関係を見ると、崩壊が発生したのは標高 800 m 付近の砂岩分布地で、ここは広葉樹の天然性二次林であった（**写真 11-6**、カラー口絵参照）。

写真 11-6　広葉樹林に発生した崩壊（天神山：宮崎県三股町）

中腹部の標高 500 m から 700 m 付近は傾斜が緩く、ここには頁岩が分布し、スギの植林地となっている。このことは、岩石種と土地利用に関係があることを示唆している（**表 11-1**）。

表 11-1　土地利用と岩石種の関係

岩石種	傾斜	土地利用
泥岩、頁岩	緩	スギ（植林地）
砂岩	急	広葉樹

土地利用が広葉樹林となるか植林地となるかは、その場所の自然的要因と同時に、土地所有者の意向や、その時代の国策も強く反映され、しばしば自然条件よりも優先されることがある。

11.7　崩壊地の植生復活

山くずれの跡地、土石流の氾濫原などの「自然が突然造った裸地」に生育する植物については、「裸地にコケ類が侵入し、その後、一年生草、多年生草、陽樹、陰樹へと変化し、最後に陰樹による極生層になる」と説明されている。

しかし、実際の崩壊地や土石流氾濫原を観察すると、崩壊の発生した翌年には、ヤマザクラやカエデなどの陽樹とともに、タブやヤブニッケイなどの陰樹の芽が出ている例を見ることができる(**写真 11-7**、カラー口絵参照)。

写真 11-7　土石流跡の砂礫地に見られるタブの群状発芽

山地斜面に落ちた種子は、地表に落葉落枝が厚く堆積している場合、これらに阻まれ土に達することができない。このためほとんどの種子は、発芽する機会がないまま腐植となる。しかし、崩壊の発生という地表の撹乱によって土と水に触れた種子は、発芽し生長を始める。この場合、草から木へという順序はなく、草も木も同じように発芽する。しかし初期には草の生長が早く、木は目立たない。このため草が先に侵入しているように見える(**図 11-15**)。

実際に裸地で植物が生長する過程を観察すると、南九州地域では、崩壊後 3 年程度経過すると雑草が繁茂し、崩壊地内部に入ることが難しくなる。この時点では、木は草の中に埋もれているが、5 年程度経過し木の高さが 1～2 m となると、木が目立つようになる。さらに 10 年を超えると木が優先し、木陰が生じるようになり草は消滅に向かう。

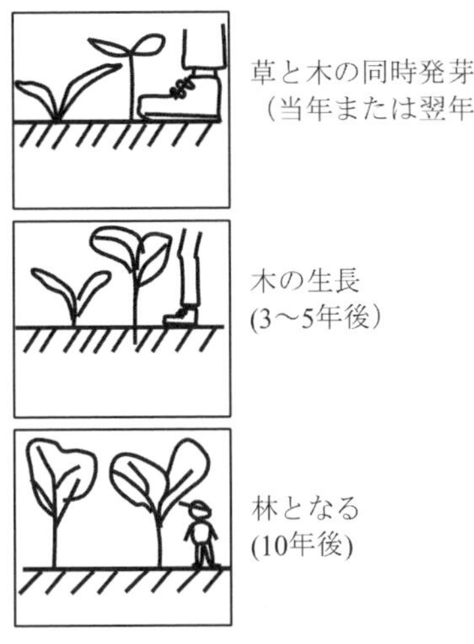

図 11-15　氾濫原での木の生長

さらに数十年経過すると、林内は陽樹と陰樹の競争となり、タブやヤブニッケイの中に肩をすぼめるようにして、背丈だけ伸びたヤマザクラが、枝の先端に花をつけた光景を見ることができる。ヤマザクラは陽樹のため、繁った林内では更新できず、木の寿命がつきると消滅し、タブやヤマザクラのような陰樹が優先する森となる。

崩壊地や氾濫原での植生の侵入が、「草から始まり、陽樹を経て陰樹へ変わる」と言われるのは、植生調査が夏行われるため、背丈が数 cm の樹木の稚樹は、草に隠れ見落とされるためと考えられる。崩壊地の樹木調査は、冬期に行うと草が枯れているため、常緑の稚樹を容易に見つけることができる。

崩壊地や土石流氾濫原に侵入する植物は、**表 11-2** のようにまとめられる。

表 11-2　南九州地域における氾濫原に見られる植物

陰樹	タブ、ヤブニッケイ、ツバキ、スギ、ウラジロガシ、スダジイ
陽樹	マツ、ヤマザクラ、カエデ、モミジ、ヤシャブシ、ヤナギ、ウツギ、ハゼ、アカメガシワ
草本	チガヤ、ススキ、イタドリ、ツゲ、ノイバラ

11.8　地表変動と植物

(1)　クロマツの侵入

植物の種は毎年形成され、植物が持つ固有の方法で飛散している。マツの種子は単翼を有し、風によって回転しながら飛散する。西日本では、山くずれで裸地が生じると、マツの種子が飛散し発芽して生長を始める。また、人工的な斜面である法面へも活発に生育範囲を広げる(**写真 11-8**)。

写真 11-8　クロマツの侵入した法面(徳島自動車道、池田 SA 内)

法面でのマツの生長を見ると、3 段の小段を持つ面積 450 m^2 の法面で、植生による法面保護工の場合、10 年後、この法面にはクロマツの生育が認められた。樹高の高いマツは下段に認められ、生育密度は上段が高い(**表 11-3**)。

表 11-3　法面でのマツの生育

	クロマツの本数(本)
下段	7
中段	21
上段	46

クロマツは日本の海岸林を形成する木であるが、近年、常緑広葉樹に変わり衰退が見られる。しかし、地すべり地や土石流の氾濫原ではクロマツ林が広がり、一斉林となっている例が見られる。

(2)　竹林の働き

竹林は昔から「地震のときに避難する場所」と言い伝えられてきた。竹の根は複雑に絡み合い、竹根マットと呼ばれるようなマット状の根系を作っている。おそらく昔の人は、この竹根マットを見て、地割れは起きにくいと考えたのだろう。また、河岸には竹林を育て洪水に備えた。竹林は、洪水とともに流れてくる流木などの大型の流下物を捕捉し流速を緩和し、水とともに運ばれてくる肥沃な土砂を通過させる役目をする。このことから、竹は有用な植生と考えられてきた。

斜面における竹の根は、竹根マットを作っているが、その厚さはあまり厚くはならない。層厚は30 cmぐらいしかなく、深い場合でも50〜60 cmである。また多くの竹根が絡み合っているため、降水を保持するための土壌が乏しい。このため降雨初期の少量の浸透水は保持できるが、竹根マットに保持できる量を超えると下部の土壌層に達し、浸透水は竹根マットと下部の土壌層の間を流れる。この結果、竹林マットは団塊状となって崩壊する。

一方、竹の生長は早く、生長期の3〜5月には1日で1 mも生長する。生長期間は限られているが、モウソウチクの場合、約1カ月で15〜20 mまで生長するものもある。このとき、竹の重量はモウソウチクでは1本当たり30〜50 kgとなる。竹は、根茎が地表と平行に延び、ここから芽が出て竹となるが、密に育つため場所では1 m^{2}当たり10本以上も生育することがある。仮に1本50 kgの竹が10本生えた場合、土は約1カ月の間に1 m^{2}当たり500 kgの荷重を受けることになる。これは土層に対する垂直応力の増加となり、土層全体の不安定化の要因となる。

竹林の崩壊に対する影響については、その存在が「崩壊を防止する」説と、「崩壊地の指標になる」説があるが、崩壊を防止する説の論拠となっているのは、竹根マットが土を固めているので崩壊の防止になる、という考え方である。一方、「崩壊地の指標になる」という考え方の根拠は、竹を生長期に切ると切断面に水滴を生じ、このことは竹が水をよく吸い上げていることを意味し、このため竹は地下水が豊富な所に生育するという考え方である。研究者間ではこのような二つの説があるが、裏山に竹林がある地区に住む人々は、竹林が団塊状にすべり落ちることを経験し、竹林が安全ではないことを知っている。

2016（平成28）年に熊本地震が発生し、周辺山地で多数の山くずれが起こった。このとき国道57号線が山地に入る堂園（どうぞん）地区では、高さが約50 mある未固結凝灰岩層の斜面の竹林が崩壊した。このことは、上記の崩壊防止機能には限界があることを示している。

現在、里山に住む人が減少し、スギの植林地が竹林に変わりつつある所が多く見られるが、これは竹の根が地中を旺盛に伸びると同時に、竹の葉や茎は枯れても分解が遅く、竹林内に厚い竹の葉の層を作り、他の植物の種が落ちても生育できないため、竹林として安定化するからである。

(3) ヤマザクラと山くずれ

(a) 吉野山の山くずれ

吉野山は桜で有名であるが、その開基は、今から1300年前に役行者（えんのぎょうじゃ）によって金峯山寺（きんぶせんじ）が開かれたことによる。このとき、役行者が蔵王権現を桜に刻んだことにより、桜を神木としたと説明されている。

これを自然科学から考察すると、吉野山のある地域は地質学的には三波川変成岩帯に属し、この変成岩は西日本を横断する中央構造線と呼ばれ、延長1000 km に及ぶ断層に沿って分布する変成岩帯である。三波川変成岩帯は、多くの地すべり山くずれが発生することが知られている。

三波川帯には、岩石の色が緑色の緑泥片岩と、黒色の泥質片岩があるが、吉野山を造っている岩石は、色の黒い泥質片岩である。このことは、吉野山を歩くと山道に泥質片岩が風化してペラペラの片状になった岩片が見られ、また金峯山寺の石垣に使われている岩石が泥質片岩であることからも理解できる(**写真 11-9**)。泥質片岩は、もともとは海底に堆積した泥で、泥が固まり泥岩となり、さらに時間が経って頁岩となり、頁岩に変成作用が加わって泥質片岩となったものである。

写真 11-9　泥質片岩の石垣(吉野山：奈良県)

この泥質片岩の特徴は風化するとイライトという粘土鉱物となることで、これは地すべりや山くずれの原因となる粘土である。したがって吉野山は、もともと地すべりや山くずれを起こしやすい岩石でできているということができる。

一方、ヤマザクラの由来であるが、樹木は生育に適した環境から陽樹と陰樹に分類され、陽樹は日光を好む木で、マツやサクラは代表的な樹種である。陽樹は日光さえあれば少々の荒れ地でも育つことができるので、地すべり跡や山くずれ跡に行くと、マツやヤマザクラの稚樹が生えているのを見ることができる。これらは崩壊地の優占種として育ち、数十年後にはマツ林になったり、山中に咲くサクラとなる。

吉野山はくずれやすい泥質片岩でできているので、役行者は数百年から数千年間隔で起こる崩壊地にはヤマザクラが生えているのに気づき、吉野山には桜が適していることを知ったのであろう。役行者が蔵王権現を桜に刻み神木にしたとされているが、吉野山にはもともとヤマザクラが多かったのである。おそらく、吉野山を開いた役行者は自然を鋭く観察する力のあった人で、この地には桜が適していることを知り神木にしたと考えられる。役行者は優れた自然観察者であったということができる。

(b)　四万十層のヤマザクラ

四万十層の分布地域では、三月になるとヤマザクラが咲くが、常緑の広葉樹の濃い緑の中に咲く、淡いピンクの花は目立つ。このようなヤマザクラは山くずれの跡地に生育したもので、崩壊があった翌年現地に行くと、芽を出している稚樹を見ることができる。

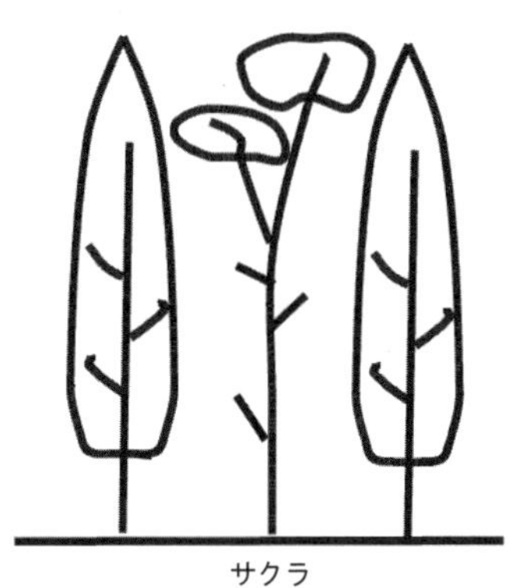

図11-16　スギに囲まれたヤマザクラ

（常緑樹に囲まれたサクラは背丈が伸び、上に花を付ける）

ヤマザクラは、同時に生育し始めたタブやヤブニッケイなどの陰樹よりも生長が早いが、十年を過ぎる頃から、陰樹の樹勢に押され枝が狭くなり、樹冠が狭まれたような形となる。また全体の樹形が細長くなり、先端部のみに花を付けるような樹形となる(**図 11-16**)。

このように陰樹に挟まれたヤマザクラは、数十年で枯死するが、周辺に崩壊地ができると、そこに新しい芽を出し生長を始める。

このため、ヤマザクラの開花する春先に調査をすると、その分布は明瞭で、過去に起こった崩壊地の分布状況も知ることができる。

(4) カエデと土石流

秋になると河原のカエデが紅葉するが、カエデの稚樹が生育している所は河原の礫質の場所である。カエデの稚樹は、河原の氾濫原、土石流後の礫質河床のような裸地に生育する。また、林道の法面のような人為的に造られた裸地にも生育する。これはカエデが陽樹であることを示すもので、このような場所は砂質～礫質で肥料分は乏しい(**写真 11-10**、カラー口絵参照)。

写真 11-10　土石流跡の礫の中で生育するモミジの稚樹

(5) 崩壊地の指標ダンチク

ダンチクは暖竹とも表記し、アシの仲間であるが、高さは 2～4 m になり、茎は直径 4 cm ほどに生長する。遠くからは竹のように見え、本州の南部、四国、九州の海岸部に生息すると説明されている。

崩壊地においては最初に侵入し、日南海岸(日南市：宮崎県)や紀伊半島(和歌山、三重、静岡）の太平洋に面する海岸地域では、崩壊地はダンチクに覆われる。このため、崩壊地の調査で空中写真によりダンチクの分布をプロットすると、崩壊地の分布をカバーすることができる（**写真 11-11**）。

写真 11-11　ダンチク（日南海岸：宮崎県）
（白っぽい部分がダンチクである）

ダンチクが崩壊地の指標となるのは、その繁殖方法が特殊であることによる。ダンチクは、茎が倒れると茎から根を出し生長を始めるため、崩壊による倒伏は生育範囲を拡張する機会となる。またダンチクは広さが数 m のブロック状に繁茂するため、ほかの植物の侵入は妨げられ、斜面全体を覆う。しかしその分布は海岸に限られている。

(6)　ヤナギが示す段丘の層序

ヤナギは水辺に生育する植生で、池のそばに垂れ下がったヤナギに飛びつくカエルを読んだ一茶の句は、多くの人に親しまれている。ヤナギは川辺に生育することはよく知られているが、地すべり地の湧水場所や、常時浸潤場所にも生育する。このためヤナギが生育している場所は、水がある場所として認識される。

ヤナギの種は綿毛に付いて風によって飛ばされ分散するが、種が着地した場所に水分があると直ちに根を出し、生育を始める。しかしある種のヤナギは、着地後 24 時間以内に水分を吸収しないと枯死する（東 1979）。

ヤナギが水分を好む性質は、地質の特徴を表すことがある。河岸段丘の末端部の崖において、その層序が礫層、砂層、粘土層を繰り返している場合、粘土層の上位にある礫層にはヤナギが生育する。これは粘土層の上位にある礫層が帯水層となり、段丘の末端で湧水となると、この部分にヤナギが生育することがある(高谷 1997)。このためヤナギを指標として礫層、砂層、粘土層の堆積層を見いだすことができる(図 11–17)。

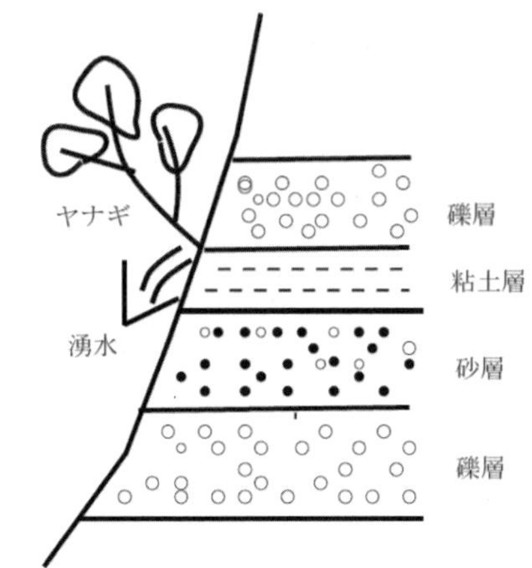

図 11–17　崖の末端部に生じた湧水部に生育するヤナギ

第 12 章　農林業と地すべり

12.1　生産性の高い地すべり地

地すべり地の多くは山中にあり、昭和中期まで、自給自足に近い生活が営まれてきた地区も少なくない。自給自足が成立するには、主食の米の生産が不可欠であるが、地すべり地は豊富な水があることから米の生産が可能であった。また、周辺の林野の落葉落枝は肥料の供給地となった。さらに山間部の水田は洪水の被害を受けることがなかったので、安定した収量を確保できた。農機具に関しても、鉄器が貴重な時代において、地すべり地は粘土なので木製の農機具でも耕作することができた。したがって地すべり地の水田は、農民にとっては良好な農地であった。

地すべり地は数百年に一度、地すべりの被害を受けるが、そのことによるデメリットよりも、良好な水田としてのメリットが大きかったということができる。また収穫する米の質も上質で、「田毎（たごと）の月」として有名な長野県の篠ノ井の米は、藩主に上納する酒の酒造米として使われていたと言われている。

古い調査例であるが、1960 年の地すべり地と地すべり地外の畑で生産量を比較した表から増収比を見ると、新潟県能生町飛山では 165％の増収であったことがわかる（**表 12-1**）。

表 12-1　新潟県各地の地すべり地と地すべり地外の収量比較

地すべり地名	地すべり地内（石）	地すべり地外（石）	増収比
新潟県能生町袋	3	2.8	107.1
栃尾市入塩川	3.2	2.8	114.3
糸魚川市	3.5	3	116.6
松之山町黒倉	3	2.5	126
新潟県能生町藤崎	3.3	2.5	132
新潟県能生町大洞	3.2	2	145
新潟県能生町飛山	3.3	2	165

石（こく）：1 石は 180 リットル（地名は調査当時）
（福本安正「治山」Vol.15、No.2、1960）

長野県信濃村(現：信濃町)において、大豆、小豆の反当たりの収量を比較すると、大豆では300％の増収で、地すべり地が良い農地であったことがわかる(**表12-2**)。

表 12-2　大豆、小豆の反当たり収量

種類	地すべり地内	地すべり地外	増収比
大豆	1.5	0.5	300.0
小豆	2	1.5	133.3
大麦	3.5	3.0	116.6
たばこ	212.0	127.0	166.9

現在、農村人口の減少と高齢化により、山村の過疎化と消滅化が進んでいる。このため、棚田や段々畑も消滅する傾向にある。一方、棚田の視覚的な美しさが知られるようになり、また豪雨時の保水地としても見直されるようになってきている。

棚田は北海道を除く全国に分布しているが、西南日本と東北日本を分ける静岡－糸魚川(新潟)を結ぶフォッサマグナを境界にして棚田を造る材料が異なっている。西南日本では石積みであるのに対し、東北日本では土によって造られている場所が多い。これは、西日本では石積みに四万十層の砂岩が使われたのに対し、東北日本では棚田が第三紀層の泥岩地帯にあるため、主に土によって棚田が造られたものである。石積みと土の比率は、西日本では 3：7 で石積みが多いのに対し、東北日本では 7：3 で土製が多い。

北海道には東北地方と同じような第三紀層が分布しているが、棚田は見られない。これは開発の歴史が浅く、開発の方向が山地にまで及ばなかったためと考えられる。

12.2　地すべり地と林業

奈良県の吉野林業地や徳島県の木頭林業、静岡県の天竜林業は、三波川帯変成岩上に発達した林業地であるが、このように伝統的な林業地が地すべり地帯とオーバーラップする地域は少なくない。このことから、地すべりが木の生長に良い影響を与えているという説があった。しかし、木はもともと静止している土地に生育するもので、動いている土地では正常に生育することはできない。このため、木の生長と地すべりとの関係については、明確な説明が成されていなかった。

一方、地すべりが起こると、斜面は深い層から攪拌されるが、これは植物にとっては深耕作用となる。深い土層が攪拌され、また風化岩が破砕されることにより、細粒化し養分として吸収しやすくなるため、数百年、数千年に一度、地すべりが起こることは、植物にとっては良い影響ということができる。

地すべり地といっても、すべての土地が動いているわけではなく、またその動きも、一度動くと数百年から数千年、時には数万年動かない地すべり地もある。これに対し木の寿命は、林業地の場合、100 年程度で、生長の早い九州の林業地では数十年程度の所もある。

ある地域が林業地とし産地を形成してきたのは、日本の政治が安定し経済活動が活発となった江戸時代以降なので、その歴史は現在まで 400 年程度と考えられる。これは地すべりの静止期間としてはあり得る間隔である。

日南市(宮崎県)の飫肥(おび)林業は、スギの生長が早く、かつては船材を生産することで知られていた。飫肥林業では、植えてから木を切るまでの期間が 30～40 年くらいで非常に早い。この地域は、もともと多数の地すべり地が分布している地すべり地域であった。この地域の広渡川上流地区で、2005 年に長さが 700 m という大規模な地すべりが発生した。この地域でのテフラの調査によれば、23000 年前に堆積した火山灰が分布していたが、このことから 2005 年の地すべりは、23000 年目に起こったと推定できる(第 5 章参照)。

一方、この地域が林業地として発展してきたのは、江戸時代中期からと言われているため、林業地として植林が始まって以来、3 回か 4 回、植林と伐採を繰り返していると考えられる。したがって、地すべり地形が認められる地すべり地であっても、木の生産は、地すべりの影響を直接受けずに林業地として活動続けてきたといえる。

したがって、地すべり地と言われる地域に生育する木でも、地すべりが静止している期間内に生長し伐採される木もあるので、この場合、木は地すべりの「動く」というマイナスの影響を受けずに生長、伐採されているということができる。

地すべりとは違うが、2011 年に東北地方で津波があった後、カキやコンブの養殖業者が、「津波があった後は、カキやコンブの生長が良い」と証言していた。これは、海底に粘土と共に蓄積された養分が攪拌されることによって、養殖物に吸収されるためと考えられる。斜面の生物である木も、地すべりという攪拌作用により、その後数世代恩恵を受けることができる。

12.3　棚田と段々畑の土性

棚田と似たものに段々畑がある。その違いは、土地利用が畑と水田の相違である。土地利用が畑となるか、水田となるかには、棚田は周辺に豊富な水があるのに対し、段々畑は水が少なく、ほとんど雨水に頼っている。土壌についても、棚田は粘土が大半を占め、石礫はほとんどないのに対し、段畑は石礫が混入している。

段々畑と棚田の土質について、天草(熊本県)の段々畑と、怒田地すべり地(高知県)を比較すると、均等係数では前者が 15 であるのに対し、後者は 7 で棚田の方が粒径が揃っているといえる。また平均粒径では、段々畑が 0.28 mm であるのに対し、棚田では 0.106 mm で畑の方が大きい(**図 12-1**)。

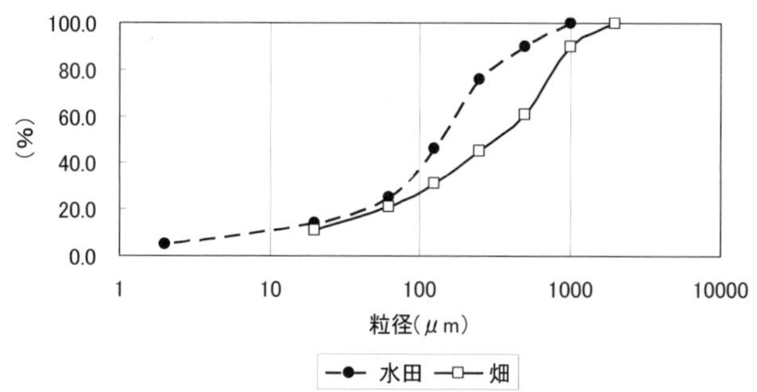

図 12-1　段々畑と棚田の粒径比較

粘土鉱物については、主な粘土鉱物は棚田ではスメクタイトで、段々畑ではカオリナイトである(**表 12-3**)。

表 12-3　段々畑と水田の主な粘土鉱物

	最大粒径	最小粒径	平均粒径	均等係数	主な粘土鉱物
水田	0.80	0.02	0.28	15	スメクタイト
段々畑	0.18	0.01	0.10	7	カオリナイト

単位：mm

土地利用と地質には関係が認められ、四国の地すべり地帯である三波川帯と御荷鉾帯を比較すると、三波川帯では畑として利用されているのに対し、御荷鉾帯では棚田が発達している。また主な粘土鉱物は、三波川帯ではカオリナイトであるのに対し、御荷鉾帯ではスメクタイトである(**表12-4**)。スメクタイトを含有する粘土は、塑性指数が大きく含水量が高い。このことは水田の土としては望ましい性質である。

表12-4　土地利用と粘土鉱物の関係

土地利用	地質	石礫	粘土分	粘土鉱物
水田	御荷鉾帯	なし	多	スメクタイト・イライト
畑	三波川帯	多	少	カオリナイト

四万十帯にも地質と農業に関連性が認められる所があり、四万十層群の頁岩優勢地域では、斜面傾斜が緩く斜面の土質は粘土分に富んでいる。このような地域は、古くから茶畑として開かれてきた。また比較的交通の便が良くなった地域では、昭和30年代末から40年代初頭にかけて、ミカン園として開発が進められた。

参考文献

［参考図書（和書）］

1）飯田智之（2012）：斜面崩壊の知識、鹿島出版会、p.233
2）今村遼平（2012）：地形工学、鹿島出版会、p.258
3）上野将司（2012）：危ない地形・地質の見極め方、日刊工業新聞社
4）於保幸正、海堀正博、平山恭之（2014）：地表の変化—風化・浸食・地形・土砂災害—、広島大学学出版会、p.100
5）大八木則夫（2007）：地すべり地形の判読法、近未来社、p.316
6）太田猛彦（2012）：森林飽和、NHK 出版、p.254
7）川上浩（2010）：山が動く土が襲う、信濃毎日新聞社、p.201
8）北野康（1977）：水の科学、日本放送協会、p.205
9）白水春雄（1988）：粘土鉱物学—粘土科学の基礎—、朝倉書店、p.185
10）塚本良則（1998）：森林・水・土の保全、朝倉書店、p.137
11）日本応用地質学会（1999）：斜面地質学—その研究動向と今後の展望—、日本応用地質学会 p.294
12）日本地すべり学会（2004）：地すべり　地形地質的認識と用語、日本地すべり学会、p.318
13）東三郎（1979）：地表変動論、北海道大学出版、p.294
14）藤田崇（2002）：地すべりと地質学、古今書院、p.238
15）古谷尊彦（1996）：ランドスライド、古今書院、p.213
16）松倉公憲（2008）：地形変化の科学—風化と浸食—、朝倉書店、p.242
17）横田修一郎、永田秀尚、横山俊治、田近淳、野崎保（2015）：ノンテクトニック断層、近未来社、p.248.
18）吉村尚久（2004）：粘土鉱物と変質作用、地団研究会、p.292

［参考図書（洋書）］

1）Dikau,R, Brunsden,D, Schrotto,L, Ibsen,M-L（1996）: Landslide Recognition—Identiffication, Movement and Causes— JOHN WILEY& SONS, p.251
2）Turner,K,A, Schuster,R,L, Editors（1996）: Landslides—Investigation and Mitigation— Special Report 247 American Geophysical Union, p.673
3）Sidle,R,C, Ochiai,H（2006）: Landslides Processes, Prediction and Land use, American Geophysical Union, p.312
4）Varnes,D,J（1978）: Slope Movement Types and Processes—Landslides Analysis and control, edited by Schuster,R,L and Krizek, Transportation Research Board, Special Report 176
5）Veder,C（1981）: Landslides and Their Stabilization, Splinger-Verlag NewYork, p.247
6）Yatsu,E（1988）: The Nature of Weathering An Intoroduction, SOZOSHA, p.624

[参考および引用文献]

<第1章　日本における地すべり・山くずれの背景>

1）赤城正夫(1963)：砂防一路、全国砂防治水協会、p.500
2）愛媛大学技術史研究会(1971)：砂防工学の歴史とその背景、新砂防、Vol.26、No.2、pp.27-33
3）小出博(1955)：日本の地すべり、東洋経済新聞社、p.257
4）熊谷直(2013)：軍用鉄道発達物語「戦う鉄道」史、潮書房光人社、p.229
5）清水宏(2007)：技術維新、砂防学会誌、Vol.60、No.2、pp.66-70
6）神保小虎(1901)：山梨、静岡、石川の三県下の地割れと山崩、地質学雑誌、Vol.8、No.93
7）高野秀夫(1983)：斜面と防災、築地書館、p.177
8）高谷精二(1998)：シスル地すべり見学記－ユタ州ソートレーク市－、めらんじゅ No.9、pp.14-20.
9）中村慶三郎(1934)：山崩、岩波書店、p.254
10）中村慶三郎(1964)：名立崩れ―崩災と国土―、風間書房、p.230
11）中村慶三郎(1964)：崩災談義、地すべり、Vol.1、No.1、pp.5-7
12）諸戸北郎(1916)：理水及砂防工学本論、三浦書店、p.283
13）澤山重樹、鈴木恵三、高谷精二(1999)：火山灰土のはなし(その 1)、めらんじゅ No.10、pp.63-71
14）脇水鉄五郎(1912)：山地の山崩について、地質学会誌、Vol.24、No.282、pp.379-390

<第2章　岩石の種類と地すべり>

1）青木穂高、由田恵美、杉浦弘毅、村上博光(2006)：愛媛県の御荷鉾緑色岩地帯で発生した地すべり、地すべり、Vol.42、No.6、pp.67-68
2）安藤武、大和栄次郎、中村久由(1960)：本邦の温泉地すべりについて、地球科学、No.47、pp.29-34
3）井沢英二(1986)：浅熱水鉱床にともなわれる粘土鉱物、鉱物学雑誌、Vol.17 特別号、pp.17-24
4）大八木規夫、大石道夫、内田哲男(1970)：北松鷲尾岳地すべりの構造要素、防災科学技術総合研究報告、No.22、pp.115-140
5）歌田実(1992)：建設工事における風化・変質作用の取扱い方 5、熱水変質作用、土と基礎、Vol.40、No.9、pp.67-74
6）落合英俊、松下博通、江頭和彦、一瀬久光(1988)：温泉余土と基礎工、土と基礎、Vol.36、No.3、pp.61-66
7）高谷精二(1967)：地すべり地の斜面形について、日本林学会北海道支部会、No.16、pp.141-144
8）高谷精二(1981)：結晶片岩地域における地すべりと粘土鉱物(3)―高知県怒田・八畝地すべり―、新砂防、Vol.33、No.3、pp.18-23
9）高谷精二(2007)：2005 年台風 14 号による宮崎県内に発生した巨大崩壊、地すべり、Vol.44、No.2、pp.20-26
10）多田元彦、伊藤浩、嘉屋和浩(1987)：南八幡平松川地熱帯の地すべり粘土について、岩手大学紀要、No.40、pp.65-72
11）露木利貞、金田良則、小林哲夫(1980)：火山地域に見られる地盤災害とその評価(1)霧島火山群地域に見られる崩壊型について、鹿児島大学理学部紀要(地学・生物学)、No.13、pp.91-103

12) 剣山研究グループ(1977)：四国中央部大歩危背斜南部—特に三波川結晶片岩の中の「南日浦不整合」について、地質学雑誌、Vol.83、No.1、pp.27-32
13) 橋本光男(1989)：御荷鉾緑色岩について、地質学会誌、Vol.95、No.10、pp.789-798
14) 平田茂留(1968)：高知県中岡群大豊村南小川地方の地辷り、地学研究、Vol.19、No.9、pp.245-252
15) 日本測量調査技術協会編(1984)：空中写真による地すべり調査の実務、鹿島出版会、p.175
16) 前田寛之(1966)：地すべり地形、地質および変質特性—北海道紋別郡生田原町東部地域の例—、地すべり、Vol.33、No.1、pp.21-28
17) 前田寛之(1996)：熱水変質帯地すべり—北海道門別町生田原町仁田布川流域の例—、地すべり、Vol.33、No.3、pp.8-12
18) 前田寛之(2004)：熱水変質作用、地すべり—地形地質的認識と用語—(社法)地すべり学会、pp.159-164
19) 由佐悠紀(1969)：地熱変質帯における地下検層(Ⅱ)乙原地熱変質帯について、大分県温泉調査会報告、No.20、pp.33-42

＜第3章　地すべり地形と微地形＞

1) 磯貝晃一、岡村俊邦(2003)：地すべり活動による土塊の堆積膨張の実測事例、地すべり、Vol.40、No.4、pp.58-61
2) 釜井俊孝(2004)：地すべり—地形地質的認識と用語—、地すべり学会、pp.80-92
3) 科学技術庁調整局(1978)：地すべり面形成に関する地質鉱物学的研究、結晶片岩地帯地すべり発生機構に関する報告書、pp.75-121
4) 岸本良次郎(1966)：地すべり土の微細構造の形態学的研究と地すべり履歴論、農業土木試験場報告、No.4、pp.171-196
5) 木全玲子、宮城豊彦(1985)：地すべり地を構成する基本単位地形、地すべり、Vol.21、No.4、pp.1-9
6) 紀平潔秀(1989)：すべり面の構造についての事例研究、地すべり、Vol.26、No.2、pp.9-16
7) 澤山重樹、鈴木恵三、高谷精二(1999)：火山灰土のはなし(その 1)—クイッククレー・俗称“かまつち”の土質工学的特徴—、めらんじゅ、vol.10
8) 玉田文吾(1971)：口之津地すべりのすべり面形成について(Ⅰ)地すべり、Vol.7、No.4、pp.1-8
9) 玉田文吾(1971)：口之津地すべりのすべり面形成について(Ⅱ)地すべり、Vol.8、No.1、pp.6-10
10) 東北森林局(2009)：山地災害の記録—平成20年岩手・宮城内陸地震、p.30
11) 日本応用地質学会(1999)：斜面地質学—その研究動向と今後の展望—、日本応用地質学会、p.294
12) 日本測量調査技術協会(1984)：空中写真による地すべり調査の実務、鹿島出版会、p.175
13) 藤原治、柳田誠、清水長生、三橋智二、佐々木俊法(2004)：日本列島における地すべり地形の分布・特徴、地すべり、Vol.41、No.4、pp.13-22
14) 前田寛之(1988)：北海道生田原地すべり地の崩積土と地すべり面粘土、地すべり、Vol.25、No.1、pp.13-21
15) 宮城豊彦(2013)：日本地形学連合秋季大会巡検資料、p.25
16) Varnes,D.J(1958)：Landslide type and Processes, in Landslides and Engineering Practice. Eckel,E,B edited., Highway Research Board, Special Report, No.29, pp.20-47

17) Varnes,D,J (1978) : Slope movement types and processes in Landslides-Analysis and control, edited by Schuster,R,L, Transp/Res Board,Special Report, No.176, pp.11-33
18) Yamagishi (1995) : Landslides along the Coast from Ainuma to Toyohama, Southwestern Hokkaido, Japan, 地すべり Vol.31、No.4、pp.23-29
19) 山岸宏光(1998)：北海道における高速ランドスライド、地すべり、Vol.34、No.4、pp.19-26
20) 山口真一、竹内篤雄(1967)：地すべり末端部における川越え現象について(1)、地すべり、Vol.4、No.3、pp.33-47

＜第 4 章　山くずれの諸現象＞

1) 市川岳志・松倉公憲(2001)：弱固結砂岩からなる斜面における土層構造と表面崩壊、応用地質、Vol.42、No.1、pp.30-37
2) 今村良平(2007)：山地災害の「免疫性」について、応用地質、Vol.48、No.3、pp.132-140
3) 海堀正博(2011)：平成 22 年 7 月の広島県庄原土砂災害の概要―花崗岩類分布地域ではないところでの崩壊・土石流の集中発生―、日本地すべり学会関西支部現地討論会論文集、pp.1-12
4) 黒木貴一、磯望、後藤健介、黒田圭介、宗健郎(2015)：1982 年長崎豪雨による斜面崩壊地の植生回復と土層形成、地形、36 巻、3 号、pp.205-213
5) 諏訪浩、平野昌繁、奥西一夫(1991)：九州四万十帯切取り斜面の岩盤崩壊過程、京都大学防災研究所年報第 34 号、B-1
6) 鈴木恵三(2014)：特殊土の名前の由来、基礎工、Vol.42、No.12、pp.92-93
7) 清水収、長山孝彦、斉藤正美(1995)：北海道日高地方の山地小流域における過去 8000 年間の崩壊発生と崩壊発生頻度、地形、Vol.16、No.2、pp.115-133
8) 高田誠(2010)：九州・沖縄の特殊土の紹介③―シラス―、地盤工学会誌、Vol.58、No.6、pp.12-13
9) 高谷精二(2003)：竜ヶ水北沢における治山ダムの破壊過程とその原因、南九州大学研究紀要、自然科学編、第 33 号(A)、pp.9-19
10) 谷山和則、原田博介(1975)：シラス地域のおける切土・盛土の施工例―九州縦貫道・加治木―薩摩吉田間の土木工事、土と基礎、Vol.23、No.2、p.49-56
11) 新澤直治(1952)：今市地震による崩壊について、新砂防、No.8、pp.7-10
12) 野崎保(2008)：2007 年新潟県中越沖地震による初生的岩盤地すべりと層面すべり、地すべり、Vol.45、No.1、pp.72-77
13) 松本舞恵、下川悦郎、地頭薗隆、黒木健二(1999)：しらす急斜面の表層崩壊地における植生回復と表層土の発達、新砂防、52-4、pp.4-12
14) 柳井清治・薄井五郎・成田俊司・清水一(1984)：日高地方海岸段丘地帯における斜面崩壊の研究―火山灰を指標にした崩壊発生頻度の検討―、北海道立林業試験場報告、22 号、pp.1-9
15) 柳井清治・薄井五郎(1989)：火山灰を指標にした斜面崩壊の年代的解析、新砂防、Vol.42、No.1
16) 横山勝三(2003)：シラス学、古今書院、p.177

＜第5章　風化作用＞

1）赤崎広志、濵田真理(2016)：宮崎県日南海岸に分布する宮崎層群のコンクリーションについて、宮崎県総合博物館総合調査報告書「県南地域調査報告書」、pp.75-92
2）赤崎広志, 高谷精二、松田清孝(2010)：宮崎県双石山の砂岩に見られるタフォニの形態について、宮崎県総合博物館研究紀要、第30号、pp.55-62
3）石田啓祐、西山賢一、中尾賢一、元山茂樹、高谷精二、香西武、小澤大成(2007)：徳島県祖谷川上流域の御荷鉾帯の地質と地形、阿波学会紀要、53号、pp.1-12
4）一國雅巳(1989)：ケイ酸塩の風化とその生成物. 土の化学、季刊化学総説、No.4、pp.6-18
5）大山隆弘、千木良雅弘、大村直也、渡部良明(1998)：泥岩の化学的風化による住宅基礎の盤膨れ、応用地質、Vol.39、No.3、pp.261-271
6）蟹江康光、柳田誠、田中竹延(1996)：三浦層群逗子層の泥岩分布地域で滑動した層すべり、地質学雑誌、Vol.102、No.8、pp.762-764
7）吉川恭三、由佐悠紀(1968)：明ばん地熱変質帯における地下検層―変質粘土の分布―、大分県温泉調査研究会報告、No.19、pp.37-44
8）Griggs,D,T(1936)：The factor of fatigue in rock exfoliation, Journal of Geology, Vol.44, pp.783-796
9）小林嵩(1959)：灌漑による畑土壌の改良について、開拓地土壌調査十周年記念論文集、pp.875-891
10）高谷精二(1983)：束石崩壊の発生した地域に見られる塩類集積現象について、土と基礎、Vol.31、No.1、pp.101-104
11）高谷精二(2005)：技術者に必要な地すべり・山くずれの知識、鹿島出版会、p.147
12）田所伸夫(2008)：日南層群のボーリングコア表面に析出した白色綿状物質、めらんじゅ、22号、pp.30-31
13）船引真吾(1978)：土壌学講義、養賢堂、p.239
14）本多朔郎(1981)：鉄パイプの腐植の原因と黒色泥岩中のフランボイダル黄鉄鉱、秋田大学鉱山学部地下資源研究施設報告、第46号、pp.1-5
15）前田寛之(1988)：北海道生田原地すべり地の崩積土と地すべり面粘土、地すべり、Vol.25、No.1、pp.13-21
16）松尾新一郎訳、C.オライァー著(1972)：風化―その理論と実態―、丸善、p.416
17）三浦清(1975)：Alunogenの晶出と地盤破壊について、応用地質、Vo.16、No.1、pp.29-30
18）望月秋利、片岡昌祐、阪口理、寺下雅祐(1994)：暴露試験と乾湿繰り返しによる頁岩の風化速度、土質工学会論文報告集、Vol.34、No.4、pp.109-119
19）吉田夏樹(2008)：東京・神奈川における硫酸塩を含んだ土壌に建築された住宅基礎コンクリートの劣化事例、日本建築学会大会学術講演概要集、A-1
20）吉田夏樹(2010)：硫酸ナトリウムの結晶成長によるコンクリートの劣化現象、東京工業大学学位論文

＜第6章　風化を進める岩石の構造＞

1）吾郷祐輔、西山賢一、高谷精二、磯野陽子、佐藤威臣(2007)：徳島県勝浦側盆地に分布する泥岩の風化による物性変化、日本応用地質学会中国四国支部平成19年度研究発表会発表論文集、pp.35-40

2) 落合英俊、松下博通、江頭和彦、一瀬久光(1988)：温泉余土と基礎工、土と基礎、Vol.39、No.3、pp.61-66
3) 窪田敏夫(1972)：中央道岩殿山付近地すべり工事、土木施工、Vol.3、No.13、pp.69-74
4) 紀平潔秀(1989)：すべり面の構造についての事例研究、地すべり、Vol.26、No.2、pp.9-16
5) 高知県土木部防災砂防課(1977)：長者地すべり対策の経緯、高知県、pp.1-22
6) 佐々木健司、石井学、南哲行、山田孝(1998)：1997年5月11日秋田県角館市八幡平で発生した澄川地すべり・土石流の発生時系列と発生形態、地すべり、Vol.35、No.2、pp.46-53
7) 柴崎達也、青木穂高、橋本英俊、横山俊(2007)：結晶片岩地すべりにおける砂粒子形状に着目したすべり面判定手法、平成19年度研究発表会論文集、日本応用地質学会、pp.167-168
8) 鈴木堯士(1983)：地質学から見た御荷鉾地すべりの特性、地すべり学会関西支部現地討論会“御荷鉾地すべりを考える”、pp.17-31
9) 高谷精二(1971)：地すべりのSlicensideに関する一考察、応用地質、Vol.12、No.3、pp.129-135
10) 高谷精二(1981)：結晶片岩地域における地すべりと粘土鉱物(3)—高知県怒田、八畝地すべり—、新砂防、Vol.33、No.3、pp.18-23
11) 高谷精二(1982)：四国の地すべりと山地保全に関する基礎的研究、南九州大学紀要、No.13、pp.1-40
12) 田中芳則(1980)：水分ポテンシャルからみた泥岩の乾燥収縮と膨張、応用地質、Vol.21、No.3、pp.13-21
13) 濱中俊史、横田修一郎、崎村信行(2007)：花崗岩急斜面に発達するシーティング節理群の形態と卓越方向—広島市八幡川地域および呉市東能美島地域を例として—、島根大学地球資源環境学研究報告、26、pp.11-34
14) 星野寔、吉田保(1972)：豊浜地すべり(北海道檜山支庁乙部町内)について、地すべり、Vol.9、No.2、pp.3-19
15) 横田公忠、矢田部龍一、八木則男(1997)：蛇紋岩地帯の地すべりの発達に及ぼす粘土鉱物鉱物とせん断強度の影響、土木学会論文集、No.568、pp.125-132

<第7章　岩石の風化速度>

1) 一國雅巳(1989)：ケイ酸塩の風化とその生成物、土の化学、季刊化学総説、No.4、pp.6-18
2) 石井醇、堀越新一(1987)：玉ねぎ状構造の形成要因、東京学芸大学紀要、4部門39巻、pp.127-147
3) M Kawano, K Tomita(1999)：Formation and evolution weathering products in rhyolitic pyroclastic flow deposit, southern Kyushu, Japan 地質学雑誌 Vol.105, No.10, pp.699-710
4) 佐野博昭、出村禧典、山田幹雄、熊澤真周、奥村充司、加治俊夫(2004)：切土法面における酸性土の形成とその工学的性質の推定法、地すべり、Vol.41, No.2、pp.70-75
5) 佐々木信夫(1977)：新第三系強酸性硫酸塩土壌に関する研究、岩手県立農業試験場研究報告、第20号、pp.23-54
6) 千木良雅弘(1988)：泥岩の化学的風化—新潟県更新統灰爪層の例—地質学雑誌、Vol.94、No.6、pp.419-431
7) 剣山研究グループ(1977)：四国中央部大歩危背斜南部の地質—特に三波川結晶片岩の中の「南日浦不整合」について—、地質学雑誌、Vol..83、No.1、pp.27-32

8) 西山賢一、塩田次男、岩井良平、寺戸恒夫(2004)：美郷村に分布する三波川変成岩の地質学的特徴と地すべり地形、阿波学会紀要 50 号、pp.1-9
9) 西山賢一(2011)：日本における地すべり・斜面崩壊の発生頻度に関する編年学的研究、らんどすらいど、No.27、pp.30-40
10) 羽田麻美、藁谷哲也(2015)：カンボジアの熱帯環境に暴露した岩石の初期風化と微生物侵入による影響、日本大学文理学部自然科学研究所「研究紀要」、第 50 号、pp.9-24
11) 東三郎、藤原滉一郎、村井延雄(1963)：夏期における頁岩の機械的風化、新砂防、Vol.16、No.3、pp.8-13
12) 船引真吾(1978)：土壌学講義、養賢堂、p.239
13) Matsukura,Y(1980)：Wet-dry slaking of Tertiary shale and tuff,Transaction of the Japanese Geomorphological Union, 3, pp.25-39
14) 松倉公憲(1996)：岩石、石材における風化作用とその速度、土と基礎、Vol.44、No.9、pp.59-64
15) Shigesawa,K(1960)：On the Weatering products of Ultrabasic Rock from Fukui Pref. Japan, 滋賀大学学芸学部紀要, Vol.10, pp.105-108
16) 村上英作(1967)：宍道湖地域における酸性硫酸塩土壌の分布とその特性(酸性硫酸塩土壌の特性と改良法(第 1 報)、日本土壌肥料学雑誌、Vol.38、No.4、pp.112-120

＜第 8 章　山地斜面の構造と動き＞
1) 岩田修二(1997)：山とつきあう、岩波書店、p.136
2) Birkeland,P,W(1974):Pedology, Weathering,and Geomorphological Research, Oxford University Press
3) 園田美恵子(2000)：森林斜面における表層土のクリープについての研究、京都大学学位論文、p.123
4) 山野井徹、石黒重栄、布施弘、神田章(1974)：新潟県の地すべりとその環境、地すべり、Vol.11、No.2、pp.2-14
5) 山野井徹(2015)：日本の土、築地書館、p.248

＜第 9 章　斜面崩壊に関わる水＞
1) 磯野陽子、木村隆行、工藤健雄(2006)：酸性水発生の事前識別法の提案、平成 18 年日本応用地質学会講演会講演要旨集、pp.209-212
2) 恩田祐一、内田太郎、高橋真哉、田中健太、鈴木隆司、戸田博康(2010)：宮崎県鰐塚山における異なる深度の地下水位変動と渓流水の流出特性の関係の観測、砂防学会誌、Vol.63、No.1、pp.53-56
3) 加藤正樹(2002)：森林土壌の保水機能、四国情報、No.28、pp.2-4、Web：http://www.ffpri-skk.affrc.go.jp/sj/sj28p2.html
4) 北野康(1995)：水の科学、NHK ブックス、p.294
5) 国土開発研究技術センター(1994)：貯水池周辺の地すべり調査と対策、山海堂、p.174
6) 佐藤修、青木滋(1990)：地すべり地内外の水質の特徴―第三系泥岩地帯の地すべりを例として―、地すべり、Vol.27、No.1、pp.27-33
7) 高谷精二、吉岡竜馬(2000)：水による泥岩の溶出実験、平成 12 年日本応用地質学会講演会講演要旨集、pp.29-32

8) 高谷精二、鈴木恵三、川添雅晴(2010)：大規模崩壊地の断層に伴う粘土層と水質、第5回土砂災害に関するシンポジウム論文集，地盤工学会、pp.183-188
9) 竹下敬司(1984)：森林のもつ水土保全機能と今後の課題、林野時報、2、pp.18-24
10) 西山賢一、北村真一、長岡信治、鈴木恵三、高谷精二(2011)：2005年台風14号豪雨で発生した宮崎県槻之河内地すべりの活動履歴、地すべり学会誌、Vol.48, pp.39-44
11) 東三郎、北村泰一、テリヨノ・スダルマジ(1989)：水源地帯の水文学的地域性に関する研究、北海道大学農学部遠流林研究報告、Vol.46、No.2、pp.249-270
12) 平野昌繁、諏訪浩、石井孝行、藤田宗、後町幸雄(1984)：1889年8月豪雨による十津川災害の再検討—とくに大規模崩壊後の地質構造規制について—京大防災研究所年報、第7号B-1、pp.369-386
13) 古谷元、末峰章、日浦啓全、福岡浩、佐々恭二、丸井英明(2004)：結晶片岩地域の崩積土層で発生した斜面崩壊に関与する流動地下水脈、地すべり、Vol.40、No.6、pp.10-21
14) 吉岡竜馬、古谷尊彦(1973)：地質的環境のことなる地すべり地の水質特性について、京大防災研究所年報、16号B、pp.1-12
15) 吉岡龍馬、高谷精二(1978)：兵庫県一宮町崩壊地の水質と粘土鉱物、京都大学防災研究所年報、大21号B-1、pp.313-322

＜第10章　地すべりに関わる粘土鉱物＞

1) 石田啓祐、西山賢一、中尾賢一、元山茂樹、高谷精二、香西武、小澤大成(2007)：徳島県祖谷川上流域の御荷鉾帯の地質と地形、阿波学会紀要、No.53、pp.1-12
2) 江頭和彦、宜保清一(1983)：沖縄、島尻層群地帯の地すべりに及ぼす粘土の寄与、地すべり、Vol.19、No.4、pp.1-7
3) 岡部賢二、高田康英(1985)：1985年長野市地付山地すべり緊急報告、地質ニュース、No.373、pp.6-13
4) 北川隆司、山本敦、地下まゆみ、海堀正博(2003)：花崗岩地域における斜面崩壊に関わる誘因としての雨量と素因としての粘土細脈との関係、地盤災害・地盤環境問題論文集、Vol.3、pp.37-42
5) 北澤秋司、山田泰弘、嶋田隆信、村上拓也(2011)：断層粘土および地すべり粘土の鉱物に関する研究、第50回日本地すべり学会研究発表会講演集、pp.173-174
6) 地下まゆみ、上野浩共、王濱濱、坂本尚史(2008)：沖縄県中城村で発生した地すべりと粘土鉱物、第4回土砂災害シンポジウム論文集、pp.1-5
7) 高橋治郎(1994)：四国三波川帯の地すべり、愛媛大学教育学部紀要第Ⅲ部、自然科学、15巻、pp.31-39
8) 高谷精二(1970)：航空写真による地すべり地形の研究(Ⅰ)、地すべり、Vol.7、No.1、pp.9-12
9) 高谷精二(1978)：結晶片岩地域における地すべりと粘土鉱物—徳島県、穴吹町首野地すべり、井川町倉石地すべり—、新砂防、Vol.31、No.2、pp.28-34
10) 高谷精二(1979)：結晶片岩地域における地すべりと粘土鉱物—徳島県、森遠、善徳、半平地すべり—、新砂防、Vol.32、No.2、pp.1-5
11) 高谷精二(1981)：結晶片岩地域における地すべりと粘土鉱物—高知県、怒田、八畝地すべり—、新砂防、Vol.33、No.3、pp.18-23

12) 高谷精二、澤山重樹(2001)：青島に分布する凝灰質砂岩の粒径と粘土鉱物、めらんじゅ、13 号、pp.70-75
13) 高谷精二(2004)：三波川帯とみかぶ帯地すべり地における含有粘土鉱物の特徴、第 43 回地すべり学会研究発表会、pp.129-130
14) 高谷精二(2006)：地すべり地における粘土鉱物の生成メカニズム—表層から深層まで—、粘土シンポジウム、地すべり学会、pp.3-10
15) 富田克利、中西三正、大庭昇(1974)：宮崎県えびの市真幸地区の変質粘土鉱物について(とくに地すべり粘土について)、鹿児島大学理学部紀要(地学、生物)、No.7、pp.1-14
16) 富澤恒雄(1983)：長野県下高井群山内町発哺の温泉地すべりについて、地すべり、Vol.20、No.1、pp.37-44
17) 中川衷三、金丸富美夫(1975)：四国における地すべりの素因(その 2, 徳島県祖谷郡東祖谷山村九鬼地区の地すべり)、地すべり、Vol.12、No.1、pp.25-33
18) 宮原正明、宇野洋平、北川隆司(2002)：御荷鉾緑色岩類中の地すべり地に生成する粘土鉱物—怒田・八畝・蔭地すべり地—、粘土科学、Vol.42、No.2、pp.81-88
19) 宮原正明、北川隆司、矢田部龍一、横田公忠(2004)：四国、中央構造線沿いの熱水変質帯における地すべりの初期発生機構、地すべり、Vol.41、No.2、pp.33-42
20) 宮原正明、宇津洋平、末峰宏一、地下まゆみ、北川隆司、矢田部竜一(2005)：四国中央部の三波川、御荷鉾及び秩父帯に産する粘土鉱物について—善徳、怒田・八畝、蔭、西の谷地すべり及び桧山トンネルより得られたボーリングコアの分析結果—、地すべり、Vol.42、No.3、pp.53-60
21) 矢田部龍一、横田公忠、八木則男、野地正保(1997)：蛇紋岩地すべりの発生機構に対する検討、地すべり、Vol.34、No.1、pp.24-30
22) 谷津栄寿(1965)：日本の地すべり粘土、粘土科学、Vol.4、pp.8-17
23) 山崎孝成、岩淵清任、須藤充(2003)：膨潤性凝灰岩に形成されたすべり面、地すべり、Vol.39、No.4、pp.48-49
24) 山本哲朗、鈴木素之、福岡正人、宮内俊彦、岡林茂生、瀬原洋一(2000)：すべり面の光沢質黒色薄層土に起因した斜面崩壊、土と基礎、Vol.48、No.7、pp.24-27
25) 夕部雅丈、岡村眞(2001)：御荷鉾緑色岩類帯の大規模地すべり—蔭地すべりの変遷過程—、地すべり、Vol.37、No.4、pp.74-81
26) 吉永長則、庄司貞雄、渡辺祐(1979)：土壌鉱物および膠質複合体、日本土壌肥料学雑誌、No.5、pp.397-404

＜第 11 章　植物と地すべり・山くずれ＞

1) 今村遼平(1985)：安全な土地の選び方、鹿島出版会、p.270
2) 岡田康彦、黒川潮(2011)：ヒノキ根系の斜面補強強度に関する一検討、第 50 回日本地すべり学会研究発表会講演集、日本地すべり学会、pp.167-168
3) 岡本有正、檜垣大助(2010)：地すべり活動指標としての樹木の傾き、第 49 回日本地すべり学会研究発表会講演集、日本地すべり学会、pp.177-178
4) 苅住昇(1979)：樹木根系図説、誠文堂新光社、p.1121
5) 苅住昇(2012)：根の研究、東日本大震災の巨大津波で倒伏しなかった陸前高田松原の「一本松」の根の強度、Vol.21、No.2、pp.45-52

6) 苅住昇(2013)：希望の松の根系、都市緑化技術、No.90、pp.18-19
7) 菊池俊一、新谷融、清水収、中村大士(1992)：造林木におけるアテ材形成と地すべり変動履歴、地すべり、Vol.29、No.3、pp.1-9
8) 小泉武栄(1997)：地すべり地の土地利用と植生に関する従来の研究、学芸地理、Vol.52、pp.25-34
9) 斉藤新一郎、成田俊司、清水一、柳井清治(1991)：登別市温泉町の山腹斜面における森林植生および根張り、北海道林業試験場研究報告、No.29、pp.169-179
10) 武田喬男(2006)：雨の科学、成山堂、p.184
11) 竹下敬司(1986)：スギ山は崩れやすいか？、林業技術、No.528、pp.11-15
12) 中村友輔、菊池俊一、北口勇作、藏田昭美(2004)：アテ形成履歴からみた薄別川地すべりの変動履歴と水文・地質構造、地すべり、Vol.41、No.3、pp.20-28
13) 東三郎(1979)：地表変動論、北海道大学出版、p.294
14) 東三郎(2014)：根っこ論、アイムス森づくり研究所(私家版)、p.208
15) 福本安正(1960)：地すべりと農作物および林木の成長の関係について、治山、Vol.5、No.2、pp.2-9
16) 潘暁波、日浦啓全、篠和夫、江崎次夫(2004)：四万十層郡の斜面崩壊の性状と植生の役割に関する研究、地すべり、Vol.41、No.2、pp54-65
17) 日浦啓全、有川宗、ババドゥールドゥラドゥルガ(2004)：都市周辺山麓部の放置竹林の拡大にともなう土砂災害危険性、地すべり、Vol.41、No.4、pp.1-12

＜第 12 章　農林業と地すべり＞

1) 高谷精二(1997)：のり面保護工の基礎と応用、山海堂、p.162
2) 中島峰広(1999)：日本の棚田、古今書院、p.252
3) 福本安正(1960)：地すべりと農作物および林木の成長の関係について、治山、Vol.5、No.2、pp.2-9
4) 岩松暉：シラス災害―災害に強い鹿児島をめざして―、
Web：http://eniac.sci.kagoshima-u.ac.jp/~oyo/shirasu/chap1.html

あとがき

私の地すべりとの関わりについて述べたい。1964(昭和 39)年、私が大学 3 年生のときに、その頃知り合った図書館の司書から勧められ小出博の「日本の地すべり」を読んだ。この本には、長崎県の離島の一つである生月島からはじまり、日本全国の地すべり地を地質の見地から書かれていた。私はそれまで地すべりについてはまったく知らなかったが、大きな感銘を受けた。

その頃、時代は米ソの冷戦時代で、アメリカと旧ソ連の二大国が覇権を争っていたが、ソ連がキューバへミサイルを搬入するという事件が起こった。搬入されたミサイルの写真を、アメリカの国連大使が国連総会で示し、ミサイル本体が植物でカムフラージュされた様相や、搬入に使われたトラックから推定できるミサイルの種類についての説明を行うニュースが報じられた。このとき、国内のマスコミによって、ミサイルの性能の解説と共に写真を撮った航空機と空中写真の性能が解説された。写真は U2 と呼ばれる超高空を飛ぶジェット機から撮影されたもので、この写真からはミサイルの大きさや性能はもちろん、地表に残された車輪の跡から、それを運ぶトラックの積載量までわかることが説明され、さらにミサイルをカバーする植物の樹種など多くの情報が得られることが解説された。

その頃私は林学科の学生であったが、授業の中で空中写真を使って森林の資源量を推計する「森林航測」という講義があった。興味を持ち航測の歴史を読むと、日本でも第二次大戦の初期に、日本が当時占領していた仏領インドシナ(現在のベトナム)の森林資源を把握するために、航測が導入されていたことを知った。

またこの頃、第二次大戦中イギリスがドイツのＶＩ号やⅡ号の発射基地を探し出すために、戦闘機スピットファイアーの銃器を外し、代わりにカメラを載せドイツ領内を飛び写真を撮り、写真から発射基地を探し出すという仕事をしたコンスタン・スミス女史が書いた「写真諜報」(山室まりあ 訳)という本を読み、興味を持った。

大学院の研究テーマは、指導教官からテーマを提示されるが、私は興味のあった空中写真判読と地すべりを組み合わせ、地すべり地の空中写真判読を始めた。

空中写真からは、地すべり現象に関わる多くの事物を見ることができたが、空中写真を見ているうちに、写真で見えている事物が、実際にはどのようになっているのかという疑問が湧き、このことを知るために、修士の 2 年目のとき、日頃空中写真で見ている地すべり地へ行ってみた。

そこで知ったことは、初めて行った所であるにもかかわらず、空中写真で見ていた場所は、その起伏や沢の状態、亀裂の伸長方向など、よく知った土地のように歩くことができるということである。ここで空中写真判読の有効性を実感した。しかし同時に、立体鏡に接眼鏡を付けて見ても、空中写真からは見えるものに限界があることも知った。私が現地へ行って理解したことは、地すべりを理解するためには、空中写真という全体を見る方法と、現地を歩くという方法を組み合わせるべきということであった。

さらにいくつかの地すべり地を見学するうちに、より深く理解するには、地すべり地を造っている粘土を知らなければならないと考え、さらに粘土は岩石の風化物なので、粘土の元である岩石を知らなければならないことを知った。

私は母校の愛媛大学理学部で岩石の勉強を始めたが、このとき、岩石学の手ほどきをしていただいたのは、理学部教授の故宮久三千年先生からであった。岩石学の基本は岩石薄片の作成と顕微鏡鑑定であるが、この当時、新居浜市にある住友鉱山が別子銅山を存続するか撤退するかについて判断するため、鉱脈探査用に1500m の超深度コアーボーリングのプロジェクトを進めていたが、先生はそのメンバーであった。私は、このコアーの薄片作成を担当させてもらった。先生は 52 歳という若さで亡くなったが、亡くなる直前まで岩石薄片の作成をさせていただいた。

私には直接教えてもらう機会はなかったが、多くの示唆を与えていただいた二人の先生がいる。一人は都城秋穂先生で、先生がかつて中央公論社より発行されていた「自然」に 1 年余にわたって連載された「地球科学の歴史と現状」では、地球科学がどのように発展してきたかを詳細に学ぶことができた。同時に、研究は人間の営為で、研究者の個性が後に続く多くの若い研究者の方向まで決めてしまうものであることを知った。プレートの考え方は今では一般的であるが、地質学会がそれを受け入れなかった背景や、その後、一気にプレート説へなだれ込んでいった様は、研究が人の営為であることを強く認識させられた。

もう一人は小出博先生である。小出博先生の「日本の地すべり」に出会わなかったら、私がこの書を書くこともなかったと思う。

これまで 40 年間、地すべりの研究をしてきて考えることは、研究方法の変化により、地すべりに対する見方が変貌してきたことである。昔は、地すべり全体を捉えるには測量が欠かせなかった。測量のために現地を踏査することにより、地すべり地の有する起伏や、植生、粘性土の分布など多くの情報が得られ、それが地すべり現象に対する共通認識になっていた。しかし現在は GPS やレーダーによって、現地に行かなくてもその全体像が把握できるようになっている。このことは、実際の地すべりを知らない地すべり研究者を生むようになり、すでにコンピュータによる地すべりの解析では、地すべりを「剛体と仮定」して動きを分析するという研究も見られるようになってきた。研究は仮説の積み重ねであるが、仮説で得られた結論は、現実に返し検証するという作業が必要である。

また新しい動きとして、深海や火星にまで地すべり現象があることが伝えられる。これらは、いまだ現象論の段階であるが、新しい現象は新しい論理を生む。地すべりや山くずれが、いつか「学」として形をなす日があることを期待したい。

索　引

さ行

た行

な行

は行

ま行

や行

ら行

わ行

著者紹介

高谷 精二（たかや せいじ）

農学博士（北海道大学）

1942 年　徳島県に生まれる
1965 年　愛媛大学農学部林学科卒業
1968 年　北海道大学大学院農学研究科修士課程修了
1972 年　南九州大学園芸学部
2008 年　南九州大学環境造園学部教授、定年退職
現在、宮崎応用地質研究会会長
　　　南九州大学環境造園学部非常勤講師

［主な著書］
「砂防学概論」編著、1991 年（鹿島出版会）
「技術者に必要な地すべり山くずれの知識」2008 年（鹿島出版会）

［受賞］
「平成 5 年鹿児島集中豪雨」（NHK 映像ニュース賞金賞）

地すべり山くずれの実際

地形地質から土砂災害まで

2017 年 11 月 10 日　第 1 刷発行

著　者　高谷精二（たかや せいじ）

発行者　坪内文生

発行所　鹿島出版会

104-0028　東京都中央区八重洲 2 丁目 5 番 14 号
Tel. 03（6202）5200　振替 00160-2-180883

装幀：石原 亮　DTP：編集室ポルカ　印刷・製本：三美印刷

ISBN 978-4-306-02489-2　C3051　Printed in Japan

本書の内容に関するご意見・ご感想は下記までお寄せください。
URL：http://www.kajima-publishing.co.jp
E-mail：info@kajima-publishing.co.jp